住房城乡建设部土建类学科专业"十三五"规划教材

高校城乡规划专业规划推荐教材

空间句法教程

段 进 杨 滔 盛 强 王浩锋 戴晓玲 著

中国建筑工业出版社

图书在版编目（CIP）数据

空间句法教程 / 段进等著 . —北京：中国建筑工业
出版社，2019.12（2024.6 重印）
住房城乡建设部土建类学科专业"十三五"规划教材
高校城乡规划专业规划推荐教材
ISBN 978-7-112-24570-3

Ⅰ.①空⋯　Ⅱ.①段⋯　Ⅲ.①城市空间—空间规划—
高等学校—教材　Ⅳ.① TU984.11

中国版本图书馆 CIP 数据核字（2019）第 286248 号

本教材为住房城乡建设部土建类学科专业"十三五"规划教材，主要内容包括"空间理论与空间句法""空间句法模型的原理""线性模型：数据收集与空间分析""视域模型：空间的可见边界与感知""新数据环境下的空间句法拓展"等。本教材可作为高校城乡规划、建筑及相关专业教学用书，也可作为规划及建筑设计人员参考的实用手册，还可供从事城市规划和建筑以及地理学、社会学研究的科研人员阅读参考。

为更好地支持本课程的教学，我们向使用本教材的教师免费提供教学课件，有需要者请与出版社联系，邮箱：jgcabpbeijing@163.com。

责任编辑：杨　虹　周　觅
责任校对：焦　乐

住房城乡建设部土建类学科专业"十三五"规划教材
高校城乡规划专业规划推荐教材

空间句法教程
段　进　杨　滔　盛　强　王浩锋　戴晓玲　著
*
中国建筑工业出版社出版、发行（北京海淀三里河路 9 号）
各地新华书店、建筑书店经销
北京雅盈中佳图文设计公司制版
建工社（河北）印刷有限公司印刷
*
开本：787 毫米 ×1092 毫米　1/16　印张：17¼　字数：330 千字
2019 年 12 月第一版　2024 年 6 月第三次印刷
定价：52.00 元（赠教师课件）
ISBN 978-7-112-24570-3
　（35211）

前言

空间句法（Space Syntax）是以空间认知抽象和空间组构分析为基础，通过量化研究空间网络局部与整体的内在关系，揭示空间自律性以及空间与社会之间关联性的理论和方法。空间句法由比尔·希利尔（Bill Hillier）教授等学者在剑桥大学于20世纪70年代创立，它延续了剑桥数理科研的传统，成功探索了以数理的量化形式去研究空间的形式与组织。

认识空间是如何生成的，这是一个关键的问题。对于形态的生成，亚里士多德认为它源于建造过程，而建造过程又源于建造目的，这样的结果就是形态来源于目的，完全忽视了环境的作用。之后环境决定论出现，认为不同地方的不同物种形式源于不同的自然环境，形式是由环境决定而非目的，这就走向了另一个极端。空间句法理论认为空间形态不是社会经济活动的结果，也不仅仅是背景，而是社会经济活动的一部分。也就是说，空间形态本身的建构、更新、体验等就是社会经济活动的组成部分，并重点突出的是：人与环境之间的相互作用是通过空间逐步完成的，人与环境之间的互动关系产生空间形态的形成机制。因此，空间句法并不是就物质空间讨论空间的形态问题，而是从物质空间形态入手，试图解决人如何使用环境，环境如何影响人的一个理论问题，并且试图用数理量化的方式精确地说明空间到底是如何起作用的。

据此，空间句法研究的基本内容，一是研究空间本身的几何关系，最基本的是拓扑结构；二是研究人对空间的认知，并且用数理量化的方式呈现了二者的关系。以往人们普遍地认为城市空间的形式与结构都在人们的感性认知范畴之内。规划师和设计师们因此都采用简单直接的方式去描述它们，这种思维范式忽视了城市空间及其内在的社会经济活动是一个复杂的系统，造成了我们许多规划与设计方案的主观与随意，并产生了严重的不良后果。空间句法探索了解析空间复杂性的途径，通过剖析不同尺度下不同空间之间的复杂联系，以及这些空间与人们认知与活动模式的相互关系，直观定量地揭示了空间的社会逻辑和社会的空间规则，提出了自组织的空间结构及其演化模型。

在城市规划与建筑设计及其他相关的空间研究中，空间句法的作用原理主要来源于两个。第一，空间句法解析了不同的社会经济活动在空间上的占位。这就形成了不同的城市功能，占据在什么空间？如何分布？这是由空间的系统结构决定的，而不是通常我们对环境的直观判断。空间句法作为一种从城市整体到局部都可以运用的理性分析工具，在全球的实证研究和量化分析中证明了空间形式与空间功能之间存在着相关性，空间形式对人的使用功能、活动具有反馈与影响作用，形式与功能之间存在内在的逻辑。我们终于不再只能依靠直觉思维来进行空间研究和规划及设计，空间句法已经提供了一种理性科学的系统性辅助手段。第二，空间句法揭示了社会经济活动在空间中的流动规律。包括交通流、交往流、信息流等，这些研究都是一种互动的网络关系研究，它们直接关联了城市的活力、城市的结构、城市的品质、房地产的价格、社会的安全以及犯罪预防等。

空间句法的作用是对已有空间结构进行分析，发现其空间使用的规律，并不能预测空间结构的发展，只能判断结构发生变化后，相应空间整体系统的变化而产生的使用变化。因此，空间句法提供了一个以空间本体为研究对象的研究平台，是规划与设计预期的校验平台，对潜力地区进行预测判断，对规划和设计方案进行评估和比较，当然也可以对城市与区域历史的演变作深层次空间理性分析等等。虽然普遍认为城市发展的决定因素是人，而不是物。但是这个物是系统的，有好坏优劣之分。科学的研究在于知道会发生什么，如何发生，或知道该如何达到目标，知道将会是怎样一个结果，只有这样决策才有依据。

空间句法在中国的研究与应用起步较晚。最早文献见于1985年《新建筑》"空间句法——城市新见"及"关于'空间句法'一文的讨论"两篇文章。尽管当时这一运用计算机模型研究空间形态的新视角引起了许多学者的关注，但由于其理论原理了解甚少，造成的结果是质疑缺乏社会与人文的思考。在短短热潮之后，国内鲜有学者对空间句法进行挖掘和研究，更谈不上在实践中应用。

进入21世纪以来，特别是2005年清华大学主办的《世界建筑》出版了一本空间句法专辑，对其理论、应用方法和成功案例进行了系统介绍，使空间句法在中国有了较全面的展示。2007年《空间句法与城市规划》一书出版。可以说这本书基本上客观地反映了当时空间句法在中国的研究与应用现状。书籍出版后很快售罄，在国内引起了较好的反响，尤其引起了广大青年学者和研究生的兴趣，更重要的是它促进了城乡规划设计行业的关注并激发了从业人员的应用热情，对推动空间句法在中国的发展起到了重要作用。随后的发展中应用与研究涵盖了城乡规划学、建筑学、风景园林学、地理学、社会学等多重领域，但在这个过程中也逐步呈现出一些问题，诸如：缺乏系统的理论学习和方法培训；错误地将空间句法作为一种预测城市空间发展的方法使用；在应用领域与技术方法上也存在一些误用；面对大数据如何与之结合建立更为完善、便捷和精确的城市与建筑空间描述与分析模型等。

针对以上的问题本书特色体现在：

1. 立足"空间"的基础理论，拓展对"空间"的理解。空间句法不仅仅是一个或一系列软件，它首先是一个基于空间的理论。本书将从该理论产生的基础开始，详细介绍空间句法对空间的抽象与图论、自组织、复杂理论等相关理论的关系，目标是起到重新认识"空间"这一建筑与城市科学的最核心概念。

2. 详细解释软件操作与参数含义。结合理论发展，按顺序介绍空间句法凸空间、轴线及线段分析、视域分析方法的基本概念、算法含义和在建筑与规划设计过程中的应用及代表性的研究应用方法。

3. 详细介绍常用的研究问题设定和调研方法。空间句法理论和软件的意义不在于提供一种量化描述空间的方式，而关键在于为什么要选择这种量化空间的方式。这种描述的意义是什么，它能够解决什么具体问题？针对研究问题选择相应的分析工具，而非让工具决定对空间的描述，这是每一个使用该理论和方法的初学者必须了解的问题。

4. 通过数据分析方法深入介绍软件的操作和分析技巧。针对一个具体研究问题和获取的数据进行分析往往需要综合不同的软件工具，空间句法作为一个对空间这个核心影响因素进行分析的量化工具如何更有效地选择分析方式，或与其他 GIS 类或数据分析类软件平台结合，这往往是影响分析结果和效率的关键。本书将涉及的其他软件除空间句法 Depthmap 之外包括 Excel、SPSS 等软件的部分数据分析操作，及对 sDNA、3D 视域分析工具等软件的简单介绍。

5. 结合设计课教学和实践项目需求，突出研究对设计的影响。不是所有的从业者或学生都有志于成为一个研究员，但每个设计师都应该掌握基本的数据分析尝试和对空间的基本认识。本书将结合本科生和研究生开展的不同类型设计课教学经验，总结不同目标不同类型的设计课教学组织方法，使研究过程与设计过程得以紧密结合。

6. 充分利用网络信息时代的大数据资源。数据时代的设计师应该掌握如何利用身边的日常工具进行简单数据挖掘和空间分析的基本能力。本教材将根据现有的网络开放数据源，讲述如何对这些数据进行简单快捷的数据分析，建立有数据支撑的空间句法模型并服务于设计的方法。

在此书刚刚完成初稿时，我们怀着深切的悲痛得知比尔·希利尔教授去世的消息。希利尔教授作为空间句法的开创者和学术领袖，建筑和城市规划领域的主要革新者，在世界范围内产生了重要的影响。我和希利尔教授曾有过多次交流，在21世纪初努力将希利尔教授的学术思想引入中国，合著有《空间句法与城市规划》《空间句法在中国》两本书，学术观点相仿，结下了深厚的友谊。本书的作者都是空间句法在中国的推动者和运用发展的代表人物，有几位就是他的学生，我们举办了四次空间句法的中国年会，承办了第十二届国际空间句法研讨会，每次希利尔教授都给予了一如既往的支持。在此，以本书的出版和空间句法在中国的发展以示缅怀，感谢希利尔教授作出的开创性贡献。

本书是中华人民共和国住房与城乡建设部"十三五"规划教材，由中国建筑工业出版社教材分社负责编辑出版。主要的阅读对象是高等院校城市规划与建筑学专业的本科生和研究生，也可作为规划及建筑设计人员参考的实用手册，本书还可以供从事城市规划和建筑以及地理学、社会学研究的科研人员阅读参考。本书能够顺利完成，要感谢我的合作者们的同心协力，他们都是从国际空间句法研究或教学机构中学成归来的学者，包括中国城市规划设计研究院的杨滔、北京交通大学的盛强、深圳大学的王浩锋和浙江工业大学的戴晓玲。在我和他们共同商讨形成了本书的框架和章节主要内容之后，分别由杨滔和我完成了第一章，杨滔和王浩锋完成了第二章，戴晓玲与盛强完成了第三章，王浩锋与杨滔完成了第四章，盛强、王浩锋和戴晓玲完成了第五章。本书能够成稿，还要特别感谢中国建筑工业出版社的编辑们为本书付出的辛勤劳动。由于本书作者学术水平所限，书中难免有错漏之处，敬请读者不吝赐教。

段进

2019.11.16

目录

空间理论与空间句法

第一章
空间理论与空间句法

　　本章基于形态学、现象学、复杂网络等相关空间理论，阐述空间句法理论的起源，重点关注空间句法的三大方向，即空间几何学、空间认知学以及空间社会学。1.1 节是"空间形态的研究"，简述空间形态的定义及其流派，从网络可持续发展的角度去介绍空间句法之中对于空间的界定。1.2 节是"空间句法的缘起"，关注空间句法理论对于建筑学范式的影响，提出了分析性的建筑理论。1.3 节是"空间句法的几何规律"，从纯粹物质几何的角度去探讨空间的特征及其内在机制，并描述了可持续发展演变的几何规律。1.4 节是"空间句法的认知规律"，强调了主体和客体之间的互动统一，深入介绍了描述性回溯和不可言表性的内涵。1.5 节是"空间句法的社会规律"，从空间的社会逻辑去探讨形态理论，并突出了空间句法的核心理论，包括自然出行、自然社区以及无所不在的中心性。

1.1　空间形态的研究

　　空间形态的研究从视觉形态分析，逐步发展到社会、经济、历史、环境等多因素在空间形态及其机制中的表达。视觉形态不仅指地图和平面的几何规则，也指建筑形态方面的美学。20 世纪 50 年代，康恩泽（Conzen）开始从街道和地块的角度，去研究城镇的地理结构和历史演变规律，开启了人本化角度的形态规律探索[1]。之后，不同研究方法应用到建筑和城市空间形态之中。其中，定量的研究包括剑桥大学的莱昂纳尔·玛尔斯（Lionel March）和菲利浦·史第曼（Philip Steadman）等对空间形态与用地相互影响的分析，例如街坊块的长宽高对土地利用价值的影响程度[2]；

他们也是空间句法创始人比尔·希列尔（Bill Hillier）在剑桥大学的同事。在这些研究之中，设计本身如何以空间形态的方式去影响人的生活方式、城市功能运行以及价值实现，逐步成为研究重点之一 [3]。

1.1.1　空间形态学与流派

世界各地的建筑与城市空间形态千差万别。无论从物质构图上，还是功能组合上，抑或是认知方式上，都或多或少地反映出空间形态这些人造物的各种特征及其背后机制，这往往又成为城市形态或城市设计理论和实践热点之一。

对于"形态"一词的回顾，将有利于更好地理解空间形态研究的重点。形态（Morphology）一词源于希腊语 μορφή，即 morphé，表示"形式"；而 λόγος，即 lógos，意思是"逻辑"或"表达"。形态学关注的内容是生物形态，这是由德国诗人和哲学家约翰·沃尔夫冈·冯·歌德（John Wolfgang von Goethe）于 1790 年确定。从那时起，人们就开始试图建立起脱离生物学意义上的形态学，跨越了数学、考古学、社会学、经济学等，主要研究形式的构成逻辑 [4]。城市形态（Urban Morphology）一词于 19 世纪初，被地理学者运用到城市研究之中，目的是将城市作为有机体来研究，形成对城市发展的理论和方法 [5]。因此，用形态的方法分析和研究建筑或城市的物质形式和社会经济等形态问题，都可认为是空间形态学。在众多的空间形态研究之中，物质空间形式的研究一直都被认为是城市形态研究的核心内容之一。

不过，这个术语并未统一，如欧洲国家往往用"Urban Morphology"，美国更多的是用"Urban Form"，而且其研究与实践的内容也多种多样，至少根据"尺度"与"时间"的不同而有不同内涵，如从区域的形态到个体建筑的风格，从一个到多个国家的城市形态演变等。随着历史的发展，城市形态研究与实践的范畴被逐步扩展：古典的城市形态更多地与美学、几何，以及社会象征意义相关，如图底关系、几何形状所体现的"乌托邦"或者"宇宙秩序"等。随后，西方城市形态与经济社会联系起来，如老欧洲的多个学派对街坊块、绿地、公共空间、建筑高度等方面的研究 [6, 7]，美国芝加哥学派伯吉斯（Burgess）等根据用地、人种、经济状况等绘制的城市同心圆模式 [8]，以及不同研究与实践总结的带形城市、网格城市、单中心或者多中心模式等 [9-13]；进而，城市形态学与心理学、环境行为、交通、环保、节能、城市管理等各个相关领域彼此交融，形成了新的研究范畴与对象。

空间形态学的研究大体可分为四种流派：一是人文地理和历史演变的角度，如延续康恩泽方法论，以伯明翰大学的怀特汉德（Whitehand）城市形态学派为代表，并于 1974 年形成了城市形态研究小组（Urban Morphology Research Group）；二是建筑和城市空间原型及其深层次结构的角度，以萨维利奥·穆拉托里（Saverio Muratori）、吉安弗里科·卡尼吉亚（Gianfranco Caniggia）或阿尔多·罗西（Aldo Rossi）为代表的意大利学派；三是面向未来创新的乌托邦角度，以霍华德（Howard）、勒·柯布西耶（Le Corbusier）、赖特（Wright）、福斯特（Foster）、扎哈（Zaha）等不同时代的知名建筑师为代表，他们也许缺乏严谨的逻辑演绎，然而不断地推出了各种新的概念，影响着真实空间形态的建设实践；四是人类认知与行为学的角度，以亚历山大（Alexander）的《模式语言》（Pattern Language）和希列尔的《空间的社会逻辑》为代表，试图从数理实证的角度，去总结符合人类认知建成环境的几何形态规律，探索适合人类居住的形态模式，并借用组合学和机器迭代的原理去衍生新的模式。

随着大数据挖掘的成熟和人工智能的逐步发展，在复杂科学的启发下，上述四种流派都借助计算科学的发展，采用自组织方式去模拟真实的空间形态运行模式，人的感知、认知、行为、需求等成为建构这种自下而上的涌现机制的基本要素。

在繁杂的研究领域之中，需要明确一个研究问题，即什么是空间形态结构？城市空间形态结构一直重点关注于城市各个组成部分如何彼此关联、如何最终构成完整的形态模式。例如，古希腊的希波丹姆斯（Hippodamus）设计的米利都（Miletus），这体现了方格网与大型公共建筑的室外广场相互结合的空间形态构图；我国唐代的长安城则体现了另一种方格网构图，包括不同规模的里坊以及宫城与皇城的嵌套模式；美国的皮埃尔·朗方（Pierre L'Enfant）则借鉴了巴黎的形态模式，创造了方格网与放射网相互混合的华盛顿空间形态构图。这些对于整体式规划的城市都有深刻的影响。其实早在 1972 年，剑桥大学马丁中心的莱斯利·马丁（Leslie Martin）就提出了城市空间格网（Grid）是生成器（Generator），这形成了城市的高度、密度、用地分配等。此外，他比较了不同类型的格网对城市其他要素的影响 [14]。这深刻地影响了当时在剑桥大学学习的比尔·希列尔，并基于此提出了空间句法的原初想法，因为希列尔之后的系列研究都在关注城市空间格网本身的效应 [15, 16]。

无论马丁，还是希列尔，他们对于亚历山大的研究都持有一定批判态度，认为其过于机械化，或过于简单化。但是，亚历山大对于空间结构的影响是不可忽视的。1964 年，虽然亚历山大在《城市不是一棵树》（City is Not A Tree）中的核心目标是批判现代主义的功能城市，然而他从空间结构的角度提出了自己的论点，即城市的各个形态单元不是呈树状的等级结构，而是相互部分重叠，彼此依存，形成了"半网状"的整体形态结构 [17]。1977 年他在《模式语言》中进一步总结了各种不同尺度下的局部模式，并且在前言中特意说明了不同局部模式之间是相互关联的，读者在阅读某个局部模式的同时，需要不断联想到与之相关的其他模式，他也给出了模式之间的链接点 [18]。然而，这些模式之间的链接是规范性的，而不是描述性的。这也引出了 20 世纪后期建筑与规划界关心的问题：各种局部模式是好的，能促进功能性使用，但是它们组合在一起是否仍然也是好的？那些规范性的组合方式是否真的有效？那些规范性的组合方式是否限制了建筑师与规划师的创造性？这涉及系统论的某些关键方面：当各个局部模式聚集成为一个整体系统时，不仅某些整体特性并不是任何一个单独局部模式所具有的属性，那些突现的整体特性也将会制约各个局部模式，原有的局部属性可能会发生变化，也就是说局部模式在聚集的过程中有可能会发生变化。于是，我们需要研究各个局部模式之间的组合关系。在空间形态学方面，我们不仅要研究空间的局部形态，也要研究局部空间之间的整体关系以及它们的演变情况。

1.1.2 空间现象学的复杂性

空间句法理论与方法也与现象学有密切的关联，并由此在空间形态研究之中架起了现象学与社会物理学之间的桥梁 [19]。现象学源于埃德蒙·胡塞尔（Edmund Husserl）的经典之作《哲学作为一门严谨的科学》（Philosophy as a Rigorous Science）[20]，之后，海德格尔（Heidegger）、萨特（Sartre）、梅洛－庞蒂（Merleau-Ponty）等对现象学都有推动和发展。很多研究的出发点是先入为主的观点或哲学思想，如功能主义、二元论、识别理论、自我主义等；而现象学的核心观点回归现象本身，不再留恋那些先入为主的观点或哲学思想，因为后者往往导致讨论过于抽象或过于技术，而失去了对真实主体的体验。按胡塞尔的说法，现象学就是"回到事物本身"[21]。在这种意义上，现象学把所有的研究问题与判断都悬置，而从体验本身入手。例如，对于观看街道上的汽车，认知科学家是以外部观察者的角度，或第三方的角度，去理解观看者的大脑如何感知汽车的形状或色彩，大脑中的视觉皮层又是如何处理这些信息使之成为观察者能够识别的汽车本身。然而对于现象学者而言，他们从第一人称的角度去看待这个汽车认知，详尽地描述他们的感知过程，以及感知是如何结构化成为有意义的体验。现象学者强调意向性，如同汽车的视觉感知也涉及所有其他感知、记忆、想象，以及判断等，这些共同构成了汽车感知本身的意向性结构。因此，现象学的研究不仅仅关注物质环境世界，也专注社会和文化世界。正如在识别汽车的过程之中，过去对汽车的感知和认知也成为当下对汽车识别的一部分。因此，体验本身在不断地培育现象感知，不仅涉及识别时的个人想法（如同这是否是我的汽车），而且包括个人的习惯、文化、经历、观看方式等。

从现象学角度而言，体验本身也是非完整性的，同时也是在时空之中不断持续合成的。例如，我们看一颗最简单的树苗，也需要从前后左右上下这些不同的角度去看待，并不断地将获得的信息合成到我们的背景知识体系之中，从而力图去构筑更为完整的树苗信息。另外，在某个片段之中，感知过程总是识别中心部分，而忽视边缘部分，从而形成是聚焦的行为，或称之为特殊的体验结构，或格式塔。这种感知结构包括：意向性、格式塔特征、非完整性、空间现象特征、时间特征等。因此，现象学并不是研究人类的心理构成机制，或意识本身的实证分析，或大脑的神经构成等，而是研究人类感知、判断、感受、认知过程中内在的特征。

在众多的研究之中，现象学在建筑或城市空间中的探索是对场所的辨析。场所与特色、感受、功能、意义等密切相关，总结为某种精神或氛围。这既体现在物质形态之中，又体现在人们的行为和感知之中。场所精神（Sense of Place / Genius Loci）的拉丁语意思指场地之神的保护[22]。在18世纪，这种精神特指郊区和花园景观的美学，强调如画的氛围和田园的环境风光[23]。之后，建筑师和规划师用这个词去描述某个场地的氛围（Atmosphere）和特色（Character）或环境的品质，即特定地点的吸引力，让人们感受到某种福祉，使得他们不时地回去体验。这与城镇景观的诗意相关，体现了关联的艺术，即建筑物、树木、自然、水、交通、广告等融合一体，形成了城市的"戏剧"；其中，强调视觉和外在表现，如街道场景和立面特征[24]。对于建筑界，影响较大的是诺伯特·舒尔茨（Norberg-Schulz）所定义的场所精神[25]，特指自然和人工环境中，人们所感知的一切物质特征和象征意义，包括地形、自然光、建筑物天际线、文化环境中的象征和存在意义。他总结了三种基本的场所特色：浪漫、宇宙自然、经典；其中包括视觉表达、生活体会，以及经验感受等。在方法论上，舒尔茨采用"意向、空间、特色、场所"四个层次，去描述人们对物质世界的体验，从而勾画出场所精神。

某些研究更注重场所精神的个体性，更为关注个体的主观感知和彼此之间的差异，强调其多元性。这些个人感知的研究既强调可表现性（Expressive），又突出可理解性（Intelligibility），即通过感觉、记忆、思考、想象而整体感知到的品质。同时，这些研究也关注工作、居住、营造场所的那些人们的感觉、想象，以及思考在空间中的折射[26]。这些研究更加强调现象学研究中的个体表征，认为这些各具特色，或暂时性的主观真实才是场所精神的本质。

然而，另外部分研究更为突出场所精神的集体性和客观性。例如，凯文·林奇（Kevin Lynch）虽然采用了个人认知地图的方式研究了场所及其意向，然而他的重点是普遍性的特征和结构模式，总结出节点、路径、边界、区域、地标五要素[10]。而康恩泽的理论中则更为强调形态的历史变迁，即城镇平面、建筑模式、用地方式等历时性的变化或更替，对应于整个文化图景，反映了社会的客观精神。这是他所定义的场所精神[5]。阿尔多·罗西认为场所精神中所体现的集体记忆，以相对恒定的类型方式，物化在建筑和城市形态之中[27]。这些相对客观的研究成果对于设计本身的影响较大。

场所精神是与记忆密切相关的，这也与集体性的行为有一定关联。那种记忆附着于物质场所，如墓地、教堂、战场、监狱、博物馆等，同时也寄托于非物质场景，如庆典、讲演、仪式等。这些可称之为记忆场所（Place of memory），包含地理场所、纪念物、建筑物、历史人物、公共纪念日等，形成了物化的叙事过程。通过亲身的重复参与，以及日常生活的强化，集体性的社会记忆延续了世俗秩序、仪式文化、市民情感。因此，记忆是通过表现（Performance）去联系物质形态、身体行为、文化表达等，从而建构出场所精神[28]。

在这种意义上，场所记忆的传承或活化依赖于物质形态的建构，同时也依靠生活的点滴。这包括日常性的和纪念性的两部分。以往的研究偏重于纪念性的部分，关注宏大叙事的方面，例如各种文化遗产的保护和更新。然而，在留住"乡愁"的城市更新之中，更多的是普通大众实实在在的生产和生活场所，以及其中容纳的普通日常活动。这些人、事、物也许并不具备重要的纪念意义，然而他们却构成了社会运作的重要组成部分，形成了大众群体的集体记忆，具备文化认同感和归属感。

于是，社会本身的创新和延续也融入了场所记忆的传承与活化之中。从空间句法角度来看，地域环境、文化特色、建筑风貌、仪式庆典等本身既是"表征"，又是"基因"[14]。这是由于：普通大众在日常生活与场景中，自然地读取这些表征，重复或创造性组合这些表征，从而延续着社会记忆，同时社会由此而演进，超越了个体的生命周期。那么，这些表征其实构成了社会延续的"基因"，从而成了场所的记忆，它们构成了具象再现的认知（Embodied Cognition）的关键部分。

在这种意义上，空间句法与具象再现的认知密切相关。认知不仅仅是考虑认知者与认知对象所处的背景，而且认知的精神活动或记忆以外会以具象物体的方式体现出来，从而构成了认知过程的化身。这些具象物体看似是表象，而实际上也体现了最基本的抽象概念，从而人们读取那些抽象意义，并在具象的建造或行为过程之中得以再次物化。在空间句法的理论之中，轴线图或视线分析图等都属于具象再现的认知的一部分，将涉及空间识路、认知地图、虚拟环境感知等研究方向。

空间句法理论从提出之初，就强调心与身之间，或物质环境与社会之间的关系，一直在辨析空间如何成为行为活动的不可分割的一部分，因此人的感知、认知、行为方式以及社会经济活动之间的关系也是空间句法研究的重要方面。换言之，空间句法理论认为：类似于扔纸团到垃圾筒所构成的抛物线，构成了不可继续简化的抽象物；该抛物线以纸团运动的具象方式，在空间之中再现，联系着物质空间与我们扔纸团的想法。因此，人在空间中的行进、聚集、观看等行为模式，可视为人们行为体验过程中得到的基本抽象物，同时存在于物质世界和心理世界之中，且很有可能以不可言表的方式存在。现象学强调了物质世界与心理或感知世界的不可分割性，同时特别关注人的经验与体验；而空间句法对于空间和距离的定义，以及对空间结构的识别，都与现象学有共通之处，同样强调基本几何抽象也是行为活动之中必不可缺的一部分。

与之同时，这种空间认知与交流在实践之中也得以广泛的应用，这得益于参与式规划设计的范式转型。空间规划与设计不再是一张图纸，而是利益相关方共同参与协同的过程，空间本身由此得以创造出来，体现了人本身的诉求、经验、体验等。因此，空间现象与行为的范式变化构成了新的空间设计模式。

1.1.3 空间复杂网络研究的兴起

空间句法理论对于空间网络和复杂科学研究也有重大贡献，希列尔曾经一度是美国复杂科学研究机构的活跃学者。从网络角度研究空间形态的变迁起源于社会学、生物学、信息学、电力学等学科对于社会网络、生物网络、互联网、电力网络等深入的研究；同时也源于网络理论本身的出现，属于社会物理学的一部分，对于解决复杂性的问题有突破性的进展。从学术角度，复杂网络研究的兴起是空间句法在 21 世纪重获重视的关键因素[29]。

什么是复杂性？什么是空间复杂性？首先，复杂性源于经典科学理论的某些失效，即某些测不准。例如，经典物理学定义了封闭的系统，要么是在该系统之中我们个人的行动对系统的影响可以完全忽略，就像我们对于宇宙的影响可以完全忽略一样；要么这是我们完全可以控制其外部条件，如同科学实验室一样。那么，该封闭系统之中，任何事情都可以预测。然而一旦我们去面对真实世界，那种可预测性也许将不复存在。在过去 100 年之中，这种不可预测性削弱了经典理论，虽然我们仍然认为那些经典概念是"真实"的，或者也是"可接受"的。不过，我们必须面对真实世界中所有的外部不可控的因素，它们影响了经典理论的可预测性。复杂性正是由此而产生，去说明真实世界系统中内生的不可预测性。因此，复杂性理论中的主要概念包括突现、预测中的意外，以及自下而上的行动等。

其次，复杂性源于真实世界中多个或多重要素之间明确的互动，而这些互动导致要素之间关联的不确定性和动态性。例如，当我们处理 S 个要素，它们之间的关联就有 S^2 种可能性，这是呈指数增长的；同时，它们之间的关联又是彼此影响的，彼此传递的，构成了更为复杂的网络关联。此外，随着时间变化，这些关联继续呈指数级变化。真实世界中各种要素之间的关联比上述这种模型更为精细、更为动态，从而使得由那些要素构成的整体网络系统变得更为复杂，不确定性由此而更为明显，出现了不可预测的方面。因此，复杂性理论还包括连接、互动、网络等主要概念，试图让我们从分析要素之间的局部和整体关联上去探索复杂系统内在的机制。

在过去 200 多年内，城市空间形态已被视为"系统"。也许在更为久远的古代也是如此，只不过当时没有系统这个词来恰当地表达这种概念。19 世纪的工业城市被认为是混乱的、失控的、失序的。因此，有序的和有组织的规划被认为是解决系统紊乱的关键，这是一种自上而下的系统性思维方式。20 世纪 50 年代，有序的城市物质空间被视为平衡的系统，即其组成的各个部分或要素，以及它们之间的关联，处于一种平衡稳定的状态。该想法同时受到了控制论的影响，即机械或电子系统是可以完全规划和控制的[30]。正如，控制论创始人数学家维纳（Wiener）[31]所说：控制论就是"动物和机器之中的控制和交流"，这可以适用于更为广泛的普通系统，因为其控制与交流的本质是普遍性的。

　　因此，系统被定义为自上而下地建构的，由元素和互动所构成的网络，并与其周边环境有明确的区分，而内部又分为各种有层级的子系统。不管是冯·杜能（J. H. von Thunen）的区位模型，还是亚历山大的非树形的城市结构，类似于这种自上而下的层级性系统。然而，系统不是平衡状态，不断地与外界进行交流和互动，即系统的动态演变。这带来了观点上的变化，即系统可以自下而上地建构，其中具有自身的动态性和不可预测性。20世纪70年代到80年代，这种动态性的概念体现为坍塌、分叉、混沌等显著的变化，即演变路径上的不连续性，而这又是不可完全预测的。这种动态演变从达尔文时期就是生物学中的核心内容，然而直到20世纪30年代这种概念才逐步开始得以真正的认可。达尔文（Darwin）提出的演变是基于自下而上的随机变化与互动，迭代、细微尺度的突变、精细的演化等都促进器官的生长，符合其功能，而不是由一个大系统自上而下地设计的[32]。之后，这种演变的逻辑范式用于社会学和经济学等方面[33]。不过，这种逻辑范式非常基本，过于宽泛，不足以用于探索复杂系统是如何自下而上地通过不断迭代而生成的。

　　我们实际上面对的系统都是由彼此并未完全协同的基本要素构成的，它们之间并未在整个系统的层面上去彼此沟通交流，它们只是部分地彼此关联和交流，且行动都是发生在个体层面上。然而，这种彼此并未协同的行动反而最终形成涌现的模式和秩序。最终，这些行动促进了整个模式的形成，其中局部与整体往往存在自相似性。因此，复杂系统包括的要素有：功能、模式、交互、空间、尺度、规模。

　　复杂理论中的一支就是基于图论的复杂网络，对于解释复杂的空间网络现象发挥了较为重要的作用。网络就是一组节点，它们之间存在联系。最早的网络理论与欧拉（Euler）和厄多斯（Erdos）密切相关，这来自欧拉的哥尼斯堡（Konigsburg）七桥理论。在他的笔记[34]中"在普鲁士的哥尼斯堡（Konigsburg）城中有个岛，称之为克奈方福（Kneiphoff），它被两条普雷格尔（Pregel）支流所环绕。这儿有七座桥，分别是a、b、c、d、e、f和g。问题是一个人是否可一次性地穿过这七座桥，而不出现重复的情况……在此基础熵值上，我提出更为普遍性的问题：给出任意形式的河流及其支流，以及任意数量的桥，那么是否可能一次性穿过每座桥……"。欧拉的七桥案例延伸出了更为普遍的问题，这表明问题本身的提出比答案更为重要，这构成了图论的基础。

　　科晨（Kochen）和普（Pool）的工作在1981年出版之前就广为流传[35]，这导致了6度理论的出现，被约翰·瓜尔（John Guare）所推广。6度理论是典型的小世界网络现象，即世界上任意两个人，可通过他们之间的 6 个熟人就能联络上 [36]。小世界网络的出现存在两个前提：任意两点之间的其他点的数量非常少，典型案例就是 6 度理论；大量的局部冗余点，即两个相邻的子网络之间存在很多共同的邻居。瓦兹（Watts）和斯多葛斯（Strogatz）提出了实现小世界网络的最小模型 [37]。他们通过两个变量控制了小世界网络的构成：任意两点之间的最小距离的平均值，以及聚类系数的平均值。他们发现南加州的电网、演员合作网络、C.elegans 虫的神经系统都是小世界网络。限制小世界的形成，包括如下因素：核心节点的老化，如明星演员的衰老；物质空间上的限制，如机场跑道不可能无限制起降飞机；社会经济成本的限制，如某个产品无限制地供应需要足够的资金支持；以及认知和感知的限制，如每个人只能处理一定的信息量，即使电脑可辅助人们去处理信息 [38]。

厄多斯 – 瑞利（Erdős–Rényi）的随机网络具有泊松度分布，这是分析现实网络的基础 [39]。巴拉斯（Barabasi）发现有一部分真实的网络是无尺度的网络，即它们的连接数的统计分布符合幂律函数。科技文章的引用率就符合无尺度的网络 [40]。他们提出无尺度的网络来自于新增节点都偏好连接到现有连接数量最高的节点之上。无尺度的网络带来了高效性，即所有节点都能快速地连接到中心节点。无尺度网络是小世界网络的子集，这是由于无尺度网络中任意两点之间的距离很小，且聚类系数也比随机网络要大不少。

上述研究提出了三种基本的复杂网络模型，即随机网络、无尺度网络、小世界网络。这种基于图论的研究思路，也完全可以适用于空间网络形态的分析，可以帮助我们去回答如下问题：空间如何彼此关联起来构成符合人们使用的城市空间网络？空间之间的联系机制对于上述问题的解答非常关键。

新的研究范式也越来越关注多尺度"流动"与"联系"，包括整体空间各个局部之间在城市、片区、社区上的联系，以及物质空间结构与诸如能耗、社会人口、交通物流、环境污染等之间的关联，而这些不同维度和尺度的关联构成了描述城市空间结构的基础。例如，麦克·巴蒂（Mike Batty）于 2013 年的《城市新科学》（The New Science of Cities）一书中明确了研究范式从传统意义上的区位（Location）转向了网络（Network），认为区位源于交流（Interaction），即不同尺度的社会经济等活动中的交流关系决定了那些不同规模活动的空间区位。此外，物质空间结构也被认为是那些社会经济环境等要素在不同尺度空间之中关联的折射。特别是近十年，"网络"的概念进一步启发了城市空间结构研究的新方向 [41]。因此，将城市空间形态视为多尺度变化的网络结构，这种研究范式也成为新的趋势。

1.1.4　空间句法的空间定义

空间句法研究的对象就是空间，那么该"空间"在希列尔的理论和方法之中是如何定义的？　20世纪初期与中期，剑桥大学从数理的角度对建筑与城市形态就有着深入的研究，一方面关注有形的实体，比如建筑实体、街坊块实体以及绿地实体等；另一方面关注虚无的空间，也就是由实体而限定的空间，比如菲利浦·史第曼论著的《建筑形态》中所讨论的建筑物内部空间 [42]。毕业于剑桥大学的希列尔与史第曼先后到了伦敦大学学院，他们延续了剑桥传统，从数理的角度研究空间形态，这里所指的"空间"是与实体相对立的物质形态，也是人们所穿行与使用的物质虚体。传统的建筑理论实际上暗示了空间是实体的依附，比如谈到空间，必然说它是由实体围合而成的，而忽视了空间是客观存在的自在物 [14, 15]，空间有其自身的特征，比如笛卡尔（Descartes）所说的长、宽、高等简单的外延特征等。而空间句法理论则更强调空间的本体性与重要性。例如，人们购买房屋的时候，不会考虑购买了多少平方米的砖头，而是考虑购买了多少平方米的"空间"。中国的老子也曾说过"三十辐共一毂，当其无，有车之用。埏埴以为器，当其无，有器之用。凿户牖以为室，当其无，有室之用。"当讨论空间时，空间句法理论与老子的哲学思想有着相似的观点：空间是人们使用的客体。

　　因此，空间句法研究的空间是空间本体，而不是其他非空间因素的空间属性（Spatiality）。这种空间本体应该是建筑师、城市设计师，以及物质空间规划师等非常熟悉的对象，而且国内的规划与设计者论述空间时，往往会引用上一段中老子的名言来表明空间本体的重要性。而对于地理学者、规划学者或者规划师、经济学者，以及社会学者等，他们讨论得更多的是其他非空间因素的空间属性，比如城市用地的空间分布、社会经济因素的空间分布等，这是需要与空间本体严格区分开的。例如，古典经济地理学中的区位理论就主要关注不同经济因素在空间中的分布，包括1826年杜能提出的农业区位论，1909年韦伯的工业区位论，1933年克里斯塔勒的以商业为主的中心地理论，1940年廖什的区位经济论，这些空间模型实质上是根据土地的市场价格描述不同性质的用地是如何分布的；此后，虽然消费微观经济学、考虑竞争的静态平衡模型，以及考虑突变、浑沌等的动态模型等被引入到经济地理学中，这些也先后被引入城市规划的领域中，然而需要明确的是他们谈论的"空间"仍然是社会经济因素的空间属性。

　　在社会学方面，芝加哥学派率先根据社会人口构成、文化以及用地功能建立了城市社会空间模型，他们认为社会个人之间的彼此竞争与依存关系就如同自然力量，使得个人会分布在适合他们生存的空间位置，其中最著名的是欧内斯特·伯吉斯（Emest Burgess）提出的工业城市的同心圆模型。此后，1939年经济学家霍默·霍伊特（Homer Hoyt）提出了楔形模型，1945年地理学家哈里斯与乌尔曼（Harris and Ullman）的多中心模型，1989年地理学家爱德华·W·苏贾（Edward W Soja）以洛杉矶为例提出的后工业化模型，甚至2001年社会学家曼纽尔·卡斯特（Manuel

Castells）的网络社会模型等，这些也被引入城市规划之中，但也是关注社会与经济因素的空间分布。

因此，在地理学以及城市规划中往往用"空间"代表"空间分布"或者"空间属性"等，这是需要与空间句法中谈论的"空间本体"严格区分开的。如果不先明晰这一点，而去泛泛讨论，甚至争论空间句法模型与经济地理模型中对"空间"研究的优劣，那么将有可能谬之千里，因为在这些理论和模型中，"空间"的定义是不同的。在某种程度上，空间句法中的"空间"是建构意义上的空间，即这种空间是可以直接被建构的。因此，就研究对象而言，空间句法的模型与经济地理的空间模型是完全不同的，是相互补充的。

为什么空间句法理论认为"空间本体"值得研究？首先，建筑与城市空间是人们通过自身的活动建立起来的，人们需要空间来组织人类社会生活的方方面面，而且这些社会生活也会在空间上留下痕迹，通过分析"空间本体"有可能发现形式与功能之间的关系，这不仅有理论意义，也有指导规划设计的实践价值，甚至在考古上也有应用价值。空间句法理论给出了一种思考空间的"减法"角度[15]。对于没有边界的空间，其中包含了无数种空间模式，也对应着无数种使用方式，比如人们到达野外空地，在建造房屋或者城市之前，人们有无数种方案去组织空间布局；当人们在空地中砌上一堵墙，这就意味着这块地中少了那些没有这堵墙的空间模式，即这堵墙消除了一些空间模式；当人们继续砌墙，这块地上蕴含的空间模式继续减少；当一个城镇形成之时，空间模式几乎就是唯一的，就是这个特定城镇的空间结构。这个特定的空间结构就在一定程度上反映了这些人建造城镇的过程、组织城镇社会的经历以及伴随的文化模式。

另外更容易理解的一个例子就是开敞办公室，对于一间空房间，其中有无数种布置方式；而只要加入一个隔断，就少了那些没有这个隔断的空间模式；当所有隔断都布置妥当之后，办公室的空间布局也就确定了，其他布局方式也就被筛选掉了，而这种空间模式也就在一定程度上反映了这个办公室的组织结构，甚至这个办公室的文化等。

其次，建筑与城市空间往往是连续而复杂的，也是一眼望不穿的，因此我们一般既需要从"人看"的角度来体会各种局部空间，又需要从"鸟瞰"的角度来理解与认知整个空间结构，这种从局部到整体，以及从整体到局部的认知过程使得我们可以把握空间形态，于是我们才能在空间中识路与活动，甚至建构空间，但是这个认知过程往往是直觉性的，我们一般很难用言语来精确说明整个空间结构或者描述空间这个客体，因此如何精确而理性地表述空间形态是一个值得研究的课题。对于城市形态，建成实体与空间有一定差别。例如，图 1-1 与图 1-2 显示了伯明翰的一片区域，图 1-1 中的黑色表示建成实体，图 1-2 中的黑色表示空间；图右上角为老

图 1-1　伯明翰建成区的一部分：黑色为建成
实体；白色为空间

图 1-2　伯明翰建成区的一部分：白色为建成
实体；黑色为空间

城区的一部分，图左下角为现代建成区。不管是在老城区，还是在新城区，建成实体基本上是不连续的，建筑物或者街坊块的边界相对明确而规则，而空间是连续的，将那些彼此分开的建成实体联系起来，很难描述空间的形状。

　　对于像北京内城这样规则的空间形态，仔细观察，也会发现很多不规则、不对称的形态结构，"方格网"这个词很难精确地揭示它的空间形态。实际上，空间形态折射了一个"集体社会"运动的轨迹，它往往不是一个规则的几何系统，而是复杂而有机的连续系统，对于这方面的研究，可以说至今也是一个难题。此外，相对于实体，空间是虚无的，也是不定形的，从认识论的角度，增加了我们描述它的难度。例如，对于一个木盒，我们很容易认识到这是一个木盒，对于一个同样大小的蜂群，我们也会自然认为这是一个蜂群，然而如果把这个木盒或者蜂群移开，对于它曾经所占据的那个"空间"，我们往往不会意识到这也是一个物体[15]。显然这涉及一个哲学问题：物体是由元素还是由关系所决定？这将在后文讲述。这也说明了我们需要找到一种合理的表达方式去再现虚无的"空间"。

　　虽然空间是虚无的、不定形的，我们对它的认知往往是直觉性的，但是在设计与物质规划的过程中，设计师或者规划师需要有意识地勾画从整体到局部的空间形态，需要理性地判断并且说明哪些空间模式是好的，哪些空间模式能较好地容纳社会经济活动等，这不仅是规划与设计的起点之一，而且也是设计师或者规划师与他人沟通的前提之一。这也涉及设计与规划方法论的一个要点。建筑与城市空间是一步一步自下而上地建构起来的，我们对空间的体验也是从局部逐步发展到整体，例如，如果我们没有亲自逛一遍某个城市的空间，而只是看了看地图或者现状总图，往往较难精确地认知这个城市的空间结构；而设计与规划则需要专业人员自上而下地精确设计、规划或者控制空间结构。于是，这就形成了自下而上的体验或者发现自上而下的设计与规划的矛盾，体验往往是直觉经验，而设计与规划需要理性与精确。

1.2 空间句法的缘起

空间句法源于 20 世纪 60 年代到 20 世纪 70 年代剑桥大学对建成环境、社会经济和考古学的数理研究，其创始人比尔·希列尔以及同事们从剑桥大学到伦敦大学学院（UCL）之后，该学派得以迅速发展，并于 20 世纪 80 年代末开始投入城市规划和设计的实践之中，包括英格兰东南部规划、伦敦千禧年工程、伦敦奥运会项目、哈佛大学校园更新，以及华盛顿白宫前广场改造等；该学派在美国、德国、日本、荷兰、巴西、沙特阿拉伯等国家都有学术和商业分支。

空间句法产生的背景为：①英国"二战"后大规模的社会住宅造成了严重的社会问题，从物质建成环境的角度去解决社会经济问题的理念遭到了质疑和批判，然而公众又不否认环境对人的行为有一定影响[14]，那么物质环境与人的关系到底是什么？②20 世纪 70 年代公众参与已成为英国城市规划的主流，学术理论更加强调文化的多样性、后现代的不确定性等，在很大程度上，这些理论否定了现代主义的根基——理性，然而在规划实践中，没有理性各方就各说其事，特别是谁也无法辩驳对某种文化的偏好，导致了参与规划的各方永远不能达成共识。于是，象牙塔中规划理论与规划实践分道扬镳了[43]，那么参与式规划需要哪些理性工具？③英国城市规划（Planning）已从物质形态规划完全转向了社会经济规划，不过设计（Design）仍然需要注重物质上的形态实现，而在真实的城市建设实践之中，从规划到设计并不是截然分开的两部分，特别是涉及多方参与的规划和设计，社会经济与物质形态的话题往往不可分割[44]，那么规划与设计应如何联系？

在这种背景下，空间句法最初的研究问题包括：社会经济模式如何通过空间布局方式来实现？空间模式又如何通过社会经济运作方式来建构？以及局部的行为方式如何自下而上地相互协同，从而涌现出更为整体的空间模式？整体的空间结构又如何自上而下地限制局部的行为演进？空间句法发展的重要目标是寻求建成环境与社会之间真实有效的联系，并试图弥合规划与设计之间的鸿沟[14, 15]，其突破口是空间，其观点也在实践中不断完善。

空间句法理论的核心观点是：一是空间不是人们活动的背景，而是人们活动的重要组成部分。人们有意识或无意识地采用空间的方式去组织各种活动，小到办公室座椅摆放的布置，大到城市或区域交通路网的组织等；空间的组织方式对应于不同的社会和文化逻辑。二是空间本质上不是彼此独立，而呈现网络化，即空间之间的复杂关系决定或影响了空间个体在空间网络中的区位；而这种空间区位，而非空间个体的局部特征，与社会经济功能有较为密切的对应关系。三是虽然空间之间的复杂关系决定或影响了空间个体的区位价值，然而那种复杂的空间关系则较难用日常语言来精确地描述，因此需用不断地探索更为精确的语言（包括数学和图形语言）来描述那些关系，用于真实的规划设计实践。

1.2.1 建筑决定论

"二战"之后，英国大规模的社会住宅建设导致了不少社会问题。在本质上，这与建筑决定论的失败密切相关，也深刻地影响到空间句法创始人希列尔教授的思想发展。建筑决定论一般指物质的建成环境对社会行为有决定性的或者主要的影响，人们将会适应建成环境，并对不同的建成环境有不同的反应等。在此，建筑（Architecture）一词往往具有较广的含义，指建成环境的形态构成，从单体建筑物到城市物质形态，甚至景观与区域形态等。这个词也与设计（Design）、建造（Construction）密切相关，即意味着把各个物质部件组合在一起，形成新的事物，不管是房屋，还是城市，抑或是图纸方案。希列尔的著作《空间是机器——建筑组构理论》中某些章节所提到建筑一词就是指建成环境的物质形态及建造过程[16]。建筑决定论可以追溯到维特鲁威（Vitruvian）的三大原则：坚固、实用、美观。其中实用就是指成环境具有某种功能，具有功用的，这种功效往往被解释为对应于人的行为与生活等。

1785年杰里米·边沁（Jeremy Bentham）设计的圆形监狱理论就是对建筑决定论的一种表达，他认为物质环境能改变监狱与医院的社会组织结构。20世纪初，现代建筑师们再次争辩了形式与功能的关系，如路易斯·沙利文（Louis Sullivan）提出了"形式追随功能"的口号，并暗示了按功能建构形式，美会自然地产生；勒·柯布西耶也提出了"住宅是居住的机器"的理念，从内而外地设计建筑与城市。这些现代功能主义，激发了人们对形式与功能的深入思考与争辩，实际上让建筑决定论得到了普遍的认可。一方面，城市与建筑按照不同的功能分区设计，这样才能体现理性、机械的效率、美、甚至"真"这种道德观点；另一方面，人们对现代的建成环境给予了无限的功能梦想，希望脏乱的工业城市变得有序而卫生，美好的建成环境能改变人们的生活方式，甚至提高社会道德水平。"二战"之后，在大规模的住宅建设与贫民窟改造中，这种建筑决定论深入人心。空间句法理论认为并不是诸如勒·柯布西耶这些现代建筑师或者规划师推销建筑决定论，而是社会工程师、政府公务员，甚至普通民众等都在宣传并实践建筑决定论。因为在那个时期，普遍的共识就是建设活动应该承担社会责任，建成环境应该立足于良好社会氛围的建设。例如，当贫民窟被清除，新的现代住宅小区被建立之时，各方都是期望新的物质环境不仅能提高贫民窟的居住条件，而且能解决不良的社会问题。这是当时整个社会的"思维范式"。正如丘吉尔（Churchill）的名言：环境影响人，人也影响环境。

然而，20世纪60~70年代，现代住宅小区虽然物质环境改善了，但是没有解决贫民窟的社会问题，反而是清除了一个贫民窟，又建立了更多的现代贫民窟；此外，大规模的城市建设与更新，特别是道路系统的大拆大建，导致了很多城市失去原有的社会与经济活力，甚至激发了社会冲突。1954 年设计的普鲁伊特·艾格住宅小区（Pruitt-Igoe Housing Complex）于 1972 年 7 月 15 日下午 3 时 32 分在密苏里的圣路易斯被炸毁，查尔斯·詹克斯（Charles Jencks）充满戏剧感地宣布：现代主义建筑"死亡"了，也就是现代功能主义终结了。市政当局终结这个住宅区的原因是易滋生犯罪。难道是"冷漠""无意义""简单""理性"的建筑风格导致了犯罪活动？希列尔调查了那个时期的英国社会住宅。在问卷中，大部分居民都认为社会住宅是坚固而美观的，小区环境也是赏心悦目的，而不会像某些专业人士去批驳现代住宅的审美问题，但是他们都抱怨小区不好用、犯罪多、没有人气等。这不仅仅表明社会工程师们的目的没有达到，即这些小区的良好物质环境没有解决不良的社会问题，而且这折射了一个深刻的道理：形式与功能是所有人都关心的，普通大众很容易发现功能的失败或成功，也容易就此达成共识，愿意为此而争论。因为土木等工程技术的进步使得人们不必过分担心坚固问题，如人们一般不会担心穿过城市的高架路会坍塌；而美观又是依赖个人的审美，在整个城市范围内很难达成共识；但是人们对功能有基本需求，如聚集、行走、交谈、吃饭、睡觉等，这些超越了不同文化，将会达成共识。

当社会各界发现了物质性的建成环境并未解决社会经济等功能性问题，反而现代功能主义导致了无数的社会经济问题，于是大众就开始抨击现代功能主义及物质性的规划，如非专业人士简·雅各布斯（Jane Jacobs）尖锐地从各个方面批判当时的现代城市规划体系，她"非专业性"的书籍居然成了后来城市规划的经典书籍。因此，物质性的规划被逐步抛弃，人们认为物质环境并不能解决城市问题，需要从社会、经济、政治等方面建构城市规划学科，良好的物质环境会自然地从社会、经济及政治活动中生长出来。正如彼得·霍尔（Peter Hall）所说，规划师似乎变成了社会活动家与政治家。本质上，建筑决定论已经被否定了。例如，为了改善某个衰败社区，人们不再重点去讨论良好的物质环境，而是着重于投资、决策过程、学校、培训班、医疗、社团、公共活动等政策指标。然而，对于建筑设计，人们从"形式与功能"转向讨论"形式与意义"，功能不再被认为是重要内容。

然而，从 20 世纪末到 21 世纪初，能源与环境问题逐步突现，可持续发展越来越成为热点问题。欧美的城市蔓延（Urban Sprawl）问题成了众矢之的，显然漫无边际的城市物质形态是导致城市不可持续的关键之一。不管是从社区的局部层面，还是从区域的宏观层面，可持续的物质环境形态被提上了议事日程。同时，某些人士认为缺少物质环境框架，社会、经济以及政治上的争论显得虚无缥缈，很难解决公共参与中的实际设计问题。在这种背景下，西方某些专家转向去回顾欧洲高密度的历史老城形态，希望从中找到秘方，既可以保持城市活力，又可以节约能源。因此，诸如美国的新城市主义及英国的城市乡村主义等都带有明显的复古气息，而英国查尔斯王子的大力推动更凸现了欧洲古典风格。然而，抛开风格的表象之争，可以认为人们又开始逐步注重物质形式对功能的影响，如重视街坊块大小、街道密度、区域边界等对城市功能或活力的影响，看似建筑决定论又有回归的迹象[45]。不过，在这种思潮中，物质形态还被赋予了解决环境能源问题的重任。因此，不仅一些学者认为城市规划应重新把物质环境作为其焦点，而且杉亚（Sanyal）等也提出物质环境与社会因素的结合是城市规划学科的挑战之一[46]。当然，不少倡导者具有城市设计的背景。然而，这些"回归"得到了很多民众与政府公务员的支持，暗示了建筑决定论的影响其实很难消除，因为一般人或多或少会下意识认为建成环境对人的行为及社会功能有影响，反之亦然。

在《空间是机器》中，希列尔曾明确提出了建筑决定论仅仅是对形式与功能关系的不恰当表述，这种决定论错误地认为建成环境形式将会直接作用于个人行为，对应于某个单一功能，进而错误认为在个体层面上，建成环境具有社会功能[16]。例如，建筑决定论认为改善建成环境形式将会改善某个人的道德行为，这显然很难得到普遍证明。然而，建成环境的形式与功能应该是相互影响的，很难想象它们之间没有关系，因为这与人们的日常生活体验相违背，人们的确会在不同的环境中有可能表现出不同的社会行为。然而，当现代功能主义或者建筑决定论被否认的时刻，形式与功能的关系也被抛弃了，人们不再认为形式与功能的研究是必要的，而转向了其他方向，甚至其他学科。在《空间是机器》中，希列尔提出建筑学理论的研究需要回归形式与功能的探讨，这是建筑学（包括城市问题）这个学科的核心问题，让这个学科具有理论的自洽性。

1.2.2 范式的变迁

从科学发展的视角，当现代功能主义及社会工程师失败之后，并不代表形式与功能没有关系，也不代表不需要研究它们的关系，这其实暗示了我们需要从新的角度研究形式与功能之间的问题，这可能孕育着新的建筑学理论。在科学的发展历程中，范式非常关键，它不是一门理论，而是研究一个课题的思考方式，明确了研究问题与目标；然而范式的转变是学科（学派）诞生或者升级的关键，类比物理学的历史性突破，《空间是机器》开篇就明确反对用其他学科的规律构筑建筑学。物理学中，在牛顿（Newton）之前的时代，大家根据常识都知道物体被另外一个物体推动才会运动。根据这种思考方式，当物体 A 运动时，必然有另外一个物体 B 推动它，那么物体 B 也必然被物体 C 所推动，如此类推，就有一串物体在运动。亚里士多德（Aristotle）说这串物体的尽端是"不动的移动物"。显然，亚里士多德的这种物理学是不成功的，但我们还是需要研究物体的移动问题。此后，牛顿提出了惯性定律，即没有外力的情况下，物体会一直运动。物体移动成为一种状态，而不是变动，虽然这种思考方式看似与常识"不吻合"，但是这开启了物理学的新篇章。

形式与功能的思考是一个古老的话题，这可以追溯到亚里士多德辨析自然物种的形式与其功能的对应。亚里士多德以房屋建造为类比：人们有目的地设计并建造房屋的形式，那么自然物种的形式也是由目的决定，因此自然物种的形式与功能的关系是被"目的"设计的。我们可以发现，亚里士多德的这个思考范式不是科学方式，他并未解释房屋形式与功能的关系，而用房屋建造领域的一个常识去解释自然物种的规律。显然，这个目的甚至可以被解读为上帝的目的，或者说上帝有意识地设计了自然物种的形式与其对应功能。

这之后是 18 世纪末与 19 世纪初的环境决定论，不同的自然环境决定了不同形式的物种，对应着不同的功能。19 世纪初的拉马克学说应该是其代表，拉马克（Lamarck）否认了上帝之手，提出了用进废退理论，把目的转移给了物种本身。如在水环境下，天鹅这类动物需要在水底觅食，就得不断地伸长脖子，就变成了长脖子，因此水环境决定天鹅的长脖子，同时长脖子也是由天鹅的意图导致的。这种"环境—目的决定论"的思考范式深入到社会生活的方方面面，甚至影响到巴尔扎克（Balzac）的小说等，即不同的环境决定不同的人物特征，这些都是建筑决定论的源头。于是，19 世纪初，人们设想改变监狱、医院或者福利院的物质环境就可以改变其中使用者的行为举止等。诸如此类的环境决定论一直都对城市规划与设计有着深远影响，甚至延续到了 20 世纪。例如，亚历山大的《模式语言》中提到城市由不同的社区或者邻里组成，它们的物质环境对应着不同的亚文化、生活方式与城市功能，这就类似于自然界中不同的自然环境形成了不同的物种群体。因此，这不仅仅局限于建筑设计中曾提出建筑物形式对应其功能，而且扩展到物质环境形式应满足社会性功能。这种思考方式很普遍，对城市化的影响很大。例如，好的市容对应健康繁荣的社会。

然而，空间句法理论认为达尔文的理论就已经突破了"环境—目的决定论"，如牛顿一样，达尔文改变了思考范式，使得生物医学发生了变革，影响到当今的基因论与信息论。达尔文提出了自然选择论，认为物种是随机的变异，形成了特定的形式，遗传给后代，如果这些变异有利于物种生存，就保留下来了，物种就进化了。自然环境决定了某个物种是否能生存下去，但是没有决定物种的变异与遗传过程。这与拉马克学说差别很大，达尔文认为天鹅长脖子的形成是某些天鹅发生了随机变异，它们具有较长的脖子，可以更好地在水环境中生存，而且这种变异（即当代的基因这个词）还能遗传给后代，但并不是环境决定了天鹅的长脖子。这种理论否认了目的论，认为不存在上帝或者物种本身的目的性设计。虽然这在医学等自然科学产生了变革性影响，然而在社会科学及日常宣传中，人们仍然只记得"适者生存"这一部分，甚至混淆了拉马克的用进废退理论，几乎忘掉了达尔文的范式突破是"随机的变异过程"。

于是，直到今日，西方的"环境—目的决定论"对社会科学与日常思考方式的影响仍然较为深远。这种思考范式是城市规划学科诞生与发展的背景，虽然目前建筑决定论与现代功能主义被否认了，但是空间句法认为城市规划与建筑学并未突破这种"环境—目的决定论"的框架，而是巧妙地回避形式与功能的问题，要么是研究其他学科的问题，要么是着迷于形式与意义的表象问题，然而建筑决定论仍然无形地影响着实践与研究，因为"环境—目的决定论"深入到日常生活的方方面面。在这个思维范式中，建成环境是人们活动的背景或者暗示线索，人们能够从这个背景中解读出各种内容，然后根据各自的目的改变其行为举止，于是建成环境参与到实现社会经济功效的过程之中。

空间句法的范式认为：人与环境之间的作用来自空间形态；空间形态不是社会经济活动的静态背景，而是社会经济活动的一部分，即空间形态本身的建构、体验、更新等就是社会经济活动的组成部分。因此，在这个范式之下，空间句法研究了三方面的理论问题。首先是研究空间形态自身的几何规律，即建成环境的空间形态是如何由空间几何法则限定并生成的，如何构成突现的模式，并对建筑和城市研究有何延伸意义？其次是研究社会对空间形态的作用，即社会是如何通过组织建成环境的空间形态而实现其自身，以及社会为什么需要空间形态的物化方式？最后是研究空间形态对社会的影响，即建成环境的空间形态如何影响人们在其中的行为，包括出行、交流、占据等？

基于这三方面的多年实证研究，空间句法理论认为：人与环境之间的作用或影响是通过空间组构完成的。这是新的范式。在《空间是机器》中，希列尔将组构（Configuration）明确为"考虑到其他关联的一组关联"，即任意两个空间之间的关联属性，需要考虑该关联与其他空间之间的关联方式。例如：A 与 B 之间相连，它们之间的空间关联在这个 A 与 B 的局部层面上是对称的；然而，如果 B 还与 C 关联，而 A 没有与其他空间关联，那么 A 与 B 之间的关联将由于与 C 的关联，而变得不对称。在希列尔 1996 年之前的其他书籍和文章中，组构（Configuration）这个词还一定程度上等同于布局（Arrangement）、模式（Pattern）、装配（Assemblage）等。总体而言，这些都是为了阐述某个事物是如何构成的；这种构成性的关联成为人与环境之间的互动机制。然而，这种构成性的关联难以日常用语描述出来，只能表明较少层级的临近关系，如上下左右；而人们在日常生活中，往往依赖于直觉能大体地把握这种关联，例如快速地识别不同人脸等。

因此，在上述的范式之下，空间句法并不是就物质空间论物质空间，而是从物质空间形态入手，试图解决人如何使用环境，而环境如何影响人的理论问题。在一定程度上，空间句法的范式类似于《道德经》中关于"空"与"用"的阐述，例如，"三十辐共一毂，当其无，有车之用。埏埴以为器，当其无，有器之用。凿户牖以为室，当其无，有室之用"。不过，在西方科学理论背景之下，空间句法试图去精确地说明空间到底是如何起作用的。在现阶段，空间句法把落脚点放在了：空间形态是如何组织建构的，即空间组构。进而认为空间组构本身既是人们抽象的逻辑思考，如梳理学校的空间组织框架，也是人们具象的建设和体验活动，如建造学校办公空间。在思考与建设之中，空间组构使得所有的事情都能得以认知和理解，从而桥接了人和环境之间的影响。这既涉及空间形态本身的建构和体验，也涉及社会、经济，以及个人偏好等逻辑和影响。在这样的范式之下，空间句法的研究有可能涉及物质空间形态、建筑立面、风格、功能类型、街道路网、行为模式、交通模式、人口、文化、税收、产值、房地产价格、景观格局等，虽然空间形态是其出发点和落脚点。

1.2.3 空间决定论

空间句法理论提出了关于形式与功能的新范式：建成环境与社会通过空间的组织构成而相互作用。也许可以简称为空间决定论的范式。首先，建成环境不是静态的背景，而是与人们日常生活互动的人造物，不断变化与演进，也传承着历史演变；其次，建成环境对人的影响不是直接的，也不是一一对应的，而是借助了空间的组织与构成的随机过程，间接地发生作用，符合统计规律；最后，建成环境对应于集体人群或者称为社会，因为建成环境本质上是社会性客体，它是人类社会传递社会文化的载体，既是物质，又是信息。在这个范式中，空间的构成这个行为是关键，它联系着物质环境的演变与抽象的社会经济发展历程。

批驳建筑决定论的一个出发点是建成环境与社会组织机构是分开的，抽象的社会组织机构并不依赖于物质性的建成环境。例如，在高校中，校长、院系主任、实验室主任、教师、学生等一系列的组织结构图表完全独立于校园的建成环境，前者是软件，后者是硬件，因此后者往往被认为是前者的一个活动舞台。即使后者不存在，我们也可以描绘出前者的结构框架图；甚至很多人认为前者更为关键，决定了后者，这其实就是功能主义的一种表达方式；或者有人认为社会组织结构与建成环境就完全是分开、毫无联系的。推广到城市，城市的物质环境也往往被认为是城市社会经济活动的背景，因此物质环境也就是各种社会经济活动的一个结果，城市规划也不必研究这种背景舞台或者必然结果，而应关注核心软件——社会经济规律。

虽然社会组织机构是抽象的概念，但是它的运作离不开物质环境，特别离不开物质空间的组织结构。社会本身是非空间的概念，但是社会的行为与运转却往往依赖空间的组织方式。例如，我们可以把某个单位的组织结构图表贴在墙上或者网上，这是一张抽象的人际交往图，然而这个单位的运转需要把不同的人分配到不同的空间中，并采用某种空间的构成关系去支持人们之间的交往，包括办公室的空间排列以及会议室的空间分配等，甚至办公室门的开关都是日常运转的必要组成。实际上，人们在不断地组织并构筑空间之间的关系，以此实现社会经济活动，这是人的本能，如同我们向纸篓扔一团纸，会无意识地采用抛物线空间。因此，社会经济的图表是非空间的，但是它们的运作常常是空间性的，而且人们一般会组织各种物质空间形式去实现那些活动。即使电子通信设施实现了超越空间的交流，然而这并未消解社会经济活动的空间性，甚至反而加剧了空间性的活动。

例如，图1-3显示了从1800年到2000年法国通信与交通发展的关系，它们的发展历程呈惊人的一致性，这反驳了不少学者的预言：电子社会减少面对面的交流。这并不神秘，从古至今，社会的非空间性活动与空间性活动都是相互促进的，或者说抽象概念与物质行为是相结合的。本质上，超越空间并不是电子通信设施独有的新特征，自人类社会产生起，各种社会规范的形成就是为了超越空间的限制，如古代社会也赋予了每个人各种身份，如教师，这种身份就让这类人可以到处讲座，其他人不必时时刻刻地从空间上回到这些人原来的学校中，去追溯他们的教学活动来认可他们的讲座能力。然而，从整个社会的运转来看，非空间的信息交流必然回到空间性的物质交流上，信息交流的效率增加了，物质性交流的频率也随之增加。因此，物质空间就是社会经济运作的一个动态组成部分，而不是它们的静态背景。

基于这一点，空间句法理论提出空间的组织与构成是建成环境与人相互作用的媒介，或者说空间组构是形式与功能之间的介质，从而超越了建筑决定论中环境与人直接作用的思考范式，也回避了环境通过"场"影响人的思维方式。空间的组织与构成简单而言就是指每个空间都以特定的方式与其他空间联系起来。人们在日常

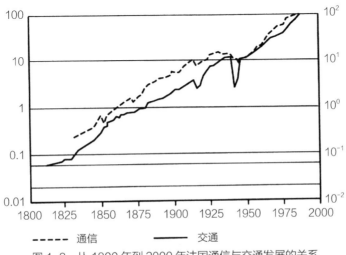

图1-3 从1800年到2000年法国通信与交通发展的关系

资料来源：Graham S., and Marvin S. 1996[47]

生活中不断地组织空间联系的方式，小到开关门、移动座椅等，大到修建道路系统等，不仅形成了建成环境，也满足了各种活动的需求；与此同时，这种空间的复杂关联也记录了社会活动的功能信息，决定了人们彼此交往与活动的模式。然而，在个体层面上，空间的组织与构成的过程一般是随机发生的，也不存在建成环境与个人的一一对应关系，这在过去的研究及现代主义建筑的历史中得到了验证。而在集体的层面上，个体的随机建构将会形成整体的空间组构模式，在统计学的意义上，这种空间模式对应人的活动模式。例如，表1-1就说明了在城市地区的层面上，空间组构与城市交通有很高的相关度[48]。这种统计意义上的相关就消解了机械的一一对应，也说明了环境与人的对应是一个模式与另外一个模式的对应，前者根植于较大范围的物质形态之中，后者基于较大范围的社会形态之中，它们都具有前后文脉。然而，这种范式也不可避免地排斥了个体人与个体环境的关系，从而强调个人体验的现象主义学者对空间句法的理论是持批判态度的。不过，个人的认知仍然是基于物质及社会的前后文脉，也就是个人对场景的整体性体会将融入个人与环境的互动之中，某些赞同场景认知的现象主义学者对此是部分认可的。本质上，空间的组织与构成是"一个动作"，既是物质环境的建构，又是社会活动的实现。

因此，空间句法理论大胆地提出了一个观点：建成环境是社会性客体，人类依靠建成环境来传承文化，于是社会超越了个人的生死，代代相传。它认为我们生活在两个世界之中，一个是物质时空世界，另外一个是抽象概念世界。例如，学校可以是物质性的学校，也可以是头脑中的学校概念。然而，学校这个概念得以代代相传，则是通过物质性的学校，更精确地说是通过学校空间的组织与构成。因此，建成环境或者建构这个行为是具象物质世界与抽象概念世界之间的桥梁。它们的作用如同

伦敦四片地区线段图的空间变量与人车流的相关度　　　　表1-1

地区	观测点	空间变量	车流			步行人流		
			路程	角度	拓扑	路程	角度	拓扑
Barnsbury	117	整合度	0.131	0.678	0.698	0.119	0.719	0.701
		穿行率	0.579	0.720	0.558	0.578	0.705	0.566
Clerckenwell	63	整合度	0.095	0.837	0.819	0.061	0.637	0.624
		穿行率	0.585	0.773	0.695	0.430	0.544	0.353
South Kensington	87	整合度	0.175	0.688	0.741	0.152	0.523	0.502
		穿行率	0.645	0.629	0.649	0.314	0.457	0.526
Knightsbridge	90	整合度	0.084	0.692	0.642	0.111	0.623	0.578
		穿行率	0.475	0.651	0.580	0.455	0.513	0.516

资料来源：Hillier, B. & Iida, S. 2005[48]

语言或者言语，当我们写字或者说话时，我们用文字或声音记录了我们的思维概念，同时我们又可以从文字或者声音中发现思维概念，然而语言的组织方式正是我们能说能写的必要，也是我们能追溯思维概念的基础。在这种思考范式下，功能、社会、经济、文化等本身都是非空间的，但是它们依据某种物质空间性的组织方式得以延续到未来。虽然在人类社会发展的历史长河中，空间的布局方式在不断变化，但是在某个时刻它们的布局方式是稳定的，传达着稳定的功能概念，也就推动着社会文化的演进。城市往往被认为是石头的史书，而空间句法认为城市是空间组构的史书，因为城市不仅传递具象的物质体，而且传承着空间布局方式，由此社会这种抽象概念才能延续下去。然而，空间组织与构成的过程往往是不可言表的，空间模式在不知不觉的过程中就形成了，就如同我们说话那样自然。

于是，在某种程度上，空间句法用"空间"联系了城市物质形态与功能这两个方面。在这个模型中，如图1-4所示，空间位于中央，左侧是物质形态，如建筑密度、建筑高度、街坊块形态、用地大小、街道长度、路网密度、外立面形态等，右侧是功能，如人车流、行为活动、用地性质、人口密度、职业收入、犯罪活动、汽车尾气、大气污染等。根据空间句法三十多年的研究与实践，可以发现物质形态与功能在一定程度上是通过空间联系起来的，也许"空间"类似于物理中的"场"，把物质形态的作用力"传递"给了人们，形成了城市功能。其中，需要特别关注的是空间与交通。在空间建模的过程中，空间组构已经暗含了形态因素，如街道长度、宽度以及角度等，它与人车流分布的相关度将会说明空间几何结构与交通的关系，这将直接联系城市

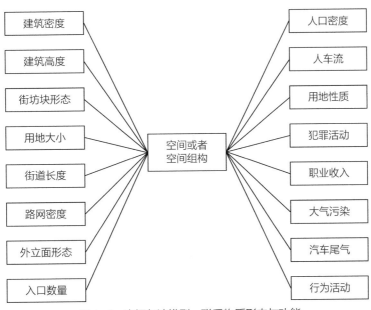

图1-4 空间句法模型，联系物质形态与功能

资料来源：作者自绘

形态设计与交通规划两个领域，有可能立刻发现、评估并设计有利于可持续交通的城市形态。

1.2.4　分析性建筑理论

　　基于上述空间决定论的范式，空间句法理论提出了重构建筑学的雄心计划，而《空间是机器》是迈向这个方向的尝试。形式与功能的争论不再变得重要，这是由于我们往往忽视了不可言表的空间组构过程，而用灵感或者艺术等词敷衍过去了。然而，形式与功能，或者环境与人的问题是建筑学中无法绕过的核心内容，这是由于工程任务书上往往都是抽象的功能需求，包含社会、经济、文化及政治方面，唯独缺少形式与物质环境的内容，而设计师的主要任务则是桥接抽象的功能与具象的形式。当建筑决定论及现代功能主义失败之后，从形式到功能，或者从功能到形式的思辨都被其他内容掩盖了，而成为一个真正的黑箱过程。那些其他内容往往是其他学科的课题，包括工程学、经济学、社会学、生物学、文学、语言学、艺术学等，因此建筑学看似博大精深，却不能解决最基本的形式与功能的问题，于是现代功能主义失败的案例借助其他形式而反复地出现。

　　在传统民居或者聚集地的建造过程中，空间的组织构成方式就蕴含在建造过程中，它们与传统的社会规则紧密地结合，由于社会经济的缓慢演进，那些空间组构看似已变成了建造者的本能反应。因此，时间让形式与功能完美地吻合起来，而建造者也不必明确地说明空间布局的过程，如何布局空间就像如何在宴会上行为举止一样，它们都构成了社会性的知识。然而，当社会经济进程加快、社会分工更细致之后，设计者需要明确空间组构的过程。此时，传统社会中那种自组织的过程仍然存在，而设计者又面临更多自上而下的整体性设计，形式与功能的问题更显突出，也更为复杂。虽然建筑学中有各种规范性的理论，但是没有揭示形式与功能之间的自然规律，仅仅如同规范社会行为举止一样，只是给出了一些社会性的知识。然而，当我们不了解这个世界是怎么样时，我们也就无法解决这个世界应该怎么样的问题。

　　因此，空间句法理论呼吁建筑学应该像其他科学一样，首先解决"是怎么样"及"为什么"的问题，然后再解决"应该如何"的问题。发展分析性的建筑学理论，这样才能真正形成自洽的学科，而不是用其他学科的理论来推导出本学科的规范理论。而空间句法理论就是试图分析建成环境的空间组构，用精确的语言表达出含混不清的空间布局，以及它们与社会经济因素的互动关系。例如，我们可以分析城市中所有空间与其他所有空间的关系，然后用数字或者图像表达出来这些突显的模式（图 1-5），进而分析它们与其他因素的关系。这种空间分析揭示了形式与功能之间的互动，从这个意义上来看，空间句法理论超越了建筑决定论，形成了空间决定论：空间组构形成了具象的物质形态，又构成了抽象的功能。

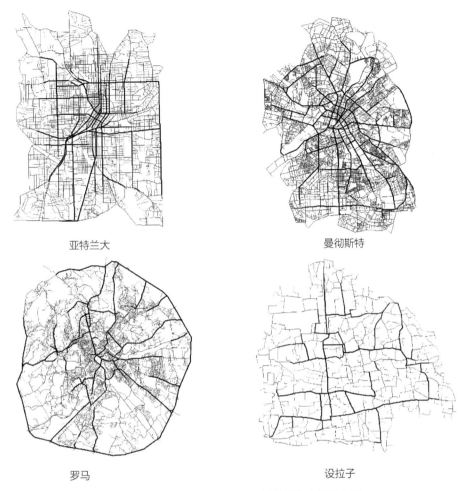

亚特兰大

曼彻斯特

罗马

设拉子

图 1-5 亚特兰大、曼彻斯特、罗马和设拉子的空间组构图

资料来源：根据希列尔的模型绘制

1.3 空间句法的几何规律

空间句法最基本的出发点是对物质空间形态的抽象表达。这既是方法论的问题，也是理论性的问题。在理论上，空间句法开创性地将建成空间，而非建成实体视为自在主体，并认为其生成、演变、消失等具有自身的规律，同时符合人的行为方式。在一定意义上，这可视为建成空间与行为方式的一体化。空间句法认为：物质空间形态中这种最为基本的几何特征是建筑和城市建造的第一步；在此基础之上，文化因素与个体独特因素将分别影响到建筑和城市的建造过程。对于城市而言，在物质形态的基础之上，还有经济和环境的影响因素；通过句法的方式，在时空之中它们与物质空间形态形成了反复迭代互动的过程，最终使得城市成为人能够感知、认知、体验、使用的场所。

1.3.1　几何中的句法

对于物质空间的几何描述，希列尔用了句法这个概念。那么，句法指什么？传统的西文语法包括形态与句法两部分，形态主要是指词语的构成、词缀、词根、词性等，而句法是指词语在句子、分句、短语中的排列组合方式，以及控制句子中各部分之间的关系的法则；在现代语法中，句法仅仅属于其中的一部分，是关注句子中各个词语之间的关系，而语法还包括语言结构各个部分的命名、时态以及发音系统等，特别是现代英语中的单个词语很少变格，也就是单个词语本身几乎不能表示它将用于句子的哪个部分，因此词语之间的组合关系很重要，也就是句法很重要，这一点也同样适用于汉语。"空间句法"这个词组中的"句法"借用了它在语言学中的本意，它指形成多个空间之间的组合关系的法则[14, 15]。然而，"空间句法"并未借用语言学中有关"句法"的理论以及研究方法去研究建筑与城市空间形态，在这个词组中，"句法"仅仅是强调空间之间的组合关系以及形成这种关系的描述性法则。因此，需要强调一点："空间句法"的研究并不涉及语言学中句法的研究，它仅仅是关于建筑与城市空间形态的研究。

为什么在空间研究中强调"句法"？首先，空间之间的组合关系提供了一种描述空间形态的方式，也暗合人类体验与使用空间的方式。这是一种现象学的几何空间描述方式。其次，不管是建筑空间，还是城市空间，它们都被认为是复杂系统，这种空间组合关系的研究在一定程度上解决了复杂系统研究中局部与整体的关联，也强调了从整体的角度分析空间形态。最后，"句法"引发了一个关于元素与关系的哲学思辨，有助于分析空间形态。

既然在建筑与城市中空间是如此复杂，常常很难用一个规则的几何形态去评价，人们对空间的认知也往往偏直觉体验，那么我们从哪个角度研究空间才有可能理性地诠释它更多的本质？对于局部空间，比如房间、走道、广场、街道等，长宽高、角度、比例等可以客观地表述空间的形态，这些变量也是我们在传统建筑学中经常讨论且熟练运用的。然而，对于较为整体的空间，如图1-2中黑色部分，上述那些几何变量就难以精确地表述空间的形态，我们常常会用"方格网""放射状""规则"或者"不规则"，甚至"有机格网"等较为含糊的词语表达空间形态。当然，这些词语对于我们理解空间形态以及进行交流对话是必要的，然而我们是否可以找到更为精确的方式表达空间形态，同时又能暗合空间认知的方式？

日常用语中还有另外一些词语表示空间形态，以及我们对空间的体验与认知，比如前、后、左、右等，比如办公室在走道的右侧。这些词可以较为容易地描述三个空间之间的关系，但是对于三个以上的空间的描述就会变得复杂，我们往往不会采用那么复杂的方式说话[15]。例如，在指路时，我们会说：向前走100米，然后左转弯，走200米，然后右转弯，走400米，再左转弯，可以再问其他人就找到了等。

这也表明我们虽然知道部分空间结构，但是很难简洁地表述出来，而且对于整个大城市的空间结构，我们很难精确记住每个角落。然而，这些词语暗示了我们使用、布置以及组合空间的过程，也揭示了从局部逐步扩展到整体去思考空间的方式。从相对整体的角度上，如果我们感觉到空间别扭，我们常常会用这些词语去表达"调整的方案"，例如会议室应移到门厅的左侧等。因此，空间之间的关系是我们认知与体验空间形态的一个重要方面。凯文·林奇在《城市意象》中也重点强调了我们只有在空间中走动、甚至往返走动，理解了空间之间的关系，才会解读出城市结构，形成头脑中的意象 [11]，但是他也没有精确地表述出这种关系。当然，在建筑与城市空间中，这种空间关系往往是非常复杂的，难以用言语表达清楚，而空间句法的研究目标就是将这种复杂关系清晰而精确地揭示出来，并且用图的形式直观地表达出来，这样我们至少多了一种方法去分析并理解建筑与城市空间形态，同时又有可能去把空间形态与其功能联系起来。

另外，自 20 世纪中叶以来，人们已经意识到建筑与城市空间是复杂系统，其中各个局部空间之和不等于整体空间结构，而整体的空间结构又是"突现"于空间的局部聚集过程之中的，这种观点是对现代主义中机械论的反思与批判。1964 年，亚历山大在《城市不是一棵树》中就批判了现代主义的功能城市，认为城市的各个形态单元不是呈树状的等级结构，而是相互部分重叠，彼此依存，形成了"半网状"的整体形态结构 [17]。1977 年他在《建筑模式语言》中总结了各种不同尺度下的局部模式，并且在前言特意说明了不同局部模式之间是相互关联的，读者在阅读某个局部模式的同时需要不断联想到与之相关的其他模式中，他也给出了模式之间的链接点 [18]。然而，这些模式之间的链接是规范性的，而不是描述性的。从而，也引出了 20 世纪后期建筑与规划界关心的问题：各种局部模式是好的，能促进功能性使用，但是它们组合在一起是否仍然也是好的？那些规范性的组合方式是否真的有效？那些规范性的组合方式是否限制了建筑师与规划师的创造性？这涉及系统论的某些关键方面：当各个局部模式聚集成为一个整体系统时，不仅仅某些整体特性不是任何一个单个局部模式所具有的属性，而且那些突现的整体特性将会制约各个局部模式，原有的局部属性可能会发生变化，也就是说局部模式在聚集的过程中有可能会发生变化。于是，我们需要研究各个局部模式之间的组合关系。

在空间形态学方面，我们不仅要研究空间的局部形态，也要研究局部空间之间的整体关系，这就是"空间句法"的一个基本出发点。希列尔认为在整体空间形态的制约下，局部空间之间的关系不是无穷尽的，而是非常有限的；而建筑师与规划师就是要明确这些形态的限制条件，"戴着脚镣去创造"；然而一旦发现了这些有限的"空间句法"，那么设计者就有了无限的创造空间，又不会失去局部与整体模式的良好性 [15]。

最后，对于空间形态的"句法"式研究也激发了关于元素与关系的哲学思辨，这对于理解建筑或者城市空间这个"物体"也大有裨益。物体是什么？物体的形成是否取决于构成它的元素，抑或它们之间的关系？我们接着引用希列尔关于"木盒、蜂群、空气"的例子[15]。在一片空旷的田野上，对于体积一样的木盒、蜂群以及空气，我们显然会认为木盒与蜂群是"物体"，而会忽略一团空气这个"物体"；当风较大时，这些蜂散布在整个田野之中，我们也不会认为这是一个"蜂群"；我们在木盒内装入炸药，引爆之后，木盒"粉身碎骨"，这时我们也不会认为这些碎片是木盒。当构成这些物体的元素之间的关系比较紧密的时候，我们会认为这些元素构成了物体，否则我们有可能辨别不了这些物体。可以说，物体的形成取决于构成它的元素之间的关系。这说明了当我们研究一个物体的时候，不仅要观测构成它的元素，更需要分析元素之间的关系。而对于建筑或者城市空间，它们类似于"社会"这样的物体。我们看不见"社会"这个"物体"，但能感知到它的存在，也给它命名为"社会"；我们也是在感知、理解并参与社会关系的过程中认知到"社会"的存在。

"建筑或者城市空间"与"社会"这个概念非常类似，我们常常不能一眼看尽这些空间，而是在体验空间之间的关系的过程中，认识到它们的存在，并且分辨出它们之间的差别。如图 1-6 所示，对于一片空间，我们站在其中的任何部分都能看到所有其他空间，从这个意义而言，各个空间之间的关系是相同的，这代表着匀质空间；在这片匀质空间中加入一个实体，如图 1-7 所示，我们站在红色部分能看到更多的其他空间，而站在深蓝色部分则看到最少的其他空间，可以说各个空间之间的关系不尽相同，也可以认为由于这个实体的加入，空间本身发生了"扭曲"，这种"扭曲"体现在空间之间的关系发生了变化，也就形成了另外一个"扭曲的空间物体"；图 1-8 表示了伯明翰旧城中心的空间结构，我们计算了每个局部空间点到其他局部空间点的关系，由于建筑实体的影响，那些空间之间的关系不是匀质的，发生了"扭曲"，因而形成了伯明翰的"扭曲的空间物体"，折射出了特定的空间结构。爱因斯坦也有着类似的空间观，空间不是匀质的，空间在物质的影响下发生了"弯曲"，希列尔认为在哲学意义上空间之间的关系可以解释这种"弯曲的空间物体"[15]。因此，

图 1-6　理想匀质空间　　图 1-7　"扭曲的空间物体"　　图 1-8　伯明翰旧城中心的空间结构

如果说建筑或者城市空间是研究的"客体"，那么空间之间的关系是其本质，而且人们会有意识或者无意识地认知这些空间关系以及它们之间的差别，而形成这些空间关系的"句法"是构筑与探究空间的基本依据。

1.3.2　空间几何原则及悖论

基于句法的概念，物质空间形态本身与行为活动密切关联起来，从而构成了基本几何空间的原则及悖论。构成空间句法理论和方法的基础。一是线性原则，即对于一组空间，如果按直线的方式，首尾相连，连续将它们连接起来，相对于它们彼此聚集成团的排列方式，这组空间将会获得更多的拓扑深度。例如，一组空间排列成为"Z"形街道，另一组空间排列成广场，在空间数量相等的情况下，前者比后者的拓扑深度更多。

二是中心性原则，即对于线性空间，阻碍物越靠近该空间的中心地段，该空间将获得越多的拓扑深度，即整合度降低；而障碍物越靠近该空间的边缘地带，该空间就越为整合。例如，一组人聚集谈话时候，一位儿童把氢气球放在这些人的中间，那么将会影响他们之间的谈话，也就是降低了该空间的整合程度，而那位儿童的目的就是淘气地影响大人们之间的交流。

三是延伸原则，即中心性强的线性空间越长，阻碍该空间所获得的拓扑深度越大，反之亦然。例如，北京街道网中长安街的中心性较强，也就是它与其他街道的整合程度较高，或距离其他街道的拓扑距离较短，那么打断长安街（相对于打断其他较短支路），将会使系统获得较多的拓扑深度。因此，城市空间结构为了保持其较高的整合度，在其扩张的过程之中其街道系统会倾向于打断较短的街道，而保留较长的街道。于是，城市街道系统会形成较长街道较少，而较短街道较多的情形。

四是连续性法则，即相对于非连续性地设置障碍物，连续性地设置障碍物可导致更多的拓扑深度，反之亦然。例如，当地铁出入口的人群较为密集的时候，出入口通道将会被障碍物分隔为不断来回拐弯的"之"字形小段，使得出入口空间的整合度降低，从而减缓人流进出的速度，避免踩踏事件的发生。

基于上述四条原则，两条基本悖论由此得以提出。一是中心性的悖论，指某个地区的形态更为整合（即更接近圆形），那么该地区内部最为整合的部分与其外界就更为隔离，而外界包括该地区邻近的聚集区。简而言之，内部最大限度的整合，将会使得内部与外部之间形成最大限度的隔离。因此，城市在增长过程之中，一直在不断地平衡其内部的空间整合程度与内部和外部之间的连通程度。这体现为城市不断地强化内部道路网密度，同时也形成一些放射状的道路去连接其周边地区。

二是视觉悖论，指当基于实际距离的隔离程度最大化，就形成了线性形状，那么其视觉整合度反而最大。例如，当所有元素按直线排列，所有元素都能一眼望穿，即该形态的视觉整合度最大。然而这些元素到其他所有元素的实际距离最大，那么实际距离整合度最小。因此，街道这个元素就充分体现了视觉悖论。不考虑视觉范围能力，直线街道往往能被一眼望穿，不过只要其有所弯曲或出现转弯的情况，其视觉上的空间隔离程度就加强了；而相对于同样长度的网格网，直线街道的实际距离往往较大，即从直线的一端走到另外一端的实际距离较长。在这种意义上，城市空间不可能是一条直线，而方格网反而是其一种选择，虽然后者的视觉和实际距离的整合度都不是最高的。

那么，城市街道网到底如何彼此连接？这种连接过程是否存在某种几何规律？从任何一条个体街道出发，逐步连接其周边其他所有街道时，整个空间网络也就立刻形成了。城市空间网络作为一个整体的突现往往被视为所有个体空间的集体构成的过程，而每个个体空间的嵌入整个城市街道网的过程则折射出这种集体构成。研究表明：双参数的韦伯累计函数控制了每条街道嵌入整个城市空间网络的全尺度过程，其中一个参数为全局拓扑总深度均值或全局米制总距离均值，另一个参数为嵌入速率的均值或空间的平均维度。

在很大程度上，上述两个参数反映了城市空间网络构成的两方面目的：①每条街道尽可能地距离其他街道更近，拓扑总距离更近将使得人们在空间网络中的认知更为便捷，米制总距离更近将使得人们在空间网络中的出行更为快速；②随着半径的增加，每条街道尽可能地连接到更多的街道，使得整个空间网络可以覆盖更多的范围。前者体现为全局拓扑深度均值或全局米制总距离均值尽可能小；而后者体现为嵌入速率的均值尽可能大，或空间维度尽量大。拓扑或米制嵌入速率越大，拓扑总深度或米制总距离越大。因此，这两个参数是相互制约、互相依存。城市空间网络在这两个方面相互发展，获取某种平衡状态。

双参数实际上分别代表了空间的整合程度以及新增空间的数量。这表明城市空间网络的构成目标为：每个空间尽可能地靠近其他所有空间，即靠近的目标空间；与之同时，每个空间尽可能地连接到更多的其他空间，即占据的目标空间。不过，这两个目标是相互矛盾的，因为在每次新增的特定尺度下，占据更多的其他空间，也就意味着在该尺度之下获得了比前一个尺度更多的空间深度，于是系统的总深度就会增加。不过，正是这种在各个尺度上都相互制约的因素，导致了城市空间网络形态不会是无序的生长 [49]。

1.3.3 物质空间结构

空间句法研究的核心对象是空间结构，这一直都是形态学研究之中经久不衰的话题。空间结构一词大约于 19 世纪初被地理学者运用到城市研究之中，目的是将城市作为有机体来研究，揭示其本质性的系统性关联，形成对城市空间发展的理论和方法。空间句法理论一直从物质空间的几何构成角度，去探索城市空间的物理几何结构特征。

空间句法在早期一直研究法国沃克吕兹省的历史乡镇，发现每个乡镇都有不规则的环形街道，其宽窄不一，看似像一串珠子。这种串珠形的空间形态不是来自有意识的设计，而是来自小规模的历时性更新和改造。希列尔称之为串珠环（Bead Ring），并基于此去探讨环形、直线、二维场所等基本的几何抽象形态，这构成了空间句法分析技术的出发点。

之后，希列尔分析了世界上不同地区的城市，如亚特兰大、罗马、曼彻斯特以及设拉子（图 1-9、二维码 1-1），试图寻找它们空间结构的共同之处。虽然这些城市的空间几何形态差别很大，亚特兰大更像方格网城市，而设拉子更像不规则的有机城市，但是它们空间的全局

二维码 1-1
亚特兰大、曼彻斯特、罗马以及设拉子线段分析 graph 文件

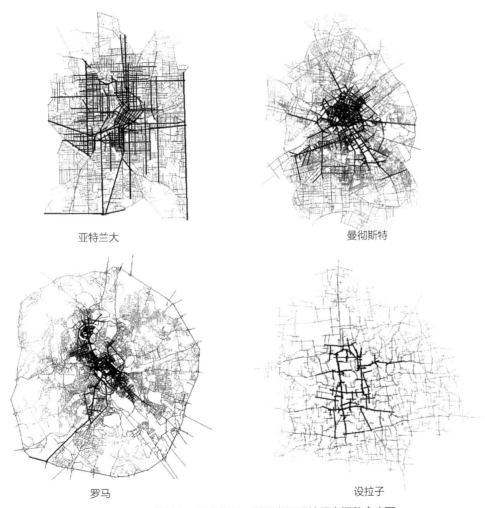

亚特兰大　　　　　　　　　曼彻斯特

罗马　　　　　　　　　设拉子

图 1-9　亚特兰大、曼彻斯特、罗马以及设拉子空间整合度图

资料来源：作者自绘

整合度显示了相似的"变形风车"（Deformed Wheel）模式，即图中黑色与深灰的线（整合度高的空间）形成了从中心向四周发散的风车形状，包括"车轴""车轮"以及"辐条"，这些往往是城市主要的公共空间。它们也可称为变形网络（Deformed Grid）[15]。一般而言，"车轴"是城市中心区，"车轮"是绕城通道，"辐条"是联系城内外的交通干道。之前探索的中心性悖论就从形态上解释了变形风车出现的原因。城市中心区往往是密集的方格网或不规则的网格，以此加强城市内部空间的整合程度，而"辐条"则往往是放射状的道路，以此实现城市内部与外部的连通，避免中心区失去与其周边的空间联系。此外，"辐条"与其周边街道的联系的方式，因城市的不同而不一样。例如在芝加哥，它们与周边道路之间可能只需一个转弯；在伦敦，可能有两个转弯；而在设拉子，可能有五个转弯。这些是社会文化在空间中的体现[15]。

基于变形风车的现象，希列尔提出了双重结构的概念[50, 51]。这是指城市既有局部单元结构，大部分源于从所有空间到其他空间的米制距离，如 400 米的步行距离，同时也有不同尺度下联系各个局部单元的网络，超越局部性，往往源于拓扑与几何距离，体现了城市的整体特征。双重结构包括前景网络和背景网络，前者是最大化自然的共同在场，并在不同尺度将不同等级的中心联系起来，强化微观经济的交流与交易；而后者指以住宅为主的背景网络，在不同文化中该网络以不同的空间方式表达，取决于文化如何规范人们共同出现在同一个空间的方式，例如市民与外来人，或男人与女人在空间中的分布，使之空间结构化。荷兰代尔夫特大学对于空间句法的研究还探讨了双重结构对应于不同的出行速度，前景网络以车行为主，背景网络以步行或自行车出行为主。

进一步，空间句法还推演出普通城市（Generic City）的概念[15]，指跨越不同的文化，存在某种普遍化的城市，其空间和功能特征保持一致。这种概念的提出基于上百个世界不同地区的城市和聚落研究。所有的城市都有非常少的较长的街道，而有大量较短的街道，这构成了双重系统，包括不同形态的前景网络和背景网络。前景网络由较长的街道构成，具有更多接近直线的连接；而背景网络由较短的街道构成，具有更多直角的连接，体现了局部特征，且缺乏线形的连续性。从功能上看，前景网络呈现普遍化的形态，即不同尺度的中心彼此连接成为网络，使得交通尽可能地受到街道网络的影响，这是由微观经济活动所推动。背景网络大部分是住宅区，根据某种特定的文化去建构空间结构，规则出行交通，体现文化的独特性，常常表现为不同的几何特征，赋予城市整体空间以独特性。

对于背景网络，依据米制出行距离，或街道之间彼此连接的速率，或局部与整体空间网络之间的关系，空间句法研究发现了马赛克分区（Patchwork Pattern）的现象[52]。这是指在不同尺度之下，城市背景网络被分为大小不一的分区，其中红色部分表示街道网由致密的中心过渡到稀疏的边缘，蓝色部分表示街道网由稀疏的中心

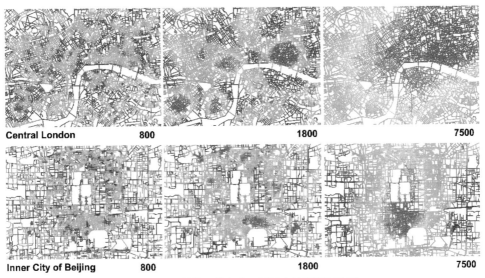

图1-10　伦敦和北京在不同尺度的马赛克分区

过渡到致密的边缘（图1-10）。前者与商业经济活动有一定关系，而后者则与住宅、医院、高校等有所联系。本质上，这体现了街坊块大小和形状在城市不同区位之中的变化，从而导致了局部城市空间的变化。

这些马赛克的分区体现了模糊边界（Fuzzy Boundary）的概念[53]，即城市分区的边界源于各个分区内部空间结构的建构以及分区与周边空间结构的关联，以维持该分区与其他分区之间的可达性和可识别性。城市分区的边界不是固定不变的，而是随感知的尺度的变化而改变，呈现模糊的特征。因此，城镇空间结构并不是匀质的，而是被分成不同尺度的地区，具有模糊的边界。城市分区通过空间结构的分异而形成，从而促进了各个分区彼此之间不同程度的可达性，而不是通过严格限定的边界去限制彼此之间的可达性。这种模糊的边界源于不同社会经济活动之间不同程度的聚集，也体现了当地社会文化特征[54]。在这种意义上，城市分区不是由固定的边界所限定的，而是源于城市道路网在不同空间范围内的几何变化。

1.3.4　空间分形的波动

不少研究表明，随着尺度的增加，社区、邻里、地区、城市，甚至区域的变化过程表现出某种自相似的规律，即小规模的社区空间构成之中折射了大规模的城市空间构成[16]；同时，某些研究也表明城市空间网络也是一种自相似的网络。这种自相似的逻辑其实也是西方现代城市规划的基础之一，如多个邻里单位的机械集合就形成了整个城市。空间句法早期的研究表明街坊块大小、街道长度、邻里社区规模等都存在分形特征[55]。换言之，从城市空间形态而言，存在少数较大的街坊块、少数较长的街道，以及少数较大的邻里社区等[56]；与之同时，也存在着大量规模近似的街坊块、街道以及邻里社区等。

最近空间句法的研究发现，街道或城市分区并非完全与整个城市街道网络自相似，而是在特定的空间范围内与其周边地段具有自相似关系；其次，各街道或各分区的自相似的特征并非均匀不变，而是随尺度（空间距离）的变化而有细微变化，称之为空间分形的波动[57]。这些幂律关系中存在微小的波动，才是城市分区的空间几何机制，即城市局部和其整体并不是完全自相似，它们之间的细微差别导致了城市被分成不同的部分。而细微差别来自于城市道路网密度在不同尺度上的非均匀变化，大体上导致了"中心—边缘"和"边缘—中心"两种分区模式，对应于聚集和分散两种活动。在一定程度上，这反映了城市分区的空间几何规律：涌现生成，即分区模式突现于局部街道连通度的变化；尺度浮动，即分区随尺度的变化而变化；远程效应，即分区外部的街道构成也影响到分区本身的空间构成。因此，城市分区现象并不是简单的空间分割，其边界也不是固定的；城市分区源于不同尺度的城市空间网络（子网络）之间的相互叠加和回馈，对应于不同规模的社会经济活动。

从更深层次的角度而言，城市分区与人们出行经济有着密切的关系。每条街道都是一维的线性空间，而整体道路网又覆盖二维的平面空间。这种形态构成本质上反映了人们出行的空间模式：人们在局部行走是线性的，而同时人们又在整体上需要占据二维空间。这样就产生了一个理论问题：如何采用局部一维的线性空间覆盖二维的平面空间？如何平衡不同尺度和不同维度的出行模式？非匀质的城市道路网就是一种解决方式，道路网密度的变化形成了"中心—边缘"和"边缘—中心"模式，对应于中心聚集和边缘分散这两种空间力量，平衡了一维空间内的行走模式和二维空间内的占据模式，从而优化不同尺度的平均出行距离，而不是最大限度地缩短某种特定尺度的平均出行距离。于是，这种非匀质的道路网就自然而然地形成了城市分区的空间现象，符合不同尺度和维度的社会经济活动方式，例如"中心—边缘"模式往往对应商业活动[58]。

因而，从整体和局部的经济出行来看，城市不能完全是"中心—边缘"模式，也不能完全是"边缘—中心"模式。城市是这两种模式在不同尺度上的叠合（图1-11）：①如果出行仅仅发生在整个城市的尺度上，那么"中心—边缘"模式最经济；②如果出行仅仅发生在某些中小尺度上，那么"边缘—中心"模式有可能反而更加经济（具有更多的线性空间）；③从较长的历史角度来看，城市又是不断生长的，"中心—边缘"模式也出现在长大的城市局部；④于是，"中心—边缘"和"边缘—中心"模式将会在局部尺度上反复交替出现，这是根据尺度变化而持续反馈的过程；⑤城市往往整体上形成了大致的"中心—边缘"模式，而其中又隐含了交替出现的两种模式，即不同尺度上的多中心和多边缘。

图 1-11　不同尺度上"中心—边缘"和"边缘—中心"模式的叠加与回馈：
左：整体上"中心—边缘"模式；中：局部上"中心—边缘"和"边缘—中心"模式；右：复杂的
叠加模式

1.3.5　可持续发展的形态

　　空间句法从空间自然法则、网络构成机制以及城市演变的角度审视了城市空间形态，给出了定义可持续发展的城市形态的新方法。空间句法首先思考了人们为什么要聚集在城市中，他认为人们需要交流物质、技能、思想等才聚集在一起，城市应该具有"水库"那样的汇集与容纳作用，因此缩短彼此之间的实际距离与认知距离等是必要的，大家需要离得比较近，也需要不费劲地识路而找到对方。然而，城市的本质不是为了促进高速运动。当一个人高速运动时，与其他人的交流效率会急剧降低，也会影响其他更多人的交流，虽然出发点到目的地之间的交流更加快速。因此，高速度并不能解决人们聚集的需求，从任意一点到其他任意一点都是高速度，这就类似完全依靠私人汽车的"城市"，只会造成一个又一个的游牧"部落"，这其实不是真正意义上的城市。因此，虽然从霍华德起，很多人就设想通过快速交通把一些环境宜人的小城镇联系起来就成了新的城市模式，如美国新城市主义就提出了类似的想法，但是这也并未取代纽约、伦敦、北京等这样的大都市，而且大都市越来越多，并未随电子网络的流行而减少。空间句法认为美国新城市主义的建成案例本质上仍然基于"分散"而不是"聚集"的思想，所以规模都太小而不能成为真正意义上的城市，仍然类似郊区的小城镇，虽然在一定程度上回应了美国超低密度的城市扩张问题，但仍然不是可持续的。

　　其次，空间几何具有自身的客观法则，人们会有意识或者无意识地遵循这些自然法则组织城市空间。如对于同样面积的空间形状，圆形中任意一点到其他任意一点的距离之和最小，但是空间越靠近圆心，这样的空间与该形状周边的空间越隔绝；而对于空间线段，任意一点到其他任意一点的距离之和最大，任意空间与该形状周边的空间都密切联系。又如，一条线段空间的模式是最容易被理解的，因为识路方式最简单，人们绝不会迷路，即沿直线走，不用拐弯，总能找到目的地；然而，线段中任意一点到其他任意一点的距离之和最大，这形成了实际距离与认知方式之间的冲突。因此，城市空间在演变的过程中，既需要让街道"尽量弯曲"，保持所有街道之间的实际距离尽可能的近，又需要保持街道沿直线的趋势延伸，保持简单的认知模式，这两种力量在相互冲突，而形成了实际的城市形态 [15]。因此，可持续发展的城市形态不可能是一条线，也不可能是一个圆。

再次，空间句法研究了世界不同地区的城市演变，发现城市空间形态是随演进时间而变化的，从最初的简单形态，如"两层皮"的街道或者环状主街，发展到复杂的形态，如多层重叠的方格网或非规则的形态，然而用"空间网络"的概念可以统一各种城市形态，网络形态的客观法则可以解释城市形态的合理性以及它们的演变。例如，他发现绝大多数城市在发展的最初期都呈带状或者不规则的环状，即要么是沿一条主街发展，要么沿宽窄不一的环状空间发展。这反映了最基本的空间形态法则：一条不太长的主街最容易被理解，人们不会迷路，且彼此间的实际距离也不是特别大；环状空间极大地缩短了人们之间的距离，也容纳了更多的人口，一个环状空间也不是太复杂。第二点中的几何法则决定了这样的形态与功能的对应。然而，这些初级阶段的小城镇不会沿那条主街一直发展下去，也不会停止于那条封闭的环形。因为当主街太长时，就意味人们之间的实际距离太大，这就失去了城镇的"水库"功能，就是不可持续的发展；当人口增多后，人们也不会无限度地挤在环形空间的两侧。从而，这些小城镇也许会沿另外一条主街发展，或者形成另外一个相邻的环，也就是格网的原型，也许规则，或者不规则。

于是，小城镇将向其他方向发展，往往是"两层皮"的方式，也形成了新的街坊块（由街道环绕的地块），往往较原有的街坊块更大，甚至街坊块中央还是农田或者荒地。然而，空间网络的雏形已经形成了，往往是中心比较密集，四周比较稀疏。为什么是这种形态？如果考虑整个网络的组构方式，就会发现这种形态具有最大的空间整合度，即任意空间到其他任意空间的距离之均值的倒数。例如，空间句法比较了四个概念中的小城镇，左上角中四周的街坊块大于中心的，而右下角中心的街坊块最小（图1-12）。各个小城镇下方是任意空间到其他任意空间的距离之均值。可见，右下角的小城镇具有最小的均值，即最大的空间整合度。当然，具有这样的形态模式的实际小城镇不一定都是方格网的。不管是方格网的，还是不规则的，它们的空间整合度都会较高，而且数值接近。从而，希列尔认为城市空间图形本身并不是关键的，而是空间图形的组织构成方式是基本的，然而这种组构方式必须从整体的角度才能理解。整体包含两层意思：一是空间上的整体，也许个人无法从"鸟瞰"整个形态，但是个人所组成的社会一直就在"鸟瞰"它；二是时间上的整体，也许某个时间段由于各种原因小城镇不吻合这种形态，但是随着时间的流逝，小城镇会逐步靠近这种形态。

当小城镇继续生长，一方面它会尽量保持延伸已有主要道路，另一方面它会"随机地"开发各个大街坊块，或者更新建成的小街坊块，让某些路网密集化。这是一

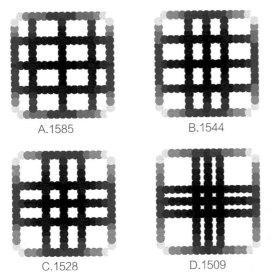

A.1585 B.1544

C.1528 D.1509

图 1-12 四个概念小城镇的比较，图中数据为任意空间到其他任意空间的距离之均值

资料来源：Hillier，2001[50]

个复杂动态的过程，但仍然会遵循形态组构法则：尽可能地延伸最长的街道；需要打断街道时，尽可能地打断较短的街道；既保持某些局部路网的密集化，又让整个城市保持较高的可理解性同时兼顾地方空间文化，但绝对不会让城市整体空间演变成为一个"迷宫"。只遵循这个原则，希列尔在计算机中随机地模拟"城市"，可以生成看似像城市而不是迷宫的东西；然而，如果不遵循这个原则，随机生成的东西就是迷宫（图 1-13）[15]。这种生成空间结构的原则，看似为空间形态的可持续发展给出了新的定义。

物质空间形态的复杂性在于各个形态本身是一个开放式的系统，随时随地与周边系统进行交互联系，同时也维持着个人与集体的生活模式。这种空间形态的复杂性又本质上与系统运行的效率与能耗密切相关，体现为社会、经济、环境等因素在局部和整体空间结构上的良好实时匹配，称之为时空的可持续发展。空间句法则是

图 1-13 左图为遵循一个原则的模拟结果，像城市；右图为随机模拟结果，像迷宫

资料来源：Hillier and Hanson，1984[15]

基于城市复杂性的理念，与相关的研究充分互动，提出了新的观点，即物质空间形态构成本身就是人们社会经济活动的必要组成部分，同时也是人们空间认知和文化的物化构成。因此，空间句法所倡导的空间持续性发展则是遵循了空间形态的复杂建构机制，最大限度地优化空间运行效率和时空匹配能力。

1.4 空间句法的认知规律

空间与社会的联系纽带只能是个人认知，因为社会是由个人组成的，而个人才有可能认知空间。在空间句法发展的早期，希列尔并未深入研究认知的问题，但是他在讨论社会的空间性时提出了一种认知范式，这个范式本质上是基于组构的，因为他试图回答"集体性"的社会组构与空间组构是如何被个人所认知与建构的[15]。他首先批判了结构主义的社会学，认为并不存在某个固定的结构或者规则（不管它是存在于大脑结构中还是其他任何地方）控制着人的空间认知，然后提出空间认知过程是人的主观精神活动与客观的空间环境之间的互动，即个人与环境共同构成了认知系统，精神活动与环境演变是相互依存的，它们是同一个"认知硬币"的两面。因此，他认为客观现象是先于规则或者结构，而结构只不过是反复出现的现象。在此背景之下，空间认知、空间识路、环境行为、环境心理、虚拟环境感知等逐步成为空间句法研究的核心之一。

1.4.1 描述性回溯

针对空间认知机制，空间句法提出了三个基本概念。首先是描述性回溯[15]，指人们从真实世界的组构模式中回溯抽象出来信息。这包括低层级的和高层次的描述性回溯。后者指在整个形态或格式塔的层面上实现描述性回溯，这是更高层面的秩序协同，即某种同步。而前者指描述性回溯发生在复杂体由不同基本元素组合的过程之中。这形成了两方面的模式：一是固定的局部联系模式；二是涌现的整体模式。后者并不是由系统的整体性联系规则而形成的，而是由局部联系规则所激发的。其次是组构的持久性[15]，指所有元素与其他元素之间的复杂关联在物质空间中得以固化，从而较为持久地存在下去，这与人的认知记忆有关。再次是生成过程，指不同类型的局部和整体空间综合体的形成，及其整合度模式的建构。最后是保持过程，通过限制了共同在场，实现文化模式的稳定性，并得以延续并不断地再生。这一般与城市的住居地区有关。

在空间句法理论中，"随机"是物质环境或者社会的初始状态，而个人或者人们从"无序"的物质环境中主观地"检索"到特定的物质现象以及物质性的组构，然后在物质环境中重复这种现象与组构，与之同时就形成了抽象概念以及组构，这是"空间现象—检索—空间现象"的认知"三明治"，当这个特定现象被不断重复时，该现象或者组构才是结构或规则，一旦不再重复该现象，那么这个结构就消失了[59]。例如，两栋房子随机地并排在一起，它们的入口空间也随机地面向相同方向，即入口空间左右相邻的组构（图1-14），如果有人看到这种现象，他再建一栋房子，让入口空间与上述某个入口空间左右相邻，同时就说明了他已经认知到左右相邻这个组构，好似"左右相邻"的结构或规则指导他认知与建造；接下来，又有人反复重复左右相邻这个现象性的组构，在建造的同时，左右相邻这个组构反复成为抽象概念，也就成为一种规则或结构；而此时，一旦有人不再左右相邻建构入口空间，那么就意味他不按"左右相邻"的结构认知以及建造，即此时左右相邻的结构便消失了。此外，在这个例子中，重复左右相邻的组构，就在更高的层面上形成线形空间，这是自下而上地"突现"的新组构或现象，那么人们就会在"无序"的环境中检索到这个现象，然后再建造线形空间，同时形成线形空间的抽象概念。如此重复建造并检索线形空间，线形空间就成为一种结构或规则，也许称为街道。这说明了低层级的现象，如入口空间左右相邻，通过主观检索与物质性建构，重复地出现，成为一种结构，那么就形成了更高层次的现象，如线形空间或者简称为街道。也就是说：人们认知到的结构或者规则只不过是重复出现的低层次现象。也就是说：结构即现象。从这儿可知，空间组构不是空间结构，而反复出现的空间组构才是空间结构，这表明了空间句法理论反对结构主义系统论（由深层次的固定结构所控制的系统），但又认同结构这个概念。

此后，空间句法的其他学者证实了人们能够认知空间组构，并形成抽象概念。例如，派普尼斯（Peponis）教授与同事们发现了建筑内部的空间组构与人们识路的行为非常相关，他们第一次用案例证明了复杂的空间关系与个人行为是互动的[60]；道尔顿（Conroy Dalton）博士通过虚拟现实的技术检验了虚拟的城市空间与人们在虚拟环境中的识路行为，发现它们密切相关，也存在互动过程[61]；佩恩（Penn）教授与他的博士生Kim比较了物质性的空间组构与主观的认知地图（即个人所认知的空间），发现它们在统计上是相似的，虽然每个人的认知地图都有差别[62]。希列尔研究了伦敦的四片区域以及其他城市，发现人们在城市尺度上更依赖空间拓扑关系（如转弯次数）以及空间角度关系来识路，而人们在局部地区或局部空间中更依赖实

图1-14 左右相邻的空间组构与街道的突现

资料来源：作者自绘

际距离的远近来识路。目前，更多地来自英美德三国的空间认知学者、行为环境学者以及现象主义学者采用空间句法的方法进行研究。当然，那些学者更关注个体的意图与所有详细的行为，而空间句法相对更为抽象，然而两个方向正在密切地交流，在相互批判的过程中相互借鉴，如 2007 年第六届国际空间句法大会的主旨演讲就包括两位知名的认知学专家。

1.4.2 不可言表性

空间句法除了研究建成空间形态内在的几何规律之外，还深入地探讨了空间形态的感知与认知。其理论性问题是如何解决空间认知的不可言表性。换言之，虽然空间形态可以用图形很方便地表达出来，然而难以运用语言去描述对它们的感知与认知 [2]。例如，我们也许可以用方格网去描述北京和曼哈顿的空间形态，却较难用简洁的语言去描述它们之间可分辨的特征；又如，在指路的时候，我们可以说向东走 200 米，然后往北走 50 米，再往东走 100 米等，却较难说更多复杂的转弯，往往就会说到了某处再问其他人，否则问路者也会不知所云 [21]。这其实涉及两个方面的主观意识：一是对空间形态的分类；二是对空间形态的体验性描述。

空间句法创造性的思维在于明确了真实的空间形态是人们对空间形态进行抽象分类和体验性描述的一部分，即抽象的空间结构或概念缘于真实空间场景。在他看来，真实的空间与虚拟的空间概念相互补充和互动，共同建构起来空间感知和认知的过程。与之同时，空间句法还区别的个体对空间的感知以及集体对空间的认知。前者只是个体根据对真实空间的局部感受，逐步汇集在一起，形成了某种空间体验；而后者则是众多个体在不同地点和不同时间内对整体空间形态进行了体验，通过交流协同机制，共同形成了对整体空间形态的抽象认知，并构成了各种分类，如方格网、放射状、自由形等。个体感知与集体认知是相互影响的，依托真实空间形态的存在，使得空间形态的分类和体验能得以传承下去，并使得人们能够就此进行交流。他提出了描述性回溯的概念，即人们对空间认知的描述是不断地从空间现实之中抽象出来的，具象与抽象是相辅相成的。在希列尔的理论影响下，道尔顿和佩恩通过虚拟现实的方式，探索了人们在不同空间布局下的识路行为模式，分析迷宫和正常城市对人们出行的影响等，提出了再现或化身（Embodiment）的概念，即人们日常的生活体验在空间形态的概念性图示之中加以体现 [63]。这些概念性图示可以是轴线、视域范围以及空间整合度的分布图示等。因此，空间句法理论认为空间不是人们活动的背景，而是人们活动的内在部分 [4]。

然而，不少争论认为空间句法对于空间感知和认知的研究更偏向于抽象，而非挖掘其内在丰富的现象与经验。虽然空间句法从理论上认可抽象的空间结构来自于真实空间体验，然而这种描述性回溯并未在实证案例中加以翔实的论证，仅仅存在于思想实验或简单实验之中。希列尔曾提出空间句法是桥接现象学和社会物理学的纽带，不过针对个体体验的现象学研究，仍然是空间句法所缺乏的，其大部分案例型研究还是偏向集体性的统计分析。因此，在个体数据日益丰富的今天，借助于个体传感器去跟踪个体对空间形态的认知和感知，揭示个体与集体、虚拟概念与真实世界、客观空间构成与主观空间认知的联动路径，将会是空间句法的新挑战之一。在本质上，这也是通过数字化的世界，去桥接并联动实体物质世界和个体感知或体验（图1-15）。此外，个体在虚拟空间的行为模式又如何影响实体物质世界的运作，并体现为虚拟社会的集体行为，这些都将是新兴的研究课题。

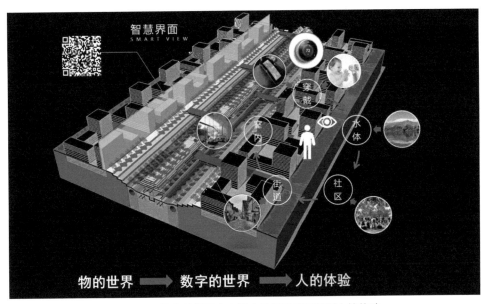

图1-15　从物的世界走向数字的世界并回归到人的体验

1.5　空间句法的社会规律

空间与社会的关系是空间句法最早的研究方向，组构的概念也源于这方面的研究。"二战"之后的大规模建设，现代建筑与规划理论其中一个想法是认为好的建成环境能产生好的社会活动，即建成环境决定论，然而不久就发现很多物质环境良好的新社区或者新城居然成为社会不良场所，建成环境决定论受到各方批评与唾弃，建筑师与物质形态规划师成为批判的焦点。在这个背景下，希列尔提出了一个假设：空间的组织构成是物质建成环境与社会之间相互作用的媒介，因此，空间不再是社会活动的惰性背景，仅仅体现社会形态，而是积极地参与到社会与物质环境的建构之中。

1.5.1 空间的社会逻辑

空间句法认为现代主义失败于它过分偏重实体形态、局部空间质量以及个体行为，而完全忽视了空间的整体性结构对社会行为的影响，进而提出自己的理论：空间构成这种物质行为具有抽象的社会逻辑，而抽象的社会结构又具有物质的空间属性。在局部，如一个教室，讲台与课桌之间的空间布局暗示了教师与学生之间的社会关系，而这种社会关系又形成了这种特定的空间布局；在整体上，如日常用语城市、郊区以及乡村就同时说明了不同的空间结构与社会结构，以及它们之间有一定的对应关系。希列尔特别强调了这种对应不是"机械性"的一一对应，而是整体层面上的"统计性"对应。而建成环境决定论则试图寻求机械性的局部对应，这是它失败的原因。如在现代城市中，人们运用局部层面上"围合"的空间方式"设计"大规模内向的小区，力图生成良好的邻里关系，期望出现传统乡镇温馨的社会氛围，往往却忽视了小区与整个城市的空间组织关系，小区被排除在城市空间结构之外，同时也忽视了现代城市的社会关系不是乡镇的社会关系，现代城市中人口流动性更大，小区的居民有更多超越小区的社会关系网，因此这种小区往往不会形成"乡镇式的邻里氛围"，一旦居民收入降低，社会关系网真的局限在小区内，那么这可能被迫导致不良社会活动，因为他们被主流的城市社会排斥了，而此刻其他居民会马上意识到这种空间隔离，更偏向搬家，加剧了小区社会人口的单一化，也将导致建成环境衰败下去，有可能形成社会问题。在这种意义上，小区建成环境通过空间的整体性组构间接地影响了小区的社会活动与社会结构，反之亦然。

通过一系列的案例研究，如住宅、原始部落、现代小区、传统城镇、当代城市等，希列尔与同事提出了社会组构不存在于个体人的层面上，空间组构也不存在于个体空间的层面上，它们是自下而上地"突现"，在统计意义上相互影响。虽然这本来是为了证明他们的基本假设，即空间的组织与构成具有社会逻辑，它不仅仅是客观的物理过程，也是主观的社会构建过程，然而在案例研究中，他们定量地发现了空间组构与人车流量、用地性质、犯罪、人口收入构成等有密切关联，这些完全可以用于规划与设计。基于这些研究，希列尔提出了一系列关于城市空间与社会活动相辅相成的自组织理论，如突现的空间组构会自然影响人车流分布，进而影响到用地的分布，其中伴随着反馈与倍增效应，即用地与人车流的变化又影响空间组构，不断演变与调整，历尽较长的时期，形成了成熟而复杂的空间形态，各级城市中心交织形成主干网络，同时主干网络又交织在以住宅为主的背景网络中，形式、功能、社会与文化等因素较好地吻合在一起。同时空间组构与那些社会经济因素的互动也发生在不同尺度上，从街道到整个城市区域，如局部的空间组构影响局部的人车流，城市尺度的空间组构影响大范围的长途出行，当不同尺度的空间与社会组构交织在一起时，就形成了城市中心，而文化等因素选择性地将不同尺度的组构分开，在特定尺度上形成了特定的空间布局与社会构成；于是，城市在时间与空间上不断地演变。

基于这种空间与社会的组构性范式，空间句法团体还深入研究了各种特定社会组织与空间形态的互动，如汉生（Hanson）教授长期关注正常住宅区、老人社区、家庭等，佩恩教授关注博物馆、大学科研机构、监狱、医院、购物中心等，汪（Vaughan）博士长期关注移民区、少数民族区、贫民窟、郊区社会等[64]。这些研究都发现了不同的社会组织都与空间组构密切关联，也能通过改进空间组构而提高社会机构的运行效率并促进社会和谐发展。

1.5.2　自然出行与自然社区

针对物质空间形态与功能使用之间的互动，空间句法提出了一些最为基本的概念。

一是自然出行（Natural Movement），指街道网络的组构本身所引发的那部分出行[65]，这是与吸引点所导致的出行相对立的，在本质上这是强调网络本身对于出现的限制与吸引作用。根据空间句法的实证研究，街道网络本身与50%~80%的出行有关。希列尔曾经把此类似为从牛顿的引力模型走向爱因斯坦的空间弯曲模型。城市空间网络的构成方式导致了空间形态的"弯曲"，由于人们在弯曲的空间之中行为活动，而忽视了吸引点之间的引力作用。

二是出行经济，基于自然出行的概念，特指城镇空间组构演变中，首先形成了疏密相间的交通出行流模式，进而影响用地选择，例如商业选择出行流量较多的地段，而高档住宅选择出行流量较少的地段。反过来，这种选址机制又影响交通出行，构成了多重反馈效应，进一步影响用地选择和局部路网构成，以此适应不同强度的开发。

三是共同在场，指一群互不认识的人，或一群熟人，同时出现在他们共同分享使用的空间。共同在场的人们并不代表一个社区，这只是形成社区的基本必要条件，也许条件成熟之后，今后有可能形成社区。

四是共同感知，指一群人使用空间，可以感知到彼此的存在。这是共同在场导致的第一步社会反应。只有感知到不同人群的存在，人们才有可能进一步交流。类似街道监视或街道眼，在本质上就是一种共同感知，从而对于街道的安全性进行共同管控。目前路口的监视器在一定程度上增强了共同感知的范围与能力。

五是虚拟社区或自然社区，指空间组构本身影响到人们的自然出行，从而影响到人们的共同在场和共同感知，于是自然而然地形成了城市中的社区，其中包括当地人与外来人、男性与女性、儿童与成年人等。相对于边界由人们事先划定好的那些社区，虚拟社区或自然社会更强调空间结构本身对于社区形成的推动作用，并不强调社区边界本身。由此而引出自然监视地概念，即空间组构创造了居民和陌生人在同一空间的充分偶遇，这是安全感的来源。陌生人的自然出行提供了对空间的自然监视，而驻足的居民在住宅的出入口和窗口，对行走的陌生人形成了自然监督。

这五个基本概念对于城市空间安全、社区营建、办公效率、展陈趣味性等方方面面的研究都有一定的启发作用。

1.5.3　无所不在的中心性

针对城市中心的形成机制，空间句法也提出了一系列基本概念[66]。一是吸引点的非对称性，这体现为城市和较大镇的中心和次中心模式，从较大的局部中心直到较少的社区中心，前者可以是热闹非凡的城市主要中心区，后者可以是小店铺和其他公共设施的聚集区。

二是组构的非均等性，指一组空间的各自整合程度是不一样，通过出行经济的机制，形成了中心和次中心等。在本质上，这是说明城市社会经济活动聚集与分散的不同需求，体现在不同强度的出行模式之上。

三是作为过程的中心性，其认为城市中心源于长期的历史演变过程，伴随那些中心的选址与形成。该过程使得街道网络的组构影响交通模式，进而影响了用地的分布，形成了热闹的与安静的地区，构成了用地的选择过程，而根据整个城市空间结构的关系，这些地区形成吸引点。该过程一方面是适应城市整体空间结构的良好组构；另一方面是适应局部网络的情况，开启中心的演变。演变的过程常常伴随较小街坊块的形成，使得局部街道网更为密集，可达性更高，出行更为有效。

四是无所不在的中心性，指城市的中心遍及城市网络的各个部分，比通常设想的多中心模式更加精致，这体现为城市的普遍性功能，与不同尺度的空间组构显然相关，而非简单的区位等级。

进而是针对建筑与城市文化，空间句法提出了三个基本概念：一是不平等的基因型[67]，指通过不同程度的空间整合性体现文化和社会关系。或者，这意味着根据文化和社会所对应的空间组构图中的平均深度（或整合度），对那些实用空间的排序。二是强组织和弱组织的建筑物[15]，强组织的建筑物指许多不同类型的人必须都被安排到相同的交流界面，彼此之间的关系也被清楚定义；同时，空间组构必须确保每种交流界面具有正确的空间形式，所有的不期而遇必须避免。法庭是典型。相反，弱组织的建筑物允许大量的随机交通，其空间布局促进偶遇和交流。三是社会文化过程[68]，其目标是限制诸如居民与陌生人之间、男人与女人之间共同在场的方式，并使之结构化，因此可用于建筑布局，形成相对局部的限制性空间布局。

因此，不同的功能根据其规模大小、消费或服务人群、文化或品牌、运作方式等方面，采取不同的空间构成方式，并选择了不同的空间区位，体现在不同的尺度上。

于是形成了各具特色的中心，称之为"形态—功能性"中心体系。例如，小型偏营利型的设施（如中小型商业和餐饮等）往往高度集中在不同尺度空间构成都良好的地段，且其空间分布模式较明显地受到空间布局形态的影响，称之为"活力中心"；普通中型偏营利型的设施（如连锁酒店等）所占据的空间区位往往不太好，然而其空间分布模式仍然受到空间布局形态深远影响，称之为"一般中心"；而品牌型偏营利型的设施（如高档酒店等）则占据较好的空间区位，然而其分布模式与空间布局形态关系不大，称之为"品牌中心"；大型偏营利型的设施（如贸易市场）不仅占据的空间区位不佳，且其分布不受空间形态的影响，称之为"特殊中心"，这种中心的形成依赖于其巨大的规模效应。在这种意义上，社会经济活动在空间中聚集效应对应于不同尺度的空间构成方式。

参考文献

[1]　CONZEN M R G. Alnwick，Northumberland：a study in town plan analysis[M]. Institute of British Geographers Publication 27. London：George Philip，1960.

[2]　STEADMAN P. Sketch for an archetypal building[J]. Environment and Planning B：Planning and Design Anniversary Issue，1998，25（7）：92–105.

[3]　CONZEN M R G. Geography and townscape conservation[J]// H. Uhlig & C. Lienau（eds.）Anglo-German Symposium in Applied Geography，Giessen–Würzburg–München，1973，Giessener Geographische Schriften（special issue）. 1975，95–102.

[4]　段进，比尔·希列尔，等. 空间句法与城市规划 [M]. 南京：东南大学出版社，2007.

[5]　BATTY M. MARSHALL S. The evolution of cities：Geddes，Abercrombie and the New Physicalism[J]. Town Planning Review. 2009，80：551–74.

[6]　WHITEHAND J W R. M.R.G. Conzen and the intellectual parentage of urban morphology[J]. Planning History Bulletin. 1987，9：35–41.

[7]　CARMONA M, TIESDELL S. Urban design reader[M]. Boston，MA：Architectural Press，2007.

[8]　BURGESS E W. The growth of the city[J]// Park R E，Burgess E W，McKenzie R W. The city. University of Chicago Press，Chicago，1925.

[9]　HOYT H. The structure and growth of residential neighborhoods in American cities[M]. Government Printing Office，Washington，DC，1939.

[10]　HARRIS C D，ULLMAN E L. The nature of cities[J]. Annals of the American Academy of Political and Social Science. 1945，242：7–17.

[11]　LYNCH K. The image of the city[M]. Cambridge：The MIT Press，1961.

[12]　FUJITA M，KRUGMAN P，VENABLES A J. The spatial economy[M]. Cambridge：The MIT Press，1999.

[13]　GLAESER E L. Cities，agglomeration and spatial equilibrium[M]. New York：Oxford University

空间句法教程

Press，2008.

[14] MARTIN L，MARCH L. Urban space and structures[M]. Cambridge：Cambridge University Press，1972.

[15] HILLIER B，HANSON J. The social logic of space[M]. Cambridge：Cambridge University Press，1984.

[16] HILLIER B. Space is the machine[M]. Cambridge：Cambridge University Press，1996.

[17] ALEXANDER C. A city is not a tree[J]. In Design，1965，206：46–55.

[18] ALEXANDER C，ISHIKAWA S，SILVERSTEIN M. A pattern language：towns，buildings，construction[M]. New York：Oxford University Press，1977.

[19] HILLIER B. Between Social Physics and Phenomenology：explorations towards an urban synthesis?[C]// AKKELIES N. The Proceedings of the Fifth Space Syntax Symposium. Amsterdam：Techne Press，2005.

[20] HUSSERL E. Philosophie als strenge wissenshaft[J]. Logos I. 1910：289–341.

[21] HUSSERL E. The idea of phenomenology[M]. The Hague：Nijhoff，1964.

[22] JACKSON J B A. Sense of place，a sense of time[M]. New Haven：Yale University Press，1994.

[23] MOWL T. Alexander Pope and the "genius of the place" [M]// MOWL T. Gentlemen & Players：Gardeners of the English Landscape. Stroud，Gloucestershire：Sutton，2000.

[24] CULLEN G. The concise townscape[M]. London：Architectural Press，1961.

[25] NORBERG–SCHULZ C. The concept of dwelling：on the way to figurative architecture[M]. New York：Electa/Rizzoli，1985.

[26] TUAN Y F. Space and place[M]. London：Edward Arnold，1977.

[27] ROSSI A. The architecture of the city[M]. Cambridge：The MIT Press，1984.

[28] THRIFT N，DEWSBURY J D. Dead geographies—and how to make them live[J]. Environment and Planning D：Society and Space. 2000，18：411–432.

[29] BATTY M. The new science of cities[M]. Cambridge：The MIT Press，2013.

[30] BATTY M. Urban modeling in computer–graphic and geographic information system environments[J]. Environment and Planning B：Planning and Design. 1992，19（6）：663–688.

[31] WIENER N. Cybernetics or Control and Communication in the Animal and the Machine[M]. Cambridge：The MIT Press，1961.

[32] STANOWSKI M. Abstract complexity definition[J]. Complicity：An International Journal of Complexity and Education. 2011，8（2）：19–35.

[33] BATTY M. Cities and complexity[M]. Cambridge：The MIT Press，2005.

[34] EULER L. Solutio problematis ad geometriam situs pertinentis[J]. Commentarii Academiae Scientiarum Imperialis Petropolitanae. 1736，8：128–140.

[35] KOCHEN M. The small world[M]. Norwood（N.J.）：Ablex，1989.

[36] MILGRAM S. The Small World Problem[J]. Psychology Today. 1967，Vol. 2：60–67.

[37]　WATTS D J，STROGATZ S H. Collective dynamics of 'small-world' networks[J]. Nature. 1998，393（6684）：440-442.

[38]　NEWMAN M，BARABASI A L，WATTS D J. The structure and dynamics of networks[M]. Princeton：Princeton Univ Press，2006.

[39]　NEWMAN M E J. The structure and function of complex networks[J]. SIAM Review，2003，45（2）：167-256.

[40]　BARABASI A L，ALBERT R. Emergence of scaling in random network[J]. Science，1999，286：509-512.

[41]　杨滔. 可持续空间形态的复杂性——空间句法的理念发展 [J]. 城市设计 . 2018（3）：26-35.

[42]　STEADMAN J P. Architectural morphology：an introduction to the geometry of building plans[M]. London：Pion，1983.

[43]　HALL P. Cities of tomorrow[M]. London：Basil Blackwell，1998.

[44]　BATTY M，MARSHALL S. The evolution of cities：geddes，abercrombie and the new physicalism[J]. Town Planning Review，2009，80：551-74.

[45]　NEAL P. ed. Urban villages and the making of communities[M]. London：Spon Press，2003.

[46]　SANYAL B. Planning's Three Challenges[M]// RODWIN L，SANYAL B.（eds）The profession of city planning. New Brunswick，NJ：Center for Urban Policy Research，2000.

[47]　GRAHAM S，MARVIN S. Telecommunications and the city：electronic spaces，urban places[M]. London：Routledge，1996.

[48]　HILLIER B，IIDA S. Network effects and psychological effects：a theory of urban movement[C]// AKKELIES N. The Proceedings of The Fifth Space Syntax Symposium. Amsterdam：Techne Press，2005.

[49]　杨滔. 空间网络的价值：多尺度的空间句法 [M]. 北京：中国建筑工业出版社，2019.

[50]　HILLIER B. A theory of the city as object：or，how spatial laws mediate the social construction of urban space[C]// PEPONIS J，WINEMAN J，BAFNA S.（eds.）The Proceedings of The Third International Space Syntax Symposium. Atlanta：Georgia Tech Press，2001.

[51]　HILLIER B. Spatial sustainability in cities：organic patterns and sustainable forms[C]// KOCH D，MARCUS L，STEEN J.（eds.）The Proceedings of the 7th International Space Syntax Symposium. Royal Institute of Technology（KTH）：Stockholm，Sweden，2009.

[52]　HILLIER B，YANG T，TURNER A. Advancing DepthMap to advance our understanding of cities：comparing streets and cities，and streets to cities[C]// GREEN M，REYES J，CASTRO A.（eds.）The Proceedings of the Eighth International Space Syntax Symposium. Pontifica Universidad Catolica：Santiago，Chile，2012.

[53]　YANG T，HILLIER B. The fuzzy boundary：the spatial definition of urban areas[C]// KUBAT A S，Ertekin Ö，Güney Y I，et al.（eds.）：The Proceedings of The 6th International Space Syntax

Symposium, Istanbul: Istanbul Technical University Press, 2007.

[54] HILLIER B, TURNER A, YANG T, et al. Metric and topo-geometric properties of urban street networks: some convergencies, divergencies and new results[J]. The Journal of Space Syntax. 2010, V (1) 2, 258-279.

[55] PENN A. Space syntax and spatial cognition. Or, why the axial line?[C]// PEPONIS J, WINEMAN J, BAFNA S. (eds.) The Proceedings of The Third International Space Syntax Symposium. Atlanta: Georgia Tech Press, 2001.

[56] CARVALHO R, PENN A. Scaling and universality in the micro-structure of urban space[J]. Physics A. 2004, 332: 539-547.

[57] YANG T, HILLIER B. The impact of spatial parameters on spatial structuring[C]// GREEN M, REYES J, CASTRO A. (eds.) The Eighth International Space Syntax Symposium. Pontifica Universidad Catolica: Santiago, Chile, 2012.

[58] 杨滔. 一种城市分区的空间理论 [J]. 国际城市规划, 2015, 30 (3): 43-52.

[59] HILLIER B. A theory of the city as object; or, how the social construction of space is mediated by spatial laws[C]// PEPONIS J, WINEMAN J, BAFNA S. (eds.) The Proceedings of The Third International Space Syntax Symposium. Atlanta: Georgia Tech Press, 2001.

[60] PEPONIS J. Space, culture and urban design in late modernism and after[J]. Ekistics, 1989.

[61] CONROY-DALTON R, BAFNA S. The syntactical image of the city: a reciprocal definition of spatial elements and spatial syntaxes[C]// HANSON J. (eds.) The Proceedings of The Fouth International Space Syntax Symposium. London: UCL Press, 2003.

[62] KIM Y, PENN A. Linking the spatial syntax of cognitive maps to the spatial syntax of the environment. Environment and Behavior, 2004, 36(4): 483-504.

[63] CONROY-DALTON R, HOELSCHER C. Understanding Space: the nascent synthesis of cognition and the syntax of spatial morphologies[C]// HOELSCHER C, CONROY-DALTON R, TURNER PAF. (eds.) The Proceedings of Space Syntax and Spatial Cognition. Springer: Germany, 2006.

[64] VAUGHAN L. Mapping the east end 'labyrinth' [A]// WERNER A. (ed.) Jack the Ripper and the East End Labyrinth. London: Random House, 2008.

[65] HILLIER B, PENN A, HANSON J, et al. Natural movement: or, configuration and attraction in urban pedestrian movement[J]. Environment and Planning B: Planning and Design, 1993, 20 (1): 29-66.

[66] HILLIER B. Centrality as a process: accounting for attraction inequalities in deformed grids[J]. Urban Design International, 1999, 3-4: 107-127.

[67] BAFNA S. Space syntax: a brief introduction to its logic and analytical iecnnlques[J]. Environment and Behavior, 2003, 35 (1): 17-29.

[68] HILLIER B, NETTO V. Society seen through the prism of space: outline of a theorly of society and space[J]. Urban Design International, 2002, 7: 181-203.

空间句法模型的原理

第二章
空间句法模型的原理

第一章主要对空间句法的理论及其相关背景进行了阐述，以期大致勾画出空间句法的发展脉络及相关学术观点。本章从句法模型的角度，阐述空间句法对于空间本身的描述、计算、模拟等，并初步概括出空间句法中不同模型发展的基本思路。这是由于从科学角度而言，理论是对真实世界的抽象描述，而模型则是这种抽象表达的可操作方式，用于检验理论的真伪，同时也是理论得以发展的核心推动力。一般而言，模型分为：形象模型，如地图、建筑模型或物理器械模型，具象呈现或模拟理论的内容；类比模型，如城市绿肺，用于大体描述理论的运行机制；符号模型，如数学模型，适用于较为定量化地诠释理论的精髓。

从空间句法的本源来看，句法模型试图创造一种形式语言去描述建筑和城市空间形态，这种语言区别于自然语言和数学语言，因为自然语言描述性更强而缺乏图形的精确程度，而数学语言虽精确然又过于抽象。因此，句法模型期望找到准确与可理解之间的平衡，这也是空间句法走向人工智能的必由之路。不过，随着空间句法的发展，句法模型实际上在不同时期采用了上述三种方式，从不同的角度去解释空间句法的理论思想和观点，并由此去校验那些理论的适用性。

本章分为四小节。2.1 节是"空间的表达"，阐述空间句法从理论和方法的角度如何对连续空间进行分割和分类，进而实现抽象化的表达。2.2 节是"空间组构模型"，基于组构的理论，详述空间句法最基本的模型，探讨其基础概念、基本变量以及适用半径等。2.3 节是"句法模型的衍生"，针对规划设计要素分层、空间与功能、个体与环境等不同的方向，对空间句法模型进行扩展性探讨。2.4 节是"未来展望"，简要说明时间和空间维度上的生成理念对于空间句法模型未来的影响。

2.1 空间的表达

句法模型包括三方面，要素、关联以及操作方式。对于要素而言，就是空间。首先需要用合适的方法去表达空间，这是建立模型的第一步。正如第一章所描述，在句法理论中，空间不是人行为活动的背景，而是其行为活动不可分割的一部分。因此，从人们感知和认知空间的角度，去定义空间，并抽象表达空间，这是句法模型的出发点。

2.1.1 空间要素分类

空间句法根据不同的需求，将建成空间抽象为面、线、点三种类型。面对应于方块、凸空间、等视域范围等；线对应于轴线、线段、自然街道、道路中心线等；点对应于圆点、像素点、方格网中的方格等。

首先是"面"。在很大程度上，早期空间句法对于空间要素的选择是根据人在空间的行为模式。一种最直接的方式是：针对传统的住宅或博物馆（其中每间房都明确地被定义），选择房间和房门。每个房间，如展室或办公室，都抽象为一个长方形；而房门则抽象为房间直接的联系（图2-1）。不过，这对于建筑或城市中那些不规则的开敞空间，并不适用。

开敞的办公空间和城市空间往往都是连续的，如何进行空间的分割尤为重要。一种是划定出"凸空间"。在此空间之内，任意两点之间的连线不得与该空间的边界相交。这种数学定义具有明确的行为意义，即在凸空间之内，任意两人彼此都能看到对方，并能感知到对方的存在。从几何形式语言的某个角度，这定义了上一章所阐述的共同在场与共同感知的概念。那么，对于一个空间连续的系统，《空间的社会逻辑》提出了一种分割空间的方法，即首先基于任意点画出圆，并限制在连续空间的边缘之内，以此找到最大的凸空间，然后分别识别出次一级的凸空间，直到所有

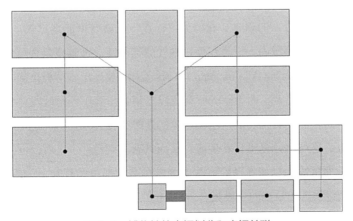

图2-1　博物馆的空间划分和房间关联

的空间被凸空间所覆盖 [1]。在这种意义上，连续空间的系统被分割为一个个共同在场的凸空间，或彼此能互视的场所。

基于建筑物和较小规模城镇，约翰·派普尼斯（John Peponis）提出另一种分割出凸空间的方法，称为界面分割（Surface Partition），即延长所有围合空间的边界线，直到与其他边界相交，这些线称之为 s 线（s-line），它们彼此相交而封闭构成的空间均为凸空间，称之为 s 空间（s-space）。从自动计算的角度，s 空间可明确地被界定出来；而《空间的社会逻辑》中提出的分割空间的方法至今并不能完全自动化 [2]。

为了保持每个凸空间中视线信息的稳定性，皮珀尼斯提出了另外一种分割出凸空间的方法，称为端点分割（End Point Partition），简称 e- 分割（e-partition），即连接所有围合空间的界面中的折点，并延伸这些线段，而不穿过围合的界面，同时也延伸围合界面中的线段，也不穿过围合的界面。这些线段彼此相交而封闭构成的空间均为凸空间，称之为 e 空间（e-space）。在每个 e 空间之内，人们看周边的视觉范围将保持一定的稳定性，也就是人们从视觉上接收到的信息从理论上将保持大体一致 [3]。

空间句法也引入了等视域（Isovist）的概念，即从任意一点向四周 360° 看出去，这些视线所覆盖了一定范围，其边界是阻挡视线的建成环境界面。等视域将会随观测点的不同而加以变化，体现了观测者对其周边空间的视觉感知范围 [4]。该概念也可延伸到三维，考虑建成环境的三维体块对于视线的遮挡。不过，等视域反映的还是局部空间特征，对应于人们对周边观看这种行为方式。空间句法更加关注等视域随着观测者的行走而构成的连续空间，称为累计等视域，这体现了视觉感知在行进中的变化，如步移景异。

其次是"线"。空间被简化为一条线，本质对应于空间中的行走、视线或运动趋势等。早在《空间的社会逻辑》之中，轴线（Axial Line）的概念就得以提出：即一组穿过尽可能多的凸空间的最长的线，其端点落在实体围合界面之上；且这些线的数量尽可能地少，并与其他线至少有一个交点。换言之，最少且最长的轴线遍历所有连续空间 [1]。因此，轴线图在很大程度上代表了人们在空间之中运动的轨迹或趋势，并顺应了"所见即所行"的理念，看得见目标点，人就有可能走过去。

不过，空间句法领域内，一直在探讨轴线的唯一性，即轴线是否可以客观地唯一性地绘制出来。所有线图（All-line Map）的概念由此被提出，即根据空间中所有物体上彼此可相互对视的顶点，而绘制的所有线段之集合，其中任意线段将会被延伸直到与物体的表面而相交。所有线根据建成环境的界面的转折方式，确定了所有可能的视线或运动趋势。这可由计算机自动生成，从而具有客观性 [2]。之后，可先选择穿过其他线段最多的那条线，然而选择穿过其他线段次多的那条线且与上一条线并不相交，如此下去，最终将选出最少的线段集合。皮珀尼斯称之为运动线（Movement Lines）或 m 线（m-lines）。这构成了自动化生成轴线图的技术路径，然而计算时间过于长。

对于空间被抽象表达为一条线的方法，空间句法的研究还考虑了两种思路。一是感知上连续的空间被视为一条线元素。例如，对于两条或多条轴线，彼此两两相交，任意彼此相交的轴线之间的夹角小于 15° 时，这两条或多条轴线被视为一条连续的线，只是存在稍微转折的部分，称之为连续线（Continuity-lines）[5]。又如，空间基因（Spatial DNA）研究之中，以曲线方式连续平滑弯曲的任意线都视为一条线元素，其中人们无法感知到突然的转弯。在这种思路下，线元素的数量比轴线图的要少些，从而连续空间系统被更为简化地表达出来。相邻线段合并的角度阈值与人在空间中的感知和认知密切相关。道尔顿（Dalton）教授曾就室内空间进行了实证研究，并借助了虚拟现实的方法进行了拓展性研究，15° 被认为是一个可接受的阈值，然而这又缺少脑神经学方面的严格支撑[6]。

二是连续空间中被打断的部分都视为一条线元素，其中打断的方式也许无法被感知所明确地识别出来。例如，对于轴线图，任意两两相邻交点之间所确定的线段视为一个元素，由此构成的抽象表达称之为线段图（Segment Map）。对于三条以上轴线相交的部分，常常会出现较小的环（Trivial Ring），其各边的长度都较短。在真实空间之中，这些较小的环也许并不能被人们所感知。因此，线段图未必与人们对空间的真实感知一一吻合。不过，较小的环保持了线段的角度变化特征，暗示了行进的方向及其变化。这对于线段图的角度分析仍然较为重要，所以不宜随意改变较小的环。

此外，道路中心线被引入生成连续线或线段。相对于轴线图数据，道路中心线的数据较为容易获得，常常用于近似地替代轴线图。不过，道路中心线并未考虑道路的宽度。道路中心线可根据其角度的变化，进一步简化为连续线；道路中心线也可根据其交点，被打断为线段，同时避免了较小的环。不过，由轴线图而生成的线段图与由道路中心线生成的线段图，有可能得到差异较大的分析结果，这与道路的宽度也许有一定关系，因为轴线图的生成过程在一定程度上考虑到了道路宽度的因素。

最后是"点"。连续空间上可被覆盖一张正交网格，每个方格可以尽量地小，以离散的方式去近似地表达空间本身；或每个方格的边长接近个人对空间占据的尺度，如边长 50 厘米的方格。这些方格类似于屏幕上的像素点，对连续空间进行均匀划分，抽象地代表着人或物体占据空间的行为。

从空间句法发展之初，上述这些空间的表达都存在各种争议，也是伴随这些争议，技术才得以提升和改进。其中最为核心的争议是这些空间表达是否客观的？例如，针对不同人绘制轴线图完全有可能不一样，不少学者曾经批判过轴线图过于主观；且同一个广场或公共空间的轴线表达方式完全有可能不一样，对整体空间系统的分析将会产生完全不一样的效果。

此外，这些要素本身是否需要考虑其他权重，如建筑物高度、街道长度、建筑物

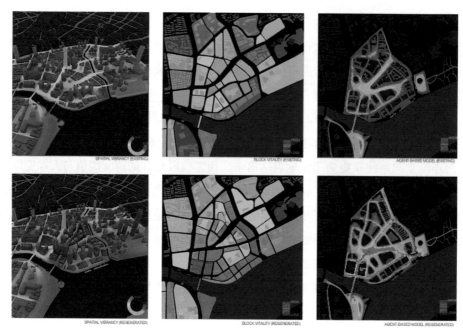

图 2-2　上海北路空间效率、地块大小以及人流分布等
（上面一排图是现状情况，下面一排图则是预测的情况）

退线等物质形态因素，或建筑功能、道路等级、交通流量等功能因素（图 2-2）。或者，这些物质形态因素需要以某种方式整合入空间表达方式之中，例如三维的空间句法模型。理论上存在城市空间分层模型，即不同的物质形态要素，如形状、密度、面积、边界、高度等以不同层的方式在统一的空间模型之中得以表达。然而，其中的限制因素是各种物质形态要素之间的联系并不是那么清晰，这阻碍了统一空间模型的建立。

值得我们反思的仍然是物质空间形态可以怎样更为客观地分割和表达。这看似取决于两个方面的快速发展。一是超算计算能力的普及化和经济化，建成空间以点的方式加以表达，根据其视域范围及其序列的变化（含三维或时间维度），并反复迭代出新的抽象表达方式，乃至超越网络的表达方式，或者更为有效地证实或证伪轴线生成的客观性；二是空间认知科学的突破，发掘出人们识路或空间辨识等行为中所依赖的主要空间要素，如空间的拐点或延长线等。

空间句法在面对物质空间与社会经济互动的机制探索之中，最常见的问题是：既然社会经济现象有很多非空间的因素起到决定性的作用，为什么空间句法要将物质空间放到如此重要的位置上？在一定程度上，这是回归到了形式与功能的问题，即良好的建成环境并不一定能带来良好的社区功能。早期的空间句法其实一直致力于区别空间要素与非空间要素，以此来试图说明个人聚集成为社会的空间和非空间的动力[1]。从理论上而言，建成空间类似于其他非空间要素，如语言、文字、火把、徽章、制服、电话、互联网等，都属于人工产物，用于人们彼此的沟通，最终形成社会。

因此，希列尔早期的著作被命名为《空间的社会逻辑》，认为空间本身的存在具有其社会逻辑意义。

在空间句法看来，空间的本质体现为人们的占据和运动，于是才会促成人们的彼此偶遇、共同在场以及交谈互动等。因此，人们会利用空间的连接与隔断等方式去完成其社会性的活动。某些活动是严格控制了人们行走和活动的先后顺序，如教堂中的祷告仪式和法院的诉讼，那么其空间序列是彼此明确界定的，规范了行为的方式；而某些活动则只是聚集人气，如街道漫步或节日聚会，那么其空间序列是模糊的，可自由组合。不管怎样，这些空间组合方式都是为了配合社会活动的展开。此外，非空间的分类标签，如俱乐部、学校、建筑师、小孩等称呼，都将人们加以分类，那么诸如广场和街道这些空间才提供了一种使得各类人群聚集在一起或偶遇的可能性。在这种意义上，空间句法认为空间因素是社会之所以成为社会的一个重要因素，即只要社会存在，那么空间也将会存在。

然而，正如空间句法的研究表明，诸如语言、火把或互联网等非空间因素的作用还在于跨越空间，实现人们之间的彼此沟通，也是形成社会的重要因素。那么，随着互联网、物联网等通信设施的不断发达以及人工智能技术的完善，是否人们不再依靠空间去实现彼此的交流和交易？换言之，人们在未来是否不再需要面对面的交流？也就是在空间上的聚集逐步消失？虽然历史上电话和互联网的出现曾带来了种种关于分散生活或城市消失的预言，然而这一直并未实现，反而出现了更为集中的城镇群现象。不过，这并不能说明空间句法的研究不用去关注非空间的要素，反而空间句法的研究需要去解释空间因素不消失的内在原因。

在过去的研究之中，由于很多社会经济环境等数据难以获取，空间句法只是重点分析了诸如日常行为活动、人车流、用地或房间功能、汽车尾气污染、犯罪活动、房屋价格等要素。例如，从空间形态网络在不同时间和尺度的发展变化视为空间足迹，去分辨具有空间潜力的节点与联系；从功能业态以及开发强度等所代表的功能活力，去判断与空间区位相对应的空间价值；从公共空间或自然景观的场所界面中去落实空间营造的具体事项（图2-3）。然而，空间句法的研究并未全面探索不同类型的社会经济活动与空间之间的关系。

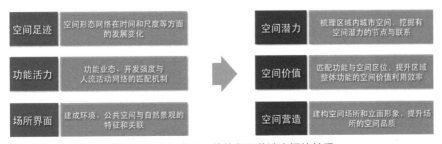

图2-3　空间潜力、价值以及营造之间的关系

此外，空间句法并未完全揭示非空间因素之间的功能关系及其与空间的关系。换言之，社会经济等相关学科之中运用相似的图论方法揭示社会经济网络的规律，这些方法并未与空间句法的研究方法有密切的对接。目前各种反映社会经济活动的大数据逐步普遍化，特别是那些数据的空间定位更为精准，那么这些社会经济活动的空间规律将会更为容易地获取，并被表达出来。其中的非空间因素与空间因素的对比作用将会更为明显。这不仅有利于我们证实或证伪那些非空间因素在今后建成空间发展趋势之中的作用，而且有利于我们建立更为全面的句法模型，即构建空间因素与非空间因素彼此互联互通的新型模型，用于解释或预测建成环境的运营与建设情况。其中的重点是剖析并辨别非空间因素之间关联是否存在空间性，或在多大程度上可以影响空间因素所构成的网络。通过这种分析，可以探索空间因素与非空间因素之间相互转化的内在机制，从而去揭示建成环境的复杂性。

2.1.2 空间要素的抽象与关联

采用不同方式对连续空间进行分割，形成了空间要素，对应于面、线、点。这些空间要素又进一步被抽象为点，而它们彼此相交或相通，就被抽象为联系线，代表为空间之间联系。空间"组构"（Configuration）或者"组织构成"这个概念成为空间句法的核心概念[7]。组构意为一组整体性关系，其中任意一关系取决于其他与之相关的所有关系。因此，组构指大于两个元素的系统的复杂关系，关注系统是如何组织与构成的。它是集体性的现象，而不是个体性的现象。

从组构的角度看待某个住宅空间，所有的房间都简化为一个圆点，除了入口空间被简化为一个三角形；房间之间有门作为联系，就视为它们之间存在联系线。根据不同的房间去看待所有房间彼此联系的情况，可发现所有房间的空间联系程度也可能不一样。如图2-4所示，对阳台空间（用黑色小球表示）和入口空间（用黑色三角表示）进行比较，阳台空间距离其他所有房间相对较远，而入口空间则更靠近其他所有房间。这说明了上述两种空间与其他房间的连通关系不一样，从而导致了这两种空间的地位不一样。每个房间之间的距离是根据房间之间是否有连接通道而决定的。这在数学上称之为拓扑距离，因为房间的大小、形状、实际米制距离等因素并未考虑，而只是关注了那些房间是否相通以及如何连通。

对于轴线图，每条轴线转化为一个圆点，任意两条轴线之间相交，将与之对应的圆点连接起来，共同构成一张图论意义上的图，其中圆点的序号与轴线的序号——对应[8]。如图2-5所示，从第7个圆点起，依照与第7条轴线的拓扑远近距离去

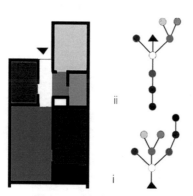

图2-4 空间的空间句法

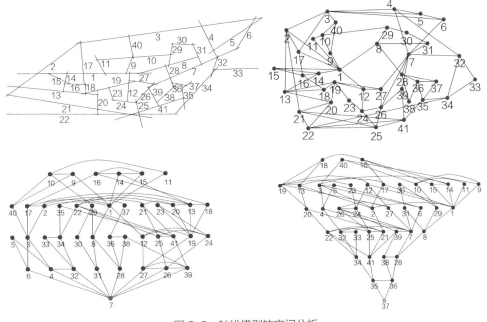

图 2-5 轴线模型的空间分析

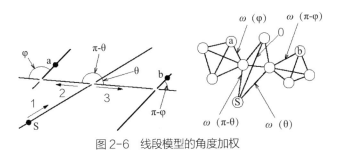

图 2-6 线段模型的角度加权

依次排列出其他圆点，如距离一个拓扑距离的放在第一行，距离两个拓扑距离的放在第二行，如此类推，直到所有的圆点都排列好了。从第 37 个圆点也可排列出圆点的图。相对于第 37 条轴线，第 7 条轴线距离其他所有轴线更近。这表明第 7 条轴线所代表的道路更有可能是主路，而非单纯地通过道路宽度来判断是否主路。

　　轴线图可进一步打断为线段图，每条线段被定义为两两交叉口之间的街道。那么，这些线段可以简化为圆点，它们之间相交就用一条线连接起来。这种连接可以是拓扑、角度、米制距离连接。对于拓扑连接，任意两条线段相交，它们之间连接就是一个拓扑步。对于角度连接，任意两条线段相交的补角作为连接的角度变化加权。如图 2-6 所示，S 与 a 之间的角度距离是 $\omega(\pi-\theta)+\omega(\varphi)$；而 S 与 b 之间的角度距离为 $\omega(\theta)+\omega(\pi-\varphi)$。一般而言，90° 以内的补角数值设定为 0 到 1 之间；90° 到 180° 之间的设定为 1 到 2 之间。对于米制距离连接，任意两条线段相交时，它们中点之间沿着这两条线段的实际距离就是连接的度量值。

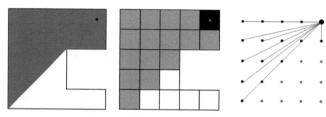

图 2-7　等视域简化为圆点构成的图

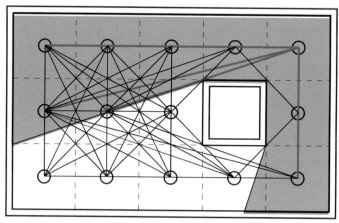

图 2-8　所有等视域构成图论中的图

　　从理论角度，任何空间都可以抽象为匀质的方格网或其他类似的格网，每个方格元素可以抽象为一个点，所有这些点共同代表无区别的中性空间。如图 2-7 所示，对于等视域图，可以采用网格的方式表达，每一个格子可简化为一个圆点，那么等视域图可简化为从起始点连接视域内所有其他点的图。如图 2-8 所示，所有的等视域图彼此连接起来，共同构成了由圆点构成的图。

2.2　空间组构模型

　　空间句法领域中，最基本的模型就是空间组构模型。基于对空间要素的分类和抽象，空间组构模型将连续的空间视为离散的系统，构建起离散空间要素之间的复杂关系，并关注每个要素与其他所有要素之间的关系，称之为组构，从而揭示空间之中的结构。每个空间要素的重要性取决于它们在结构之中的位置；与之同时，该结构也是由空间要素之间的关系所决定的。于是，空间要素的吸引能力与空间要素在结构之中的位置共同构成了评判空间特征的两个重要方向。

2.2.1　广义距离

　　空间要素之间的距离包括拓扑、角度、米制距离等；任意两个空间要素之间的距离本质上还是局部特征，只是表明了那两个要素之间的关系。广义距离是指从任意一个空间要素到其他与之相通的空间要素的距离之和。例如，图 2–5 中距离起点 7 一个拓扑距离的轴线共 8 条，距离其两个拓扑距离的轴线共 13 条，距离其三个拓扑距离的共 13 条，距离其四个拓扑距离的共 6 条，那么起点 7 的广义距离就是 8+13×2+13×3+6×4，共计 97 个拓扑距离。因此，广义距离刻画了任意一个空间要素到其他所有空间要素之间的总体关系。当每个空间要素被赋予其广义距离，那么所有空间要素之间的差异模式则体现了空间集合的结构性特征。

对于轴线分析而言，广义距离等价于拓扑总深度（Total Depth），或数学上定义的接近度（Closeness）。总深度（TD_i）就是从任意一条轴线到其他所有轴线的拓扑距离之和。

$$TD_i = \sum_{j=1}^{n-1} d_{ij}, i \neq j$$

然而，总深度随轴线图中的轴线数量的变化而变化。轴线越多，总深度越大。为了排除轴线图本身系统规模的影响，进一步揭示轴线之间的结构性关系，便于比较不同规模城市的轴线图，平均化和标准化的方法被采用。平均深度值是总深度与轴线总量减一之间的比值。

$$MD_i = \sum_{j=1}^{n-1} d_{ij}/(n-1), i \neq j$$

相对非对称值（RA，即 Relative Asymmetry）是一种理论上的归一法。对于 n 条轴线，理论上某条轴线的最大总深度的模式是这条轴线在末端，与一条轴线相交，而这条轴线又与另外一条轴线相交，如此顺次相交下去，形成一条曲曲折折的线；而理论上某条轴线的最小总深度的模式是这条轴线与所有其他轴线都相交。于是，总深度与最小总深度的差值除以最大与最小总深度的差值，就在 0 与 1 之间徘徊，实现了归一效果。

$$RA_i = 2 \ (MD_i - 1) \ / \ (n-2)$$

不过，理论上最大或最小总深度的轴线布局模式在真实城市中并不会出现，且真实城市的轴线总深度距离最大或最小总深度值相对较远，这导致了理论上的归一方式很难用于实践。因此，根据经验，选择了接近真正城市的总深度分布中值的轴线模式，称为钻石模式，即有 k 个空间位于平均深度水平，$k/2$ 的空间分别高于和低于平均水平一级，有 $k/4$ 的空间分别高于和低于平均水平两级，依此类推，直至仅剩下一处空间位于最浅近的地方（根基）与最深远的地方（图 2–9）。

对于钻石模式，相对非对称值为 D_n。那么，任意具

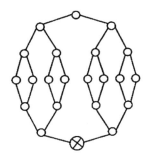

图 2-9　钻石图

有 n 条轴线的真实城市的轴线 RA_i 将与 D_n 值相比较，从而获得真实的相对非对称值（RRA_i），适用于不同规模的真实城市的总拓扑深度的比较。

$$D_n=2\{n[log_2（n+2）/3-1]+1\}/[（n-1）（n-2）]$$

$$RRA_i=RA_i/D_n$$

2.2.2　基本变量

基于广义距离的概念，在空间句法发展的历史上，大约试验了上百个变量。目前常用的变量包括：连接度（Conn）、整合度（Int）、选择度（Ch）。以轴线分析为例：连接度指与一条轴线 i 直接相交的其他轴线的数量（k_i），即从这条街道段上直接能看到的其他街道段数量。

$$Conn_i=deg（v_i）=k_i$$

整合度指从一条轴线到其他所有轴线的总深度倒数的标准化，即真实的相对非对称值（RRA_i）的倒数，用于描述这条街道段距离其他街道段有多远，度量到达该街道的空间潜力。

$$Int_i=1/RRA_i=D_n/RA_i$$

对于线段分析而言，整合度指理论上最大的广义距离与某条线段到其他所有线段的广义距离之间的比值。

$$Int_i = n^2/ \sum_{j=1}^{n} d(i,j)，i\neq j$$

由于理论上最大的广义距离（总深度）与真实城市的广义距离差距较大，导致了整合度并未排除城市规模的影响。标准化的整合度（$NAIN_i$）选择了经验上接近真实城市的广义距离中值的数值（$n^{1.2}$），从而对整合度进行了标准化，适用于不同规模的城市比较。

$$NAIN_i = n^{1.2}/ \sum_{j=1}^{n-1} d(i,j)，i\neq j$$

选择度指最短路径 $\sigma_{s,t}$ 穿过某条轴线 i 的次数与最短路径的比值，用于描述在多大程度上这条街道段是最短路径的一部分，度量穿越该街道的空间潜力。

$$Ch_i=\sigma_{s,t}（i）\sigma_{s,t}，i\neq s\neq t$$

对于线段分析而言，由于线段数量更多，选择度受到城市系统规模的影响更为严重。标准化的选择度（$NACH_i$）则采用了选择度与广义距离（总深度）之间的比值。

$$NACH_i = log（\sigma_{s,t}(i)/\sigma_{s,t}+1）/log\left(\sum_{j=1}^{n} d(i,j)+3\right)，i\neq j，i\neq s\neq t$$

根据选择度的定义，这代表位于某条街道段上的人不用到达其他街道段，就可以遇到沿最短路径到达该街道段的其他人，可视为空间潜力收益；根据广义距离（总深度）的定义，这代表位于某条街道段上的人需要消耗距离去到达其他所有街道段，可视为空间潜力成本。那么，空间潜力效益（E_i）就是上述两个变量的比值。由于空间潜力效益与标准化的选择度高度相关，标准化的选择度也可视为空间潜力效益。

$$E_i = NACH_i$$

这些基本变量与实际距离、拓扑距离以及角度距离密切相关，例如整合度包括实际距离的整合度、拓扑距离的整合度以及角度距离的整合度。于是，根据距离的分类，共有六个变量（图2-10）。以北京线段图（二维码2-1）为例，图2-11表示了这六个变量所表示的组构，分别是实际距离整合度、拓扑距离整合度、角度距离整合度、实际距离选择度、拓扑距离选择度以及角度距离选择度；黑灰色表示数值高，浅灰色表示数值低。显然，这六种空间组构差别较大，它们表示了我们从不同角度看待城市空间形态所得到的构成方式。例如，从实际距离来看，整合度表示北京城的几何中心，即故宫，距离其他空间最近，而穿行度表示了一些斜向的道路和胡同是城市中的最短路径，这些道路可能只有非常熟悉城市空间的某些居民与出租车司机等知道；从拓扑距离来看，整合度表示了北京东面的主要道路到其他道路的转弯次数相对少些，而南部的主要道路到其他道路的转弯次数相对多些，穿行度大概显示了北京某些主要的道路结构，这接近一般人看交通地图也能知道的常识；从转弯距离来看，整合度与穿行度都相对更精确地显示了主要道路网。需要强调的是，这些图示仅仅表示了空间组构，即每根线段与其他所有线段的关系，没有涉及任何认知或者社会经济变量。然而，大致看一下，我们也知道这些图示显示了我们对城市空间形态不同的整体认知模式。

2.2.3 半径与尺度

空间句法注重尺度的变化对于空间认知、环境行为、社会组织、经济联系等方面的影响。一般而言，大尺度的出行与拓扑空间认知有关，而中小尺度的出现与米制距离的空间认知有关。空间分析也存在分析对象的辨析，如区域、城市、片区、社区、建筑物等。这些不同尺度的对象如何从空间网络之中选择出来是空间组构模

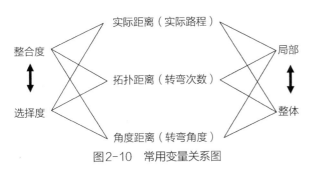

图2-10 常用变量关系图

二维码2-1
2008年北京线段
分析graph文件

型的核心之一。半径就是从空间网络之中选择出子系统的一种工具，例如拓扑半径3之内的轴线子系统、米制距离800米的线段子系统等。一方面，这些子系统可对应于分析的某些特定对象，例如3千米范围内的自行车慢行系统或1千米范围内的社区，用于定义研究或实践的对象；另一方面，这些子系统之间的关系建立起局部与整体的关联特征，辨析不同尺度的行为模式或社会经济活动之间的融合或分隔。例如，商业中心出现取决于城市、片区、社区，乃至广场尺度的空间可达的协调性。

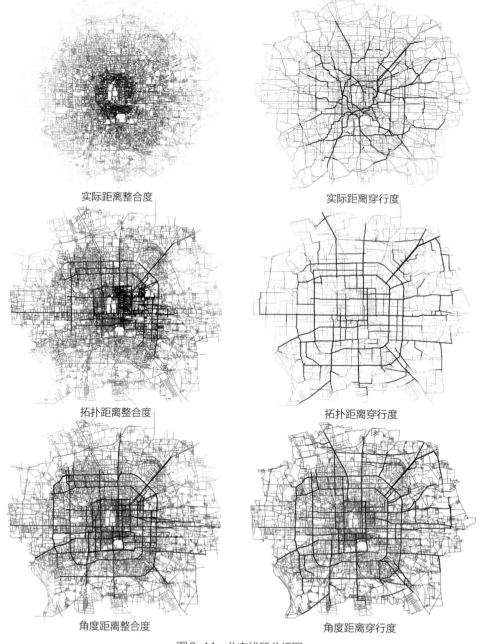

实际距离整合度　　　　　　　　　　　实际距离穿行度

拓扑距离整合度　　　　　　　　　　　拓扑距离穿行度

角度距离整合度　　　　　　　　　　　角度距离穿行度

图2-11　北京线段分析图

对于轴线模型而言，针对轴线本身代表街道视线认知或交通出行趋势，街道之间的拓扑关联代表了转弯的特征，半径则采用拓扑距离去选择子系统，主要包括两个方面的子系统，即代表局部和整体的系统。局部子系统一般是拓扑半径一步和拓扑半径两步的子系统，前者是选择度（Conn.）所识别出来的街道，代表从某条街道直接看到或感知到的其他街道，而后者大体代表某条街道周边的局部地区。不过，对于不同城市也许局部地区的选择有所不同。例如，美国不少城市中的局部地区的选择可以依据一步拓扑半径；中东不少传统城市中心区的局部地区的选择可以依据七步拓扑半径。整体子系统一般是根据"半径—半径"（Radius-radius）来选择的，即分析系统的平均拓扑总深度，以此去避免系统边缘对空间分析的影响。完整的整体系统仍然是用无限大的半径（n）来选择。

不管对于建筑物，还是城市，局部与整体之间的关联用于辨识局部的空间构成如何影响人在整体空间布局之中的认知和行为模式。两个复合变量用于度量这种关联性。一是可理解度（Intelligibility），这是针对特定片区，所有个体空间的连接性（Conn.）和半径 n 下的整合度之间的相关系数（R^2）。可理解度越高，这表明该特定片区与整体空间结构的相似性越大，人们越有可能根据空间的局部相邻关系推断出整体空间结构，从而人们越不会迷路。对于迷宫而言，可理解度一般都非常低。二是协同度（Synergy），这是针对特定片区，所有个体空间的拓扑半径3（拓扑距离2步）下的整合度与半径 n 下的整合度之间的相关系数（R^2）。该变量与可理解度非常类似，只是该变量几乎不受分析系统的规模影响。

对于线段模型而言，半径一般采用米制距离，例如1千米，即从起始线段的中点出发，沿线段的方向，向外延伸，直到周边所有线段的中点位于1千米范围之内。局部与整体之间的关联性分析也可考虑社区尺度（如1千米）与某种城市尺度（如30千米）之间的相关系数。这可视为可理解度和协同度在线段模型中的拓展。除此之外，半径还可按拓扑或角度距离进行选择。

2.3 句法模型的衍生

基于基础性的空间组构模型，空间句法发展了一系列相关的句法模型，用于解释或模拟句法理论中不同的方法架构或技术路径。这部分的句法模型根据研究问题的涌现，而不断地发展和更新，属于开放式的众筹模式。

2.3.1 空间分层模型

空间分层模型指未来的统一空间组构模型，体现为离散系统的模式，其中包括其他不同的属性层，如面积、密度、容积率、形状、行政边界、人口、产业、社会构成等，因此这些可在单一的组构模型中体现为不同的层。这种空间网络模型类似于地理信息系统的分层模型，只是强化了不同属性之间的空间联系，体现为每个空间与其他所有空间之间的复杂性组构模型。与之同时，跨越物质性空间的联系也是空间分层模型的一部分，属于概念性的探讨。

结合目前大数据分析的普及和推广，基于凸空间、轴线、线段、等视域、"像素点"等基础性的空间单元，空间分层模型对于诸如交通数据、手机信令数据、POI等进行空间上的分类，建立起更为精细、更为高频、更为理性的空间关系，从逻辑上使得大数据的功能性分析与物质空间形态构成联系起来，从而推动更为动态的空间句法模型。

2.3.2　基因与表象模型

空间句法一直探索空间形态的基因型特征以及表象型特征之间的关系，从而剖析相对稳定的空间形态及其背后的演变发展机制。表象模型或长模型指一组大量的固定性命令，缺乏随机性，这也称为长描述。长模型的形态演变机制是整体性法则严格地控制任何随机过程。那些法则控制的空间潜在关系越多，那么整体性法则越明确，于是形态演变的可能性就越小，从而形态就越容易被那些法则所完全控制而僵化。表象模型类似于绿化率、容积率、建筑高度等图则式的规定。

基因模型或短模型也称为短描述，指系统中有大量的随机性，只有少量的规则，本质上采用简短的表意文字描述。这也用于描述形态生长模型，限制随机过程的规则非常少，且属于局部范畴。规则所限定的潜在关系越少，形态变化潜力越大，那么创造新形态的可能性更大。基因模型更加强化背后规则之间的生成发展模式。

因此，短模型往往更具概率性，长模型往往更具确定性。短模型更依赖结构组织的原则，长模型更依赖结构组织的具体实现状态。如果将空间布局中的稳定性定义为g模型结构再生产，这是基于p模型进行的描述检索和重新再现。而稳定机制将根据系统是否更具概率性，还是更具确定性，而进行变化。短模型系统必须能够在大量同类型的新事件中持续地具象地体现其原则，长模型系统必须确保新事件遵循少数类型的既有的结构。

2.3.3　空间与功能模型

基于自然出行和出行经济的理论，空间句法运用统计回归的方法去建构空间组构与交通出行、行为模式、室内或街道界面，或者用地构成之间的关系，试图去探索空间布局是否以及如何影响功能模式。该统计回归模型一般是多元非线性回归，因此对空间变量和功能变量都进行了标准化处理或正态化处理。针对不同的出行模式或功能构成，空间变量选取不同的半径，以期寻求合适的尺度作用效益。例如，步行人流的分布模式往往与中小尺度的空间变量有关；而车行流量的分布模式一般与较大尺度的空间变量有关。不过，对于某些功能，它们对应于不同尺度的空间变量，即局部和整体的空间布局同时对这些功能的空间分布有所影响。

针对中微观尺度的分析，如办公室的行为模式或广场的逗留活动模式，空间模型的建构需要考虑视线和运动两种方式，即"膝盖以下"或"膝盖以上"的空间布局方式。前者需要考虑诸如家具、小品等对于行为的阻碍作用，后者需要考虑视线的连通性与互视性。

空间与功能模型并不完全是寻找两者之间的高度相关性，而是探索它们之间的相互影响作用。在此模型之中，空间特指空间的布局结构，然而空间中的吸引点也对功能会产生影响。那么，通过空间与功能模型去识别不吻合现象或奇异点，将有利于深入揭示空间与功能之间的深层次影响机制。

2.3.4 星形模型

针对前景网络和背景网络之间的关联，到达性和穿越性空间潜力之间的互动关系可用于识别城市的特征。前景网络偏向于微观经济活动，背景网络更受到文化和地方特色的影响。星形模型是一种根据标准化角度选择度（NACH）和标准化角度整合度（NAIN）研究城市的方法，并根据城市空间结构去探索这些变量所代表的内涵。纵轴线上的高低点分别是某个城市的标准化角度选择度均值（高点）和标准化角度整合度均值（低点）；横轴线上的左右点分别是同一个城市的标准化角度选择度最大值（高点）和标准化角度整合度最大值（低点）。基于一组城市的变量，采用 Z-Score 的方式，每个变量取标准分数，在 0 上下浮动，最小的负值位于中心，而最大的正值位于边缘。因此，标准化角度整合度均值和最大值分别表示背景网络和前景网络的可达性。而标准化角度选择度均值和最大值表示街道网络的结构特征：均值度量背景网络形成连续网络的程度，而非分隔为局部地区的程度；而最大值表示前景网络构成结构的程度，包括变形的或规则的网络。

如图 2-12 所示，巴塞罗那（左）、曼哈顿（中）、威尼斯（右）的星形模型就差别较大，揭示了巴塞罗那的前景和背景网络均具备较好的空间潜力，曼哈顿作为穿越性空间潜力的前景网络并不突出，而威尼斯的两种网络均较为弱。

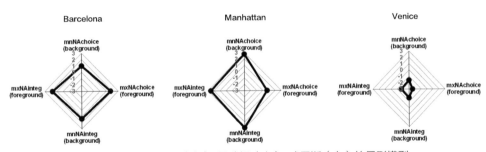

图 2-12　巴塞罗那（左）、曼哈顿（中）、威尼斯（右）的星形模型

2.3.5　空间形态生长模型

　　空间形态生长模型是这种类型的模型，如细胞聚集模型或图论中关联生成模型，其中的规则不是真实世界的思想主体的投射或自我映射，而是对随机生成过程的限制。基于轴线模型，双参数的韦伯累计函数控制了每条街道嵌入整个城市空间网络的全尺度过程，其中一个参数为整体拓扑总深度均值或整体米制总距离均值，另一个参数为嵌入速率的均值或空间的平均维度。这两个参数在很大程度上反映了城市空间网络构成的两方面的目的：①每条街道尽可能地距离其他街道更近，拓扑总距离更近将使得人们在空间网络中的认知更为便捷，米制总距离更近将使得人们在空间网络中的出行更为快速；②随半径的增加，每条街道尽可能地连接到更多的街道，使得整个空间网络可以覆盖更多的范围。前者体现为整体拓扑深度均值或整体米制总距离均值尽可能小；而后者体现为嵌入速率的均值尽可能大，或空间维度尽量大。拓扑或米制嵌入速率越大，拓扑总深度或米制总距离越大。因此，这两个参数是相互制约、互相依存的。城市空间网络在这两个方面相互发展，获取某种平衡状态。

　　一方面，韦伯累计函数本身说明了城市空间网络形态的构成不是无序，而是有序而复杂的迭代变化过程。然而，这种有序并不是自上而下地强加在空间形态之上，而是基于每条街道与其他街道彼此自下而上的连接而一步步形成的，每一步都基于前一步的建构方式，最终在不同尺度上涌现出空间模式。不过，随尺度的增加，较大规模的子网路或当时的整体网络将会限制新增街道的嵌入过程，这体现为自上而下的作用，或路径依赖作用中的局限性。

　　另一方面，双参数实际上分别代表了空间的整合程度以及新增空间的数量。这表明城市空间网络的构成目标是：每个空间尽可能地靠近其他所有空间，即靠近的目标空间；与之同时，每个空间尽可能地连接到更多的其他空间，即占据的目标空间。不过，这两个目标是相互矛盾的，因为在每次新增的特定尺度下，占据了更多的其他空间，也就意味着在该尺度之下获得了比前一个尺度更多的空间深度，于是系统的总深度就会增加。不过，正是这种在各个尺度上都相互制约的因素，导致了城市空间网络形态不会是无序的生长。

　　从嵌入轨迹的角度去看待城市空间网络的构成，还可发现城市空间局部与整体之间的构成关系。一方面，从任何一条个体街道出发，逐步连接其周边其他所有街道时，整个空间网络也就立刻形成了。城市空间网络作为一个整体的突现往往被视为所有个体空间的集体构成的过程，而每个个体空间的嵌入轨迹则折射出这种集体构成。实际上，这是从最基本的空间组构的角度，去理解整体空间网络。正如希列尔所说："组构指考虑到其他所有其他空间关联的一组关系"[7]。每个个体空间的调整图使得某个空间的组构关联得以可视化，用于表明随尺度增大，出发点空间如何按先后秩序连接到其他所有空间。在该论文之中，这称之为嵌入轨迹。一旦调整图绘制出来，其实整个空间网络就被显示出来，只不过显示的是从某个出行点空间来审视整个空间网络。在这种意义上，整个城市空间网络与每个个体空间之间通过嵌入轨迹联系起来。

换言之，整个城市空间网络的构成也受制于每个空间的个体构成方式。既然每个空间的嵌入轨迹可由双参数的韦伯函数来描述，那么整个城市空间网络的构成也可视为符合双参数的韦伯规律。这个嵌入轨迹是从局部到整体的生长过程，体现了城市如何逐步变大或者在地理空间中扩散的过程，那么双参数的韦伯函数在一定程度上定量地描述了这种扩散的过程，称之为城市空间网络形态的扩散模式。因此，在这种意义上，嵌入轨迹也可视为一种方法，可用于研究城市空间网络的局部与整体形态模式。

2.3.6　空间演变模型

不同城镇的空间演变规律是空间句法的研究重点之一。考虑极端案例，即空地和原始部落群；并从视线的角度来分析这两个案例。对于空地而言，每个空间点尽可能的聚集起来，其整合程度最高。不过每个空间都能一眼望尽，其空间单一；同时所有空间之间彼此完全联系，尺度完全扁平化，因此只存在一个尺度。对于原始部落群而言，每个部落彼此完全隔离，其整合程度最低。然而，每个部落都各不一样，其空间丰富，从信息熵的角度而言，可最大化；此外部落之间没有联系，在理论上尺度是无限大，即提供了尺度互动的无限种可能性。这两个案例其实是城镇演变的起始情况之一。

当空地向分散的维度演变，那么线性空间将会出现，往往是城镇的主要道路，如"一张皮"的发展模式，包括路边发展起来的村镇或商业街；当原始部落群向聚集的维度演变，那么面状空间将会出现，往往是某个居住点的增大，甚至融合了周边的部落。正常城镇的空间网络形态位于这三个维度的中间部分（如图 2-13 的黄色部分）。不同尺度下的聚集和分散的空间机制使得城市空间结构涌现出来，这包括整合程度的涌现，以及多元程度的涌现，这些特征并不是完全自上而下地强加给物质空间形态，而是在空间之间自下而上的连接，并根据尺度的变化而互动，在每个尺度上自然地形成空间效率较高的中心，而且尽可能地分散开来，保持整体系统的均好性。这些中心又彼此连接，共同形成了前景网络，即城市空间的骨架或结构。这称之为空间结构的涌现现象。与之同时，中小尺度的空间聚集，其中一部分空间是在中小尺度上效率较高，而在较大尺度上效率较低的部分，而另外一部分空间在各种尺度上效率都较高。前者对应于"边缘—中心"模式，而后者对应于"中心—边缘"模式。于是，这形成了城市的不同尺度之下的分区，共同构成了背景网络。这也是涌现出来的现象。因此，总体而言，城市空间网络形态会表现为不均匀的空间网络，

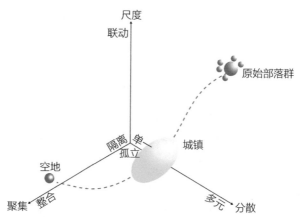

图 2-13　概念性框架（小圆球：空地；椭圆大球：城镇；六球组合：原始部落群）

从而形成空间效率不一的区位。在此基础上，城市功能会根据不同尺度城市空间网络所涌现的区位强弱，选择不同尺度的空间场所，于是构成了功能与空间之间的尺度互动和配置。

2.3.7　个体与环境互动模型

在空间句法领域，智能体的模型是模拟个性化的运动行为，其中智能体根据视线关系分析而获得的确定视线范围，选择自己的运动方向。这些智能体预先计算出任何给定位置可视信息。基于智能体的模式允许程序员模拟人可能的行为，因为他们通过环境中的视域变化来导航识路。智能体是计算机模拟的自动化个体，具备体外的存储能力，可以被其所在环境中所有其他智能体所读取。该智能体不仅能编码对象的位置，还可以编码可达性结构的信息。

同步智能体被定义为虚拟的人类认知主体，可同步协同复杂空间的序列体验，整合为一次性显示的图景，作为空间序列的再现以及解决问题的工具。这种序列体验以一系列的等视域变化，存储在智能体的运算机制之中，建构起个体与环境之间的互动模式。

2.4　未来展望

空间句法经历了四十多年的发展，也逐步形成了一套自洽的理论和方法。然而，空间句法在空间表达与计算、空间认知以及空间与社会互动等方面都存在一些可以反思的方面。在空间句法发展的历史之中，正是由于这些方面的深刻反思，使得空间句法的理论不断完善，方法不断得以修正或改写。随着大数据以及人工智能的发展，空间句法将会迎来新的挑战，实现更为精细化的发展，发掘更多建成环境中的空间规律，最终借助机器深度学习或人工智能的方法，随时间的变化而实时迭代，有可能让空间句法这种分析性的理论转换为时空生成性的理论。这种时空生产性的方法源于自下而上的创新机制，借助于混沌走向有序的演变理论，强调人工智能的自组织方式，实行空间随时间的演变而自我生产，挖掘时空的价值。

参考文献

[1]　HILLIER B. HANSON J. The Social Logic of Space[M]. Cambridge：Cambridge University Press，1984.

[2]　PEPONIS J, WINEMAN J, RASHID M, et al. On the generation of linear representation of spatial configuration[C]// Hillier B.（eds.）The Proceedings of The First International Space Syntax Symposium. Atlanta：Georgia Tech Press，1997.

[3]　PEPONIS J, WINEMAN J, RASHID M, et al. On the description of shape and spatial configuration inside buildings：convex partitions and their local properties[J]. Environment and Planning B. 1997，Vol 24：761–781+769.

[4]　BENEDIKT M L. To take hold of space：isovists and isovist fields[J]. Environment and Planning B，1979，6（1）：47–65.

[5]　FIGUEIREDO L, AMORIM L. Continuity lines in the axial system[C]// AKKELIES N. The Proceedings of The Fifth Space Syntax Symposium. Amsterdam：Techne Press，2005.

[6]　DALTON N. Fractional configurational analysis and a solution to the manhattan problem[C]// PEPONIS J, WINEMAN J, BAFNA S.（eds.）The Proceedings of The Third International Space Syntax Symposium. Atlanta：Georgia Tech Press，2001.

[7]　HILLIER B. Space is the machine：a configurational theory of architecture[M]. Cambridge：Cambridge Press，1996.

[8]　TURNER A, PENN A, HILLIER B. An algorithmic definition of the axial map[J]. Environment and Planning B：Planning and Design，2005，32（3）：425–444+429.

线性模型：
数据收集与空间分析

第三章
线性模型：数据收集与空间分析

在空间句法理论中，通常有三类空间要素的定义，进而建立空间模型。其中，线性要素及其相应的轴线与线段模型，是最为常用的模型。它适用于表达连续的户外公共空间系统，常用于城市、小城镇、乡村乃至于建筑综合体的建模。本章将介绍线性模型的建模方法，以及在这种模型辅助下的设计应用与研究工作。

本章由六个小节构成。3.1 节介绍空间句法模型的建模方法以及常见错误类型；3.2~3.4 节介绍如何收集与空间信息相对应的社会使用信息（出行流量与功能空间的分布）；在两部分信息处理完备后，3.5 节教授如何应用空间句法软件做分析（可视化与相关性分析），以及分析结果在规划设计实践中的应用；3.6 节将介绍若干研究与设计应用的实例，为研究生和本科生深入理解该方法提供参考。

本章有三个特点。首先，特别强调了要建立"对的"模型，否则之后的任何分析都会建立在浮沙之上。其次，在建模之外应强调对社会使用数据的收集以及相应的分析。空间句法理论由于其定量分析能力被广泛关注，然而很多没有恰当学习渠道的爱好者，会把它简化为一种建模软件或是对运动的热力图预测模型，忽略它背后的理论意涵，尤其是它一贯的重视实证研究的传统。正是这一倾向，导致了很多学者对空间句法研究的误解与批评。最后，近年来由于网络开放数据的普及形成了新的数据化环境，本章将特别介绍对该类数据的收集和处理方式的要点。

3.1 空间模型的建构

在 2.3 节，我们已经了解到轴线与线段模型的定义，本节将直接进入对建模方法与技术的陈述。建模是空间句法工具分析应用的第一步，也是空间句法研究方法入门的门槛，并不那么简单。错误的模型，会导致错误的解读，使花了大力气获得的研究结论成为无本之木。因此，本节特别强调了准确建模所需留意的要点以及应该避免的误区。具体分为五个部分讲述。3.1.1 节介绍如何对建模的对象进行精准定义从而建立一个有效的模型；3.1.2 节讲述轴线图的绘制方法；3.1.3 节告知模型的初步生成与核查方法；3.1.4 节介绍线性模型的进阶操作；3.1.5 节介绍如何建立特殊的线性模型"地铁网络"。

3.1.1　准备工作：建模范围、资料与对象定义

在确定使用空间句法的线性模型辅助设计应用或研究工作后，绘制轴线前，需要进行四个步骤的准备工作：确定建模范围、准备底图、考察现场以及反思建模对象的精确定义。

（1）确定建模的范围

分析对象的边界与建模范围是否重合？对不同的分析对象，有不同的解答。如果你的分析对象是村庄、园林等相对独立的连续空间系统，对象外围的空间与内部空间有很大的差别，那直接采用分析对象的边界作为建模边界就可以，同时需要小心定位外界进入该聚落的入口位置。

然而如果你的对象是城市的一个片区，那就需要在分析对象的边界外，确定一个足够大的缓冲区（Buffer Zone），这样建立的模型才是有效的，才能体现出空间句法模型的理论优势。这在你试图分析人的运动时尤其重要，因为如果你不了解观察区域之外的环境是如何向观察区域输送人流的话，你就不可能理解区域之内的人的运动。如果建模范围过小，就局部论局部，无论你把计算半径调到多大，空间句法模型计算出的组构度量就只可能是局部度量，因为这个模型根本就没有表达整体空间网络的情况。

建模范围需要足够大，以避免由于"边界效应"（Edge Effect），使分析结果失真。边缘效应指的是，对模型边缘的线性元素而言，其分析所得的空间指标由于太靠近分析地区的边界，不能反映出它实际的空间属性。那么，如何决定分析区域的大小呢？通常，这取决于研究的问题——某些研究会比其他的研究需要更大的区域。你可以使用"30 分钟测试"的经验法则确定建模范围：围绕着研究所关心的区域画一个圆圈，从研究对象区域边缘往外拓展一个缓冲地带，其半径为内圆半径加上 30 分钟所能出行的距离（图 3-1）[1]。如果你的研究仅关注步行运动，那么这个缓冲区的大小由步行速度确定，大约是 2 千米的距离；如果你关注汽车的运动，那就要选择一个到关心区域 30 分钟的车程，而汽车地图非常大，通常接近整个城市的尺度。

特别注意，建模边界绝对不能做生硬切割，应该选择自然边界，包括河流、山体、

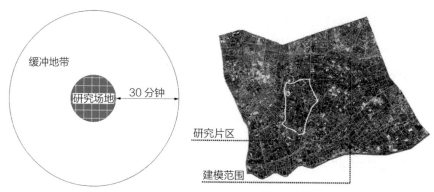

缓冲地带

研究场地　　30 分钟

研究片区

建模范围

图 3-1　建模范围的确定

铁路、高速路，以及快速路。如果以矩形底图生硬切割路网，会失去对很多重要空间联系的表达，这样计算所得的空间指标是错误的，其表达的空间结构与自然边界模型计算所得的结构，存在极大差别。

受到整合度指标计算原理的影响，这个建模范围应该设法确保尽可能地向外凸出，并尽可能地接近圆形或方形的形态。由于在发表论文时，限于版面，一般仅会刊登模型的局部图片。这造成不少空间句法的研究成果在建模范围上会犯基础性错误——抑或选择过小的建模范围，抑或选择了生硬切割的模型边界。在这种错误模型基础上做出的任何一种解读都是有问题的，这一点需要引起学生们的高度重视。

（2）准备底图

在确定了建模范围后，为了绘制轴线，需要获得适用的原始地图。在该地图上，街道的宽度必须是精确的，如果可能的话，它应显示建筑物轮廓线。比例尺为1∶10000左右的地图就能够满足这些要求。当然，如果有该地区的矢量地图以及卫星图，绘制轴线的工作将更容易进行。

如果选择在 CAD 绘制轴线，使用现状矢量 CAD 地图最为简便。如果拿到的是 jpg 格式的现状地图，则需要将其插入 CAD，按照比例缩放到真实大小，再进行绘制。如果研究人员熟悉 GIS 软件，对大范围的城市空间建模任务而言，更加推荐直接在 GIS 平台中绘制轴线，因为 GIS 平台中有很多在线的卫星图与街道矢量图。这样准备底图的工作就大大简化了，只需要画一个轮廓标识模型的边界就可以。使用在线地图的优点包括：第一，不需要处理复杂的底图比例换算；第二，在有疑问的区域可以来回切换多个不同来源的地图做比较，还可以把这个区域放大显示以搞清楚它真实的状态。

在收集建模用的图纸时，我们依据研究目标，可以同时收集其他所需的资料。如果希望判断该地区将来的使用情况，应该收集规划交通图以及土地利用图。根据研究目的，我们常常会把计算结果同某种社会使用信息相比对，进行空间结构和社会功能的相关性研究。这样，街道上的人行流量、街道两侧的功能使用，或是零售商业的地区布点等空间信息也是研究者希望了解并且搜集的。具体做法参见 3.2~3.4 节的内容。

（3）考察现场

在获取数据资料相对容易的今天，我们还需要考察现场吗？是否可以直接采用交通规划的道路中心线或者爬取商业路网数据，作为建模的基础路网呢？在回答这个问题之前，我们来回顾当前对空间句法方法的一些批评，例如认为"空间句法很有迷惑性，在中国，设计工具和分析工具滥用、抓来就用、不加分析就用的现实情况又很普遍，自然也就受到很多外强中干的规划师的青睐" [2]。的确，在急功近利的心态下，一些空间句法运用案例省略了现场考察的环节。这种心态下建立的模型，很可能不能如实反映实际情况，导致这种方法的误用与滥用。

如果要在实际项目运用空间句法模型做决策支持，不应该以项目时间紧急做借口，省略现场考察的步骤。以东南大学规划设计研究院为例，历年中运用了空间句法方法的每一个项目，都进行了翔实的实地调研。由于它采用了邵润青首创的空间单元分割方法进行建模 [3]，实地观察会细致到确定每个路口的交接情况（图 3-2）。

当然，在城市电子数据极大丰富的今天，诸如街景照片等资料可以极大地节约研究者的现场调查时间。然而，需要清楚地认识到，现场调查考察的重点应该是什么。由于我们的目标是，依据空间句法理论的定义，对真实世界的空间结构进行"正确的"抽象。因此在调研场地时，首先应该积极思考这块用地线性空间系统的建模难点，具体内容可以查阅 3.1.2 节的陈述；其次，应该特别关注卫星图与总体上不能表达的内容，特别是平面上相交，而立体空间却可能会错开的位置。在宁波中山路地铁 1 号线沿线站点区块 TOD 模式开发可行性研究中 [4]，建立了主城区的空间句法模型。在对照详细的地图与卫星图后，分析人员一边绘制空间句法轴线，一边记录下有疑问区域的位置，在实地踏勘中去澄清疑问。图 3-3 显示了当时记录的三处需要重点现场核查的地点，需要搞清楚铁路轨道与跨越铁路路段的空间交接情况。如果存在平面相交，而立体错开的情况，将在建模时，用 Unlink 技术进行表达。还应该着重考察高等级公路与高架路，如果道路中间有隔离带，两侧的人行道应该以双线画法表达，因为这时道路不仅是空间联系，而是步行空间的隔离。

空间句法模型表达精度是根据研究问题所确定的。一般而言，道路以单线

图 3-2　南京蓁巷地区项目建模与现场考察

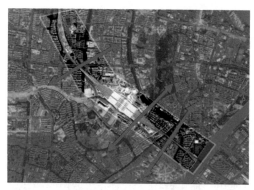

图3-3 宁波主城区铁路轨道区域空间关系考察

表达，不表达较为次要的步行路径。然而，如果研究目的要求对人行路网进行详细考察，那就需要特别关注高架路、河岸的桥梁边，以及公园出入口与内部路径，一方面搞清楚人行、车行路径的复杂关系以及高差变化的方式，另一方面要注意判断路径的公共性级别，思考是否要把这个特定的路径反映在模型里。对特殊的双线步行模型（即需要以双线表达道路两侧的人行道），还需要思考如何表达过街横道以及其他过街方式。

（4）精准定义建模的对象

一个好的研究，离不开精准的模型。然而在建模时，如若仔细考虑模型对公共空间系统应该表达到什么程度，往往会出现一系列疑问。例如，如果说我们的建模对象是户外公共空间，那么应该对公众常用的室内通道进行表达吗？又比如，这个片区包含有大片滨水绿地，我们应该把绿地中所有的路径也表达到模型里面吗？小区内部的道路需要建模吗？不同年代的门禁小区，管理方式不同。有些很严格，有些却很宽松，甚至其内部道路被居民当作日常使用的捷径。那么，哪些小区内部道路应该包括到模型里呢？

在国际空间句法学术讨论区 Jiscmail 中，使用 Axial/Segment/Model 关键词对以往的讨论内容进行搜索，发现英语世界国家的初学者在建模技术上也充满了困惑。一组早期的讨论来自于一个研究香港案例的学生。他想知道在可视（Visibility）与可达（Reachablity）关系不一致的情况下，该如何建模？[5] 他用邮件给出了问题的说明图片（图3-4），从车行视角看，街道1不能与街道2、街道3相连接；而从视线关系看，街道1却应该与街道2、街道3相联系。

（a）

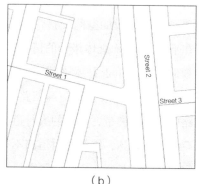

（b）

图3-4 Jiscmail 邮件讨论区轴线建模问题的示意图
（a）轴线；（b）车行结构

希列尔（Hillier）教授的回答直截了当——既然是车行系统模型，自然不应该用可视系统的定义建模，应该反映车行实际的路径。阿兰·佩恩（Alan Penn）教授的回答则解释了建模的原理，有举一反三的效果。他说，轴线图表达什么，是研究问题的一部分。你的研究问题大致是：如果要对观测到的车行行为进行最佳的解释，该如何抽象再现环境的城市形态？是否应该在模型里表达交通管制措施，是由你的研究假设确定的。在伦敦案例中，我们尝试过两种模型，一种是不反映现代交通管制的街道模型，一种是反映了交通管制的模型，结果发现前者优于后者。这或许与市民的心理地图以及历史积淀下来的城市片区使用的惯性有关（土地利用和密度）。而香港的城市网络更复杂，土地利用方式的迭代也更快速，或许反映了交通管制的模型可以更好地解释车行流量。他最后的建议是：两种建模方式都试试，与实际观察数据比较后，再判断哪种更好。

以上讨论告诉我们，一方面，建模的疑问能够通过反思研究问题，对建模表达的空间系统进行精确定义而化解；另一方面，对建模技术难题的思考，可以演化为值得测试的理论问题。在根据研究问题确定了建模对象的精确定义后，应该以一致性原则进行建模，保证绘制深度（即表达空间的详略程度）在整个模型中是一致的。

3.1.2　轴线图的绘制

本节将介绍建立线性模型的起始步骤。由于线段模型是在轴线模型的基础上发展而来的，所以线段模型的基础也是轴线图，需要先把轴线图转变成轴线模型，再进一步转变为线段模型。本节还将回答一系列常见的问题：如何处理具有特殊性的三维地形（表达地下通道、高架桥、楼梯等）？线段模型的画法与轴线模型有区别吗？是否可以直接使用道路中心线网建模？如何应对由传统轴线图绘制方法所导致的线段模型中大量出现微小三角的问题？是否可以使用Depthmap自动生成轴线的功能进行建模？

（1）通用步骤

轴线图绘制的平台可以是CAD或GIS，这取决于你打算使用哪种底图绘制轴线。如果采用GIS中的在线地图，需要记录所引地图采用的坐标系是什么，应该与轴线绘制文件的坐标系类型保持一致。一张合格的底图除了表达街道外，必须含有建筑轮廓，才能进行轴线的精准绘制。轴线图（Axial Map）的简明定义是，以数目最少、长度最长的一系列直线段来代表城市中的公共空间（道路、广场等可以容纳市民活动的场所），从而形成一个直线的网络。为了满足"数目最少"的原则，我们会先观察最长的街道在哪里。把主要街道结构表达完以后，再从大网络中慢慢延伸画到小区或地块深处。如果反过来从地块内部开始画线，容易出现独立的小系统。

一边绘图，一边检查以下问题：图中直线是否都尽可能长了；直线数量可以减少吗；可以加画一条线表示新的连接吗（注意不要遗漏关键性的联系，即可以使周

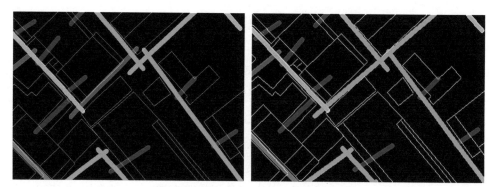

图 3-5 修改轴线图，使直线数量最少

边路径成环状的通路）。在一些历史聚落中，街道非常曲折，如果采用与建筑平行的方式绘制轴线，会增加不必要的深度。以图 3-5 为例，两条狭窄的小路彼此邻近，但角度略有偏转，邻接处也错开了一点。如果在视线上它们能够贯通，应该合并为一条轴线进行表达（图 3-5 右图）。

有时研究对象的范围过大，需要分工合作。这时应该选用连续的大路作为分工的边界。最好由一个人先完成高等级道路骨架的绘制，然后锁定这个图层，再由分工合作的人员分区添加其他道路（如果在 CAD 进行这个工作，最好设置不同的图层，并以不同颜色表达，方便检查相邻区域的轴线是否存在某种冲突），最后进行图层合并。

为了确保直接联系的两条轴线之间的确相交，一般采用出头画法，而不采取端点捕捉画法。这是因为根据轴线的定义，在将城市空间转译成轴线图的过程中，一般是边画边调整。看看有没有更简化、更合理地去概括城市空间的可能性。这样在调整过程中轴线位置难免会在左右挪动一点。这时如果它与许多轴线相交，不注意的话，容易造成连接关系的丢失。相交之处出头的方式，是稳妥的。出头长度没有强制规定，一般而言不要超过该直线总长 10%~15% 的比例。在把矢量轴线图导入 Depthmap 软件后，如果需要做线段模型分析，轴线出头处就能被自动剔除（图 3-6、二维码 3-1）。

在绘图之前，亲临场地是非常重要的，这将有助于改正原始地图上的错误，并使得绘制的轴线图更接近实际情况。在不能确定一条特殊直线在平面图上是否"打通"时，务必注意实地检查。尽管一条"直线"通常意味着可视性，但直线存在的标准本身并不是可视性，而是在平面图上是否可以画一条直线。例如，在城市中通常会发现水平面高程的平滑变化，它们或许随着街道的起伏而中断了可视性，但是这些变化并不需要用额外的直线来反映，因为这些高程的变化对人的运动来说只具有非常小的影响。

另一个难题是怎样处理景观——即具有模糊可视性的树木、妨碍运动但允许可视的元素（例如栏杆或售卖亭）。最好地解决办法还是根据研究特性确定轴线图建模的表达精度。你是对整个城市结构感兴趣还是对一个较小范围的邻里感兴趣？如果是前

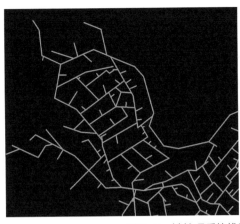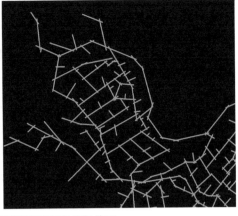

图 3-6　被处理后的线段模型以及出头的轴线图

者，轴线图应该忽视局部细节，仅表达街道网络中潜在的运动流线。事实上，所有面向实际应用的模型都面临着抽象模型会对真实世界细节进行一定程度简化的问题，空间句法模型也不例外。关键在于，简化原则是否做到了理论化和系统化。如果是后者，那就适合采用高分辨率的轴线图（High Resolution Axial Map），即双线模型。在张灵珠的上海地铁站点研究中，她对每个站点 300 米范围内的步行路网进行了双向模型建模，详细表达了人行道和交叉口的细节（图 3-7）[6]。

二维码 3-1
2016 年台州半山村与千岛湖骑龙巷 graph 文件

　　如果在 CAD 中绘制轴线图，或者把道路中心线修改为轴线图，一定要确认你是在二维平面内绘制直线，即不应该有三维的坐标。有时我们拿到的 CAD 矢量地图的品质不高，在二维平面看是对的，但如果切换到三维视图，会发现很多飞线，这时一定要注意自己新画的线条不要去捕捉底图的线，不然也会不小心获得三维坐标，使导入 Depthmap 后模型出现问题。应该使用 Line 命令画轴线，不要采用 Polyline 命

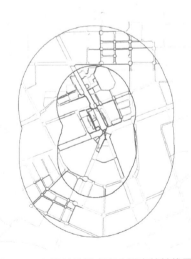

图 3-7　上海地铁站点高分辨率的轴线图

令绘图。也注意应该把中心线层的曲线全部改为直线，Depthmap 不能读取曲线。

（2）对特殊三维联系情况的表达：Unlink 与 Link

线性模型基本是二维空间联系，但是对于城市中的地下通道和高架桥，建筑中的楼梯和轻轨这些位置，存在特殊的三维联系——即尽管轴线是交叉的。由于在这些地方实际上并不存在两个条状空间的连接，我们需要在软件计算组构值前，把这个特性输入进去。具体的做法是：在把 Drawing Map 转成 Axial Map 以后，点击"Unlink"工具使其激活，然后依次点击出现特殊立体错开关系的两条轴线，直到交点出现一个小红圈（图 3-8）。如果不小心点错了，可以用"Re-link"命令取消错误的操作，断开标记的圆圈将会因此而消失。

对一个较大的研究对象来说，如果有很多处需要特殊处理的三维关系，应该在 CAD 里建一个 Unlink 层，用圆圈记录需要特殊处理的位置。在把 Drawing Map 转成 Axial Map 前，关闭 Unlink 层。而在使用"Unlink"工具时，再次打开这个 Drawing 层。这时，标准圆圈会以白色显示，从而能很方便地识别 Unlink 的具体位置。

有时在复查后会发现很多轴线错误，抑或需要同时建立现状和设计后的城市模型，这样以手动重复操作把所有 Unlink 位置标注出来没有必要，可以使用坐标点储存功能。先在 Unlink 操作界面激活状态下，把多个 Unlink 点的坐标位置保存成 txt 的 Unlink 信息（"Map"→"Export"→"***.txt"），然后在修改过后的 Axial Map 新文件里导入这个信息。具体做法是：使用"Map"→"Import"，导入 Unlink 的 txt 作为 Data Maps；然后"激活轴线图层"，用"Tools"→"Axial"→"Convert data map points to unlinks"，选择该图层，成功激活。这时如果点击 Unlink 图标查看，可以发现所有 Unlink 已经自动处理好。当然前提是，新轴线图在绘制时并没有移动坐标位置。如果整个模型很大，需要更清楚地显示所有 Unlink 位置时，可以采用"Map"→"Convert map shape"功能，把"点"转成"圆圈"（图 3-9）。

有时我们也会用线性模型表达多层建筑，这时不同的楼层会在二维图纸上分开绘制，这时需要用"Link"工具表达楼层之间的连结（不论这些连结是楼梯、电梯还是电动扶梯）。在激活"Link"工具后，依次点击两条需要被联系的轴线。操作成功后，我们会看到垂直交通出入口的两条直线由一条亮绿色的直线连接起来，其端

图 3-8　表达平面相交而三维错位的空间关系

图 3-9　宁波项目案例范例图

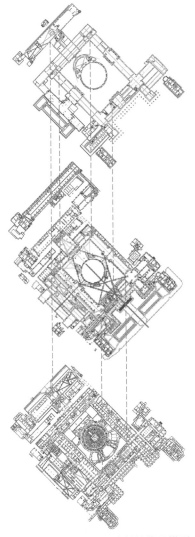

图 3-10　大英博物馆建筑轴线图模型

点即是这两条轴线的中点。这个 Link 表达了一个步深，但是它本身不会增加整个系统的元素总数（图 3-10）[7]。可惜的是，这个 Link 功能仅仅能用于轴线图分析，如果要进一步进行线段模型的运算，会出错。如果一定要对多层空间进行线性组构模型分析，就只能使用卡迪夫大学开发的 sDNA 工具了。在其最新的三维版本中，则可通过 AutocadMap3D 建立直观的多层模型，其结果可通过 ArcGIS 的三维扩展模块 ArcScene 进行可视化表达。

（3）为线段模型准备轴线网络

自 2005 年希列尔与饭田真一（Shinichi Lida）发表《Network and psychological effects in urban movement》一文起[8]，新的线段角度模型逐渐显示出它的强大能力。轴线模型与线段模型的分析元素都是线性街道，然而对空间元素的定义有很大的区别。在线段模型中，交叉点之间的线段空间是独立的分析对象，这样一个轴线元素一般会包含多个街道段。因此，线段模型的分析除了拓扑关系外，还能反映更微妙的几何关系变化，就为城市环境模拟提供了一个更接近现实的模型。到今天，它已逐渐取代经典的轴线图模型分析方法，成为研究者默认采用的第二代线性组构模型。在

两种模型共存使用的阶段，常用的方法是通过 Depthmap 软件在轴线图的基础上使用
"Convert"命令，轴线图就能被自动转化成线段模型，轴线出头处可以被自动剔除。

从方法上说，原有画轴线图的经典方法需要做一定的更新吗？另外，在新数据
环境下，可以直接采用道路中心线作为空间句法建模的基础吗？阿兰·佩恩教授在
空间句法的国际网上社区 Jiscmail 解答有关线段模型建模疑问时，提出建模的三种驱
动力：可操作性（Practicality），即建模成本不能太高，否则覆盖区域太少抑或案例不
够多，反而不利于推进学术团体的研究进展；可重复性（Repeatability），即模型应该
经得起不同学者的重复检验；逻辑正确（Logical Plausibility），即空间模型的表达方式
应与网络分析所采用的度量有关 [9]。从最后一个标准"逻辑正确"看，应以线性公共
空间路径获得最小的角度转折为目标，来绘制轴线。在画线时，遇到有机形态的历
史街区以及不规则的开敞空间，应尤其注意这个原则。从这个标准出发，道路中心
线网并不满足表达最小的角度转折路径的要求（图 3-11）。然而，要知道绘图需要权
衡三种驱动力，而从可操作性标准看，如果在道路中心线的基础上修改得到空间句
法模型，会极大地节约研究者的时间。因此，近年来的西方研究有很多采用这种做法，
在道路中心线的基础上，修改得到空间句法线段模型。着重要处理以下两部分的内
容。一是对公路网进行适当简化表达。例如采用交通环岛的交叉口，在中心线路网
中的细节应该被删除，把交叉道路直接联系到一起。因为空间句法模型表达的是人
对城市空间联系的认知，而在考虑一个片区的联系时，交通环岛的细节并不会出现。
二是关注城镇历史片区肌理中的开敞空间以及曲折道路。在视线可通过的情况下，
有些相邻的中心线可以适当旋转，并合并为一条较长的直线，以满足轴线图"最少 /
最长直线"的要求。对中国城镇建模而言，采用道路中心线图层前一定要检查该图
层是否绘制得当，是否存在断线、重复线、大量小短线等问题。如果从矢量数据的
视角看到该图层实在是太混乱，那还是建议研究者自己重新绘制轴线网络，所费的
时间可能比整理既有线网还更少一点。

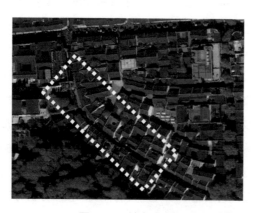
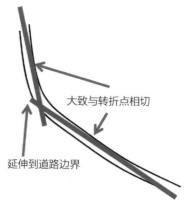

大致与转折点相切

延伸到道路边界

图 3-11　城市历史街区的线段模型以及相应的道路中心线图层

还需要指出的是，早期的空间句法研究强调通过部分轴线重叠的绘制方法，来表达多种视线的重叠关系。在进行空间元素和社会数据的相关性分析时，这种重叠绘制法会造成赋值难以抉择的问题——当一个观察点有两条轴线经过时，应采用最大值还是均值？当一条轴线上有多个观察点时，采用观察点行为社会数据的最大值还是均值？在线性模型更新到第二代线段模型后，这两个难题就自然消解了。

（4）出头画法与微小三角问题的化解方式

传统轴线图采用出头画法，而非捕捉画法，一方面是希望确保元素在拓扑或角度距离的计算中真正相交，而不是视觉相交；另一方面，这种画法有助于灵活移动直线的一个端点，在落笔前测试是否做到了"最长轴线以及最少轴线"。然而这种画法对线段模型而言是不利的。直接转换得到的线段图，在三个线段以上的交叉路口，会形成很多无意义的"小三角"（图 3-12）。虽然这些线段尺度很小，但在数据模型中却可能使模型中出现大量无意义的分析元素，不利于对现实空间系统的"一致性"表达。

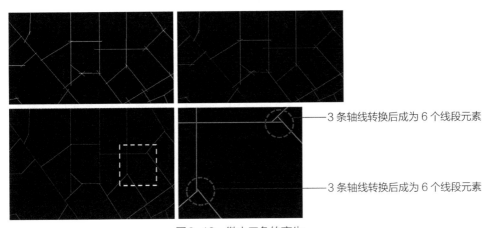

图3-12 微小三角的产生

作者曾把苏州 2004 年的轴线图模型转化为线段模型。787 条轴线进过自动处理后，产生了 2807 个街道段。而通过进一步的手工处理发现，其中有四分之一的线段（775 条）属于小三角形，可以被删除[10]。如果不处理这些短直线，有可能会在毫无道理的地方出现孤立的红色小线段，影响组构核心的形式。为了保证模型的严谨性，在把旧的轴线图模型转变成线段模型时，推荐需要通过手工方法处理微小三角问题❶。

如果采用道路中心线作为线段模型的基础，就不会存在微小三角的问题。可能正是因为西方的很多城镇研究开始采用道路中心线建模，空间句法起源地 UCL 出品的方法手册并没有针对这个问题，提出化解方法[11]。然而对我国城镇而言，很难获得高质量的矢量道路文件。很多矢量文件能看，却不能算。

---

❶ 也可以利用 Automap 3D 软件做自动处理。选择"聚合节点"的功能，容差选择 0.1 米，完成 Drawing clean up。

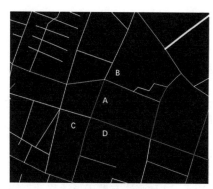

图 3-13　由于坐标数值四舍五入产生的
线段不相交问题示例

因此，对新建空间句法模型而言，推荐采用一种更新版轴线图绘制方法，在绘制时就避免小三角的出现。具体方法是，改变所有轴线的交接处都要稍微出头的做法，在两条长轴线交接处，用捕捉法画下一条轴线，避免小三角的产生。但是，由于捕捉画法的直线坐标小数点从 CAD 转到 Depthmap 时，小数点后 12 位与 6 位的设定有区别，一旦发生四舍五入，原本相交的端点有可能不再被 Depthmap 软件读为相交。这样会出现难以检查的错误，会对计算结果产生非常大的影响。在图 3-13 中，从 A 到 B，从 C 到 D，应该是非常小的角度变化。但 Angular depth 度量出现跳跃，说明端点捕捉出现问题。所以，新画法的另一个步骤是，需要在捕捉端点画一个小圆，然后把新短线延长到圆圈的边界。以这个步骤确保同时做到无小三角以及三线相交（图 3-14）。

（5）自动生成轴线

新版的 Depthmap 有自动生成轴线的功能，这个功能的开发主要是回答一个理论的问题：以最长最少直线为定义的轴线图，具有唯一性吗？软件会生成一个 All Line Map，然后在此基础上简化，获得一个电脑自动生成的轴线图（图 3-15）。具体做法是：在图层窗口里会出现"Shape Graphs"→"All Line Map"；找到菜单栏 "Tools"→"Axial /Convex/Pesh"→"Reduce to Fewest Line Map"，点击后在 Shape Graphs 里自动生成出现两种 Fewest Map，点击"Editable"可以编辑轴线图。

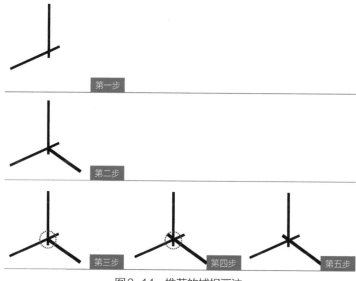

图 3-14　推荐的捕捉画法

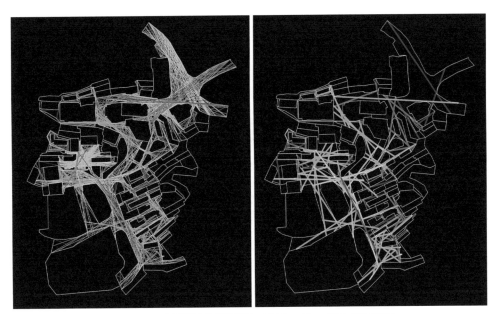

图 3-15　千岛湖骑龙巷案例中 All Line Map 的生成与简化

　　这个功能实际上是演示用的，并不推荐直接使用这个功能进行轴线图建模，因为这种方法具有以下几个局限性。首先，这种方法要求一个非常精准的包含有封闭建筑轮廓的 CAD 底图，而这种矢量图纸需要大量时间才能修改获得；其次，这种方法对计算机内存的要求很高，运行速度很慢，因此不适用于大范围空间的建模；最后，计算机对空间的识别不如人类敏锐，自动生成的轴线虽然精确，但过于僵化（会受到建筑轮廓微调的影响产生过多的轴线），不一定能更好地反应人的空间认知。

3.1.3　模型的初步生成、核查与运算

（1）导入软件，初步生成两类模型

　　把绘制好的轴线图导入 Depthmap，进行模型的初步生成与核查。如果采用 CAD 平台绘制轴线，并且采用矢量化的底图，应该先把轴线图层从底图中"写块"（Wblock）出去，然后再另存为 R14 版本的 dxf 文件。因为有时你拿到的 CAD 矢量地图中有隐藏的层与块，如果不进行写块操作，隐藏图层可能会被导入 Depthmap，产生乱线，甚至有可能使你的轴线图总是偏到屏幕的一侧，甚至缩小到一个小点，对之后的可视化造成干扰。

　　在主菜单点击"Map"，再点击"Import"，选择预先准备好的 dxf 文件，成功导入 Drawing Layers。如果等待了很长时间还不能导入，说明你准备的 dxf 文件过大，含有太多隐藏数据。之后对需要转换的轴线图层进行开关控制，关掉建筑轮廓、Unlink 标注等不属于轴线的层（图 3-16）。如果现状矢量 CAD 地图有建筑轮廓图层，可以把它们整理到一个单独的图层中，与轴线图层一起导出到同一个 dxf 文件。在 Drawing

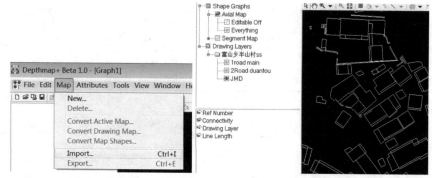

图 3-16　导入 dxf 以及在 Drawing Layers 对需要转换的轴线图层进行开关控制

Layers 导入 Axial Map 前，把建筑层关闭，仅导入轴线。在完成组构分析后，再回到 Drawing Layers，点亮建筑辅助图层，即可方便地找到需要对照分析的建筑物位置。

在处理好 Drawing Layers 仅显示轴线后，在主菜单点击 "Map"，再点击 "Convert Drawing Map"，出现 Create New Map 的对话框。在 New Map Type 处选择 "Axial Map"，点击 "OK"。即得到了初步的轴线模型，原来的白色线图变成了彩色（图 3-17 左）。其中每一根代表道路的直线在计算后都有了一系列的指标，以由暖色到冷色的颜色梯度在地图中表达出来，红色意味着数值最高，蓝色意味着数值最低。在软件左栏显示的指标包括：Ref Number、Connectivity、Drawing Layer、Line Length 等最简单的度量（图 3-17 右、二维码 3-2）。

在生成初步轴线模型的基础上，以 "Unlink" 工具标注三维交错的特殊位置。完成后，在主菜单点击 "Map"，再点击 "Convert Active Map"（当前激活的图就是轴线图），出现 Create New Map 的对话框。在 New Map Type 处选择 "Segment Map"，点选 "Remove axial stubs less than 25% of line length"，点击 "OK"，即得到了初步的线段模型。在显示区下的灰色横栏，有一个数字，表示的是模型的元素个数，从图 3-17

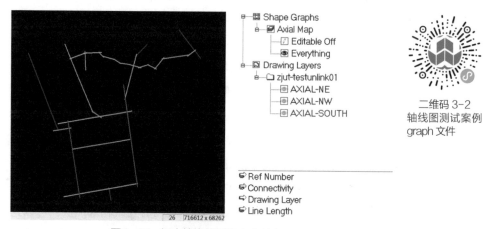

二维码 3-2
轴线图测试案例
graph 文件

图 3-17　初步转换得到的 Axial Map

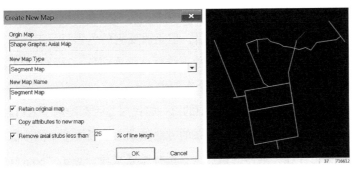

图 3-18　初步转换得到的 Segment Map

发现，这个示意聚落有 26 条轴线，从图 3-18 发现，转换为线段图后，有 37 个元素。这两个数字使研究者对模型的大小产生基本的理解。

（2）三种常见错误的核查

在这两个初步的线性模型基础上，进一步通过几个方法来检查绘图是否有误。首先要确定，模型是一个连续的系统。在菜单栏使用"Tools"中的"Axial"→"Run Graph Analysis"（图 3-19），得到初步的组构度量。其中有一个 Node Count 度量，可以帮助我们检查所有的元素是否是属于一个连续的系统。如果导入进来的轴线都相连，那么 Node Count 值是一样的，应该看到一片绿色。如果出现孤立的系统，各个元素的 Node Count 值就不一样，会出现一片红色与极少的几条蓝色轴线（图 3-20、二维码 3-3）。这个特征可以帮助我们找到孤立轴线的位置。

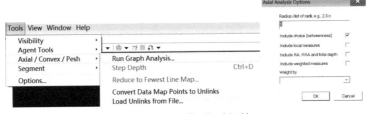

图 3-19　Axial 模型初步运算

二维码 3-3
2016 年台州半山村有孤立系统的 graph 文件

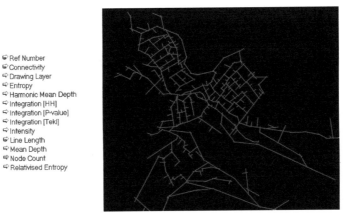

图 3-20　Node Count 度量核查是否存在独立系统

其次，应该确定没有遗漏关键的空间联系。有两种方法可以检查该类错误。第一种，采用连接度（Connectivity）度量，但是改变它的色彩显示。如图 3-21 所示，连接度为 1 的直线都显示为蓝色，其他直线都显示为红色。这种显示方法可以用来检测尽端路的绘制有没有错误。在这个案例中，导入 dxf 时，保留了矢量的建筑图层。这一方法可以帮助我们逐一检查村落中的每一幢民居是否都绘制了入口轴线。

第二种检查没有遗漏关键空间联系的方法是采用线段模型中的步深工具，检查角度距离是否变化合理。具体的做法为：选择某条线段，点击"Step Depth"工具，再点击"Invert Colour Range"（图 3-22）。这样就可以获得起始线为红色，向外渐变的 Angular Step Depth 度量。在图 3-23 中，深度值在虚线圆圈处有异常的变化，放大显示后发现，的确有一处关键性的联系被遗漏了。

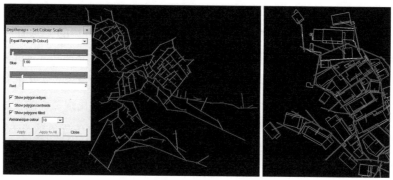

图 3-21　改变色彩显示，查看是否存在异常的连接度

图 3-22　Angular Step Depth 度量的生成

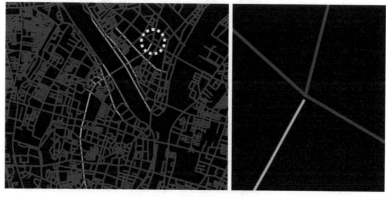

图 3-23　连接关系错误范例

需要说明的是，轴线图模型有一定的容错度，采用中心线还是使用更精确的轴线描述空间组构关系，会有一定的区别，但差别不是特别大。然而如果建模范围犯了原理性错误，或者遗漏关键性空间联系，则会对分析结果造成重大的影响。在图 3-23 中的错误有可能是由于在 CAD 里采用了捕捉画法，而又没有延长线的端点造成的。作者还曾经遇到过一个更严重的错误：在 CAD 画图时，以倒角方式（"Fillet"命令，快捷键"f"）使两线相交在端点。然而，没有注意到这个 CAD 文件默认设有一个 $R=0.005$ 的小倒角，而不是 0。这样视觉上相交的每两条线，其实都是由一小段圆弧连接的。而 Depthmap 软件并不能读取弧线。这样在导入 Depthmap 后，所有这些相交的线其实都是分离的，极大地影响了计算结果。之后，为了批量处理这个问题，采用了"AutoCAD Map 3D"软件的图形清理工具，快速修整模型的连接度。软件能自动把小短线全部去掉，并把相邻的线端点合并到一起，极大地提高了建模复查的效率（图 3-24）。

最后一组常见错误是忘记做 Unlink 处理。核查方法如 3.1.2 节中介绍的，可以储存 Unlink 的矢量位置，导入后，再与绘图时做的标记一一对应，数个数。并选择几个位置，放大检查 Connectivity 是否正确就可以了（图 3-25）。

（3）修改轴线的两种方式

在发现错误以后，如果是 Axial 的错误，可以直接在 Depthmap 里修改。点开被折叠的"Axial Map"菜单，发现里面有"Editable On"的按钮，在 Axial Map 激活的

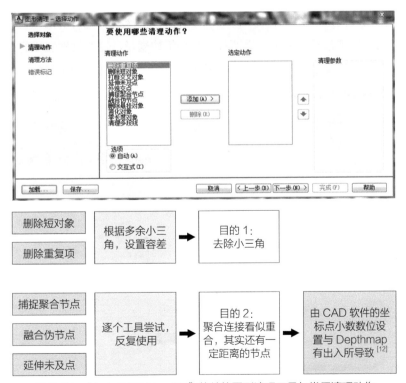

图 3-24 "AutoCAD Map 3D"软件的图形清理工具与常用清理动作

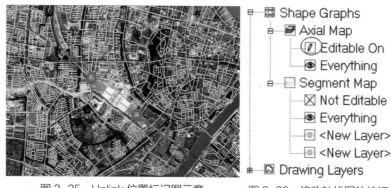

图 3-25　Unlink 位置标记图示意　　　图 3-26　修改轴线图的按钮

状态下，再点亮这个红圈内的符号，就可以拖动、增加，或者删除轴线。不过线段图不具备这个功能（图 3-26）。

　　然而如果文件过大，使用这个功能容易造成软件不响应。而且万一需要这个文件做下一个版本的试算，就没有正确的 dxf 文件了（只能输出 mif 文件）。所以更加推荐回到 CAD 修改，修改完成后再重新输出 dxf 文件。

　　（4）进行复杂组构指标的运算

　　在完成复查后，就可以进行各种组构指标的运算了。正如 2.2 节介绍的，由于组构值有整体与局部之分，在计算时需要设置运算半径。对轴线图模型来说，这个半径以拓扑深度为标准，缺省的情况下计算的是半径 n 和 3。对线段模型来说，通常采用以米制距离为半径的计算方法。如图 3-27 所示，把需要计算的半径以英文逗号符号隔开，不要忘记以 n 表示需要计算全局组构度量。需要特别提醒的是，如果分析模型过小，设置 10 千米半径没有什么意义，它可能和 1 千米半径的结构一模一样，因为建模对象自身只有不到 1 千米的大小。另外，如果需要降低边界效应的影响，设置半径不应该超过缓冲区的大小。

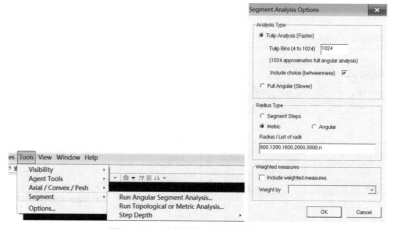

图 3-27　计算组构度量的操作步骤

3.1.4　线性模型的进阶操作

处理最基本的组构度量计算与呈现，Depthmap 软件中还包含有很多其他功能，如果熟悉这些操作，将极大地有助于分析工作。以下介绍三项有用的进阶操作。

（1）怎样增加新的度量

在计算 Step Depth 时，每选择一条新的起始线，就会覆盖掉之前算好的度量。而如果研究者想比较不同起始位置的步深关系，就需要把这些分析存储下来。我们可以用重命名度量的方式：在度量上右键，点击"Rename"，给计算好的步深一个容易理解的名字。为了使多个步深分析显示在彼此的附近，方便来回比较，可以在这个名字前加一个数字。例如图 3–28 中，Angular Step Depth 被重命名为 0.ast–entr–B，ast 是角度步深的缩写，entr–B 指代村庄的 B 号进村街道。

左栏的度量也可以做进一步的计算，增加新的变量。使用图 3–29 中的按钮，就可以增加变量，并对新变量进行赋值。

为了使不同案例的组构度量具有可比性，线段模型一般采用 Nach 值（Normalized Angular Choice Choice），即使用 logCH+1/logTD+3 的公式，减少系统深度值差异对选择度的影响。Nach 值也需要手动添加新的度量栏进行运算后才能获得。具体方法如图 3–30 所示，注意左边的公式可以通过直接双击右边的属性获得，公式前不需要打"="。

（2）角度距离外的度量计算

虽然当前空间句法理论中，最常用的组构距离定义是"角度距离"，但 Depthmap 也给研究者预留了其他两种定义距离（拓扑距离与米制距离）的计算途径，具体如图 3–31 所示。在 Depthmap 工具栏，依次选择"Tools"→"Segment"→"Run Topological or Metric Analysis"，即可分析米制距离定义下的选择度；也可以点击"Step Depth"下属的三个选项，分析拓扑与米制距离定义下的步深。

（3）加权算法

空间句法模型计算有一个前提假设，即每一个元素的重要性相同。而 Depthmap 软件其实还为进阶研究者提供了加权算法的可能性，可根据需要，给具体线段以不同的权重，例如以线段长度、道路宽度、用地类型等为线段进行加权分析。如图 3–32 所示，在运算

图 3-28　度量的重命名

图 3-29　增加变量

图 3-30　Nach 的计算公式

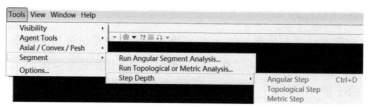

图3-31 角度距离以外的度量计算

二维码 3-4
2011年杭州吴山
片区 graph 文件

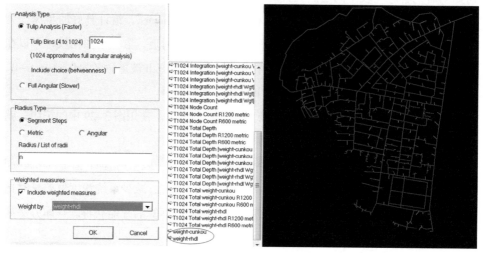

图 3-32 加权计算方法

组构度量时，应该勾选"Include weighted measures"，然后选择预先准备好的加权度量。下面这个案例处理村口位置，还特别测试了建筑入口线段加权后，是否会改变组构核心的位置。计算结果发现，在建筑入口线权重赋值为10的情况下，整个村落的组构核心并没有任何变化（二维码3-4）。

加权度量的准备方法与增加新的度量方法类似。先增加一个度量，然后用"Update Column"的工具，把所有线赋值为1。之后选择特殊线段，重新对 Selected Objects 赋值（图3-33）。

3.1.5 特殊的线性模型：地铁网络的建模

由于在人们的意象中，乘坐轨道交通选择路径时，人们考虑的因素不是距离，也更加不是隧道的转折角度，而主要与换乘次数及乘坐站数有关，我们一般采用拓扑网络来表达轨道交通网络，其可达性度量值则采用拓扑距离计算。对于换乘站的处理方式，晴

图 3-33 对被选择的对象，予以赋值

图 3-34 地铁站间截面流量的轴线建模方式示意图

安蓝（Alain Chiaradia）对伦敦的研究发现两个站点间采用三个拓扑步数作为换乘的阻尼对实际数据的分析效果较好[13]，之后多个中国研究案例数据也验证了该文的结果，故在分离式模型中确定采用了三步拓扑换乘阻尼的建模方法（图 3-34）。

空间句法对地铁网络的研究目前有两种建模方式：分离式模型和一体化模型[14]。前者将地铁网络和地面道路网络绘制在两个独立的模型中，分别计算其空间连接参数后，再在统计分析时综合其计算结果；而后者将地铁网络与地面道路网络绘制在一个模型中，作为一个整体进行分析。

当研究的主要对象为站间截面流量时，需将两站之间的线路抽象为一条直线段（忽略其在真实空间中的轨迹），而站点用两条线路交点处的一条短线段表示，而这条代表站点的短线段在后面对站间截面流量的分析中也用于录入不同类的数据进行选择度权重分析。当研究的主要对象为各站乘降量时，采用纯拓扑网络模型的效果往往不理想，在此不赘述。

一体化模型的建立，需要在地面道路模型的基础上，在地铁站点间忽略地铁线路的实际空间位置而直接绘制连接两个站点的直线段。由于一体化模型采用线段地图的分析模式，地铁线路与真实道路之间的夹角和站点的绘制方法便成为一个对分析结果有影响的因素。为了尽可能均匀化地处理各种实际道路情况，对各个站点的绘制方法按如下原则：每个站点在一条街道上的出口被抽象为以此站点为交点的两条彼此垂直的短直线段，这两条短直线段的另一端与地面道路相连。当地铁站位于十字或丁字路口时，如果站点在两条街道上都有出入口，则该两条短直线段需与两条地面道路均保持连接。当地铁线路自身在站点处有折转，或街道交叉口非直角时，尽可能使两条短直线段与地铁线路和街道所成的角度一致（二维码 3-5、图 3-35）。另外，换乘站被处理为两个站点之间另外两条彼此成直角相交的短直线段。注意，一些学者可能会采用相对垂直的一条短线表示地铁与地面道路的连接，理论上效果差别应该不大。

二维码 3-5
2014 年天津道路及地铁一体化模型 graph 文件

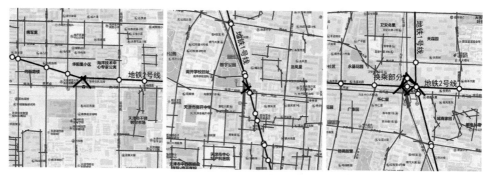

图 3-35 一体化建模方式示意图

黑色线为代表地铁连接的线段，圆圈处为需要 Unlink 处理的交点，灰色细线代表地面道路。

3.2 出行数据的收集

3.2.1 为什么要分析交通行为

本部分将具体介绍调研及应用空间句法工具分析交通行为类数据的相关方法，及其在研究以及设计实践中的应用。首先，需要指出的是，空间句法理论与绝大部分建筑师和规划师，或者说绝大部分人的常识相反，需要逆转从"物中心"到"流中心"的习惯思维。简言之，通常来说个体的出行行为是受具体目标牵引的：我出门要么是为了购物、为了约会、为了上班，如此等等。与之类似，建筑师也往往试图把他们设计的物体作为出行的吸引点：比如，我设计的这个房子要成为整个区域的中心，这里将设置一个充满活力的购物综合体，会吸引多少客流等。然而，空间句法理论作为一种以"流"为中心的理论则强迫我们反向思考：一个地方能够产生并支持一个个具体的吸引点（如购物中心、约会的咖啡厅、工作的公司）是因为这些吸引点所在的空间能够有足够的穿过这个空间的交通流量来支持，而它们自身多么成功，能够吸引多少流量则是次要的。这种"雁过拔毛"的思维对商业地产中介和开发商实际上是常识，它所面对的是大量个体的集合，而众多学者多年的实证研究也表明，这个有违个体经验的理论才是揭示"空间—运动—功能"关系非常有用的真理。

常用的交通类数据主要有截面流量类和轨迹类，其中截面流量类数据包括机动车、非机动车、步行流量或公共交通的站间截面客流量；轨迹类数据主要包括出租车、共享单车等装载 GPS 设备的车辆轨迹，以及实地调研的火车或地铁站出站等步行轨迹数据。

对交通行为数据的分析是空间句法实证研究中的一个基础内容，空间的拓扑形态结构最直接的影响便是对各类流量的分配作用，而对功能的影响则是通过流量来完成。一条街道穿过的流量大小，以及这些运动大都来自多大的范围，决定了这个位置能够支撑什么等级的功能。因此，我们分析城市或建筑中的交通行为数据的目的便是明确不同类型的交通行为在特定区域中与哪种空间句法参数到底有多大相关性，即找到适合的分析该类数据的空间句法参数及其与其他影响变量的组合。

进而，在数据空间模型支持的设计阶段，这种量化的关系也可以应用于预测当道路结构变化后，新方案的流量分布的大致状况，对道路空间断面和功能分区的设计有直接意义。此外，如前所述，对交通行为类数据的分析更是评测功能等级及分布的基础，可用于解释功能分布的机制，而这将在 3.3 节中详细介绍。

3.2.2　截面流量数据的获取

（1）观测点的布置

首先，从大尺度范围的测点分布来看，在理想的情况下，每条街道段上都应该有一个测点，但由于调研的人力有限，且往往需要覆盖较大的范围，实际情况下布置测点可以相对稀疏些：比如，对于尺度较小的街道网格，也可以采用间隔布置的方案（图 3-36）。此外，还要考虑到测点的代表性，不同道路等级的测点布置要均匀，切忌仅在高级别道路上或低级别道路上布点。交通模型往往仅关注主路，空间句法很多时候更关注步行或自行车等慢行交通，因此布点需在一个地块内均匀布置。此外，需要说明的是应尽量避免在尽端路上布置测点。

其次，针对每个测点的定位，应注意以下两点：①管道原则；②回避吸引点原则。"管道原则"指的是测点需要尽可能布置在运动管道的中间段，以便于确定"截面"的位置。这也意味着需要避开广场等开放的空间。"截面"指与运动方向（人车

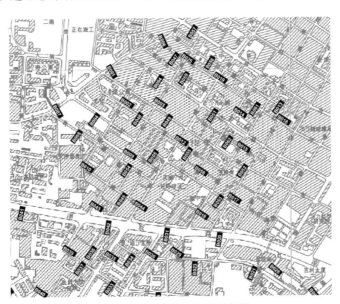

图 3-36　测点布置原则示意图

空间句法教程

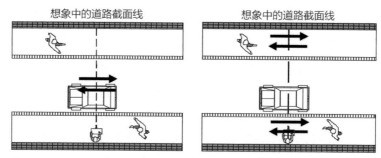

图 3-37　实测截面流量观测位置示意图

资料来源：Space Syntax Methodology[11]

流）相垂直的一条虚拟的截面或地面上一条想象出来的直线，测量者需背靠背后不可有行人或车辆通过的界面避免漏拍（图 3-37）。"回避吸引点原则"指需避免将测点布置在人车流高度聚集滞留的区段上，比如公交站等人聚集排队的区段，或者医院、学校出入口等车流聚集等待的区段，也包括过街天桥处。如不得不在吸引点附近布置测点时，应尽量偏离出入口或站点等特殊点 50 米左右。还需要注意的是避免将测点布置在交通环岛或类似环岛的道路上。类似的，还要注意单行路会对车流量有较大的影响，造成机动车分析效果下降。

然后，测点数量应根据参与调研的成员数量确定：一般来说，每次测量需要在一个小时内完成，且由于每个测点拍摄时间为 5 分钟，因此一名团队成员可以负责 6~8 个测点。每个成员负责的测点数量也与测点的间距有关：当各测点临近时取上限，较远时取下限。举例来说，对于一个由 9~10 名成员组成的调研组，可以负责的测点数量在 54~80 个。此外，在将测点分配到每个组员时，要考虑到临近且成回路原则，减少组员在测点间移动时消耗的时间。一般情况下建议成员用共享单车或自行车进行调研，减少测点间交通时间。

最后，需要说明的是对于一些流量较低、宽度比较窄的道路，为提升调研的效率，可以将测点设置在道路交叉口上，这样可以同时获取 3~4 条截面流量数据。在安排调研时，道路交叉口的测点仍计为一个测点。而对于一些比较宽的道路，如六车道以上，如难以在道路单侧拍摄获取对面的流量，可用在一个位置两次拍摄的方式记录，在安排调研时则应记为两个测点。

（2）测量的时间安排

测量截面流量数据需在组内统一调研时间，调研需包含非雨雪天气的平日和周末两天，可充分反映通勤交通量的差别。英国伦敦大学学院常用的截面流量调研每天需进行八轮，近年来国内的教学中往往每天测量四到六轮数据，时间分布需尽量均匀且覆盖早晚高峰时段。例如，四轮调研的时间段可设为：8：00~9：00，11：00~12：00，14：00~15：00，17：00~18：00。全体成员需统一在上述确定的时间开始，每个成员依次在一个小时内完成自己所负责的 7 个测点，以手机拍摄视频的方式记录，每个测点拍摄 5 分钟。因此，每天每个测点需被拍摄四次，如负责 7 个测点则每天共获得视频数量为 7×4=28 个共计 140 分钟的视频。各成员应事先备好充电宝，每个小组（5~7 人）应至少带一台笔记本电脑及数据线在休息时段里拷贝视频文件避免手机存储空间不足。

（3）流量数据的处理与统计

交通截面流量数据往往根据交通工具类型分类统计，如比较常用的方式分三大类：机动车、非机动车和行人。而根据研究的目标，也可将机动车细分为公交车、私家车、出租车、货运车，将非机动车细分为电动车、自行车，甚至将共享单车与私人自行车细分。对于步行者，按性别区分的方式也较为常用。

需要说明的是，记录步行流量时一般的原则是无独立行为能力的不计入，如小孩和乘坐轮椅的人。此外，推自行车或电动车的人应被记为步行者。如测点在车站或户外等候区（这种情况本身应避免），来回踱步的人仅记录一次。

截面流量数据需分时段分类型录入 Excel 表格，并用 Excel 加总计算每天各个测点的平均每小时流量（由于每个视频 5 分钟，故计算平均每小时流量时需将一天中各时段数据加总后乘以相应的系数）。日均每小时流量和峰值每小时流量是空间句法研究领域的通行做法，便于各个案例之间横向比较。注意，由于工作日与周末的人的行为模式有很大的区别，故一般不需要将工作日与周末这两天的数据加总，而应该分开讨论。

【小技巧】由于需要测量的数据是机动车、电动／自行车、步行流量，拍摄截面流量视频的同时可以随拍随发声数出穿过的流量数量，比如，可随口念出"3 车、4 自（行车）、6 人"，回看视频时仅需听最后一段的音频数据以节省时间。该技巧仅限流量较少时方便使用，流量较大时可仅数一种交通类型的流量以避免混乱。

（4）无人机航拍的调研方法

使用无人机航空摄影能够大幅降低实地调研的人力成本，也省去了测点的布置，且可以随意按需读取各街道段的截面流量甚至可以获取轨迹数据。调研需注意的问题包括：

○ 确认目标区域是否存在大面积遮挡，有树往往是难免的，关键是需要有足够量的路段上有间隙能够看到截面流量；

○ 原则上应采用垂直俯拍的方式，应测试相机的图像解析度与飞行高度，确保视频中的步行者仍可见；

○ 在控制拍摄角度的基础上测试有效拍摄范围，可在一个时段（1 个小时内）移动位置拍摄 2~4 组视频；

○ 综合上述条件确定拍摄的位置，各位置覆盖区之间应有部分重叠（图 3-38）。

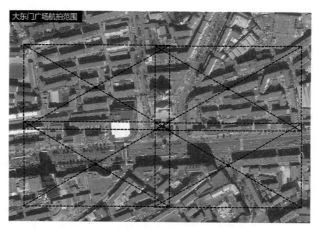

图 3-38　吉林大东门广场的航拍机位图

3.2.3　出站轨迹数据的获取

随着城市轨道交通的发展，公共交通系统使用者的增加，出站人流分布对站点周边商业开发的影响日益显著。对出站轨迹数据的分析可以量化把握出站人流的分布，对站点周边的城市设计有重要价值。大多数情况下，出站轨迹数据往往采用跟踪的方式实地调研获得，如团队人数较多（30人以上），也可以采用站点周边密布测点的方式拍摄视频获取。本书主要介绍实用性较强的跟踪法。

（1）调研范围的选择

调研范围是否需要设置以及具体设置多大是由研究的目标来决定的。当研究的目标仅是关注出站步行（或骑行）流量分布规律的时候，往往设置一个范围作为跟踪截止线。而当研究的目标包括步行者目的地的时候，则不需要设置调研范围，采用全程跟踪的方式。

当设置调研范围时，一般可以选取轨道交通站点周边400米范围内作为研究区域。可使用空间句法软件的"Metric Step Depth"确定分析的范围，并将调研边界的各出口编号，用以记录跟踪截止的位置。

当全程跟踪时，一般以被跟踪者进入某建筑5分钟不出来作为跟踪的截止标准。考虑到个别出站逛街的步行者没有明确的目标，可以设置20分钟作为一个跟踪的截止时间。

（2）预调研

预调研的主要目的在于合理设计正式调研的方案，保证数据的代表性。大部分轨道交通站点不止一个出站口，随机跟踪获得的个体轨迹数量一般需在400条以上的轨迹方能有较好的代表性，预先调研各出口的出站客流量比例，可以根据客流量比例分配各出口的轨迹跟踪数量，进一步提升数据的代表性（分层抽样原理）。注意，如果某个地铁站出口过多，也可选择更靠近站台的位置，如在出口闸机位置开始跟踪。

此外，跟踪调研比较消耗体力和时间，一般一个人每天可以获得 20 条左右的轨迹。在共享单车普及的城市进行调研时可节省跟踪回程的时间，适当提升每天每人获得的轨迹数量。组织者可根据参与调研的人数，所需获取的总轨迹数量及各起点位置和所需跟踪的数量配比设置调研计划。

（3）调研的注意事项

正式调研期间，建议采用"咕咚"等运动软件，所选的软件应能记录起点终点位置、起止时间及详细的轨迹。此外，跟踪过程中应避免被发现，应在适当位置拍照记录被跟踪者，明确人数（有相当比例的被跟踪者是结组出行的）。此外，拍照还可顺带记录被跟踪者的性别年龄等相关信息，为日后深入细化研究提供基础数据。

除在各跟踪起点合理预设被跟踪人数的比例之外，现场选择被跟踪对象时也需要充分考虑随机性原则。例如，可每次均选择跟踪第 5 位出站的人，等等。

当研究内容包括出行的目标时（即采用全程跟踪调研方法），需拍照记录被跟踪者进入的建筑或转换的交通方式（如出租车或公共汽车）。便于统计分析不同出行目标的步行范围和流量分布。

3.3 商业功能数据的收集

3.3.1 为什么要分析商业功能？

空间句法不是交通模型，并不以分析交通为终极目标。规划师和建筑设计师最关注的还是城市功能分布的空间逻辑，作为一种以流为中心的模型，空间句法分析交通只是为了深入理解功能分布的机制。因此，本部分将回归本行业的初心，详细介绍调研及应用空间句法工具分析商业功能数据的相关方法。

商业功能是城市中最活跃的用地功能，往往受交通影响较大，其空间分布体现出的规律较强。空间句法能够有效地分析商业功能沿街分布的空间特征，在实证研究和城市设计应用较广。从商业功能数据的来源来看，包括规划用地类型以及商业建筑的开发量，百度等开放地图中的兴趣点数据（POI），以及大众点评等网络信息服务平台中的位置及评论数据。一般来说，网络开放的新数据比传统的规划用地数据能更精准地反映城市空间的使用情况，且分类更细。图 3-39 对比了长春市的商业文化娱乐用地与百度的各类商业 POI 分布，左图中黑色点为 POI 数据，而浅灰色地块为用地规划为"商业文化娱乐"类用地，从中可看出有大片用地虽被规划为活跃功能用地性质，但却鲜有开发商或小商户买账。右图中黑色箭头显示用地性质虽并非商业文化娱乐，但仍有大量商铺聚集的街道。从这两张图的对比不难发现，在非城市中心区往往有大量街道底层的实际使用功能与规划中的用地性质不符，体现出自上而下的规划与自下而上市场规律的矛盾。

图 3-39　长春兴趣点（左图黑色点）与商业文化娱乐用地（深灰色地块）对比

　　当然，需要明确的是，网络开放数据的精度是相对的，与真实城市中的商业分布仍有较大的差异。图 3-40 对比了该城市部分地区用地性质、百度 POI 与实地调研的商业功能分布。从实用性角度来讲，在城市和大区域尺度，对百度 POI 数据的分析和对城市商业用地面积的分析均足以呈现各级别的商业中心聚集和分布情况。而在街区尺度，对 POI 和实地调研商铺分布情况的分析则能更有效地发挥空间句法以街道段为分析单元的精度优势。随着各城市街景地图的普及，基于街景对特定片区的商业功能进行记录成为常用的方法。而对于大型商业建筑内部，则可以使用大众点评获取其内部商铺数量和业态类型信息。总之，在今天我们有各种手段获取一定范围内的商业数量、面积、面宽等数据，为支持空间句法分析提供了资源。

　　本节将介绍的是比较常用的两种商业功能分布规律：一是各街道段商业分布数据的分析，针对不区分业态的各类商铺在街道段上分布的总量，这个规律会用到类似前面介绍过的流量分析方法，即使用回归分析发现其与空间句法各个参数之间的关系；二是某种特定业态的空间分布规律，比如特定等级的菜市场，或自行车维修点应该如何分布。这主要采用对其分布的平均间距和道路可达性等级进行统计来实

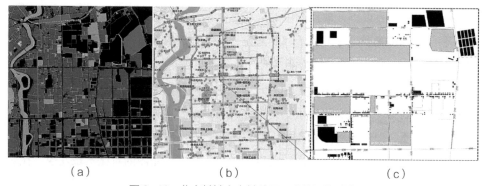

（a）　　　　　　　　　　　（b）　　　　　　　　　　　（c）

图 3-40　北方某城市中某片区三类数据的对比
（a）用地性质；（b）百度 POI；（c）实地调研底商分布

现，对解决居住区规划中确定社区服务功能分布具有直接的意义。

第一种方法本质上是空间句法截面流量分析的延伸，只不过将对流的分析拓展到对沉积物数量的分析。第二种可以理解为是居民对特定业态商业分布便利性的需求与商户营利性需求的结合。其含义是，每类商铺在选址时都会考虑到周边的情况，有没有竞争者？有没有足够的潜在客户经过？是的，每类业态都可以从居民需求的角度出发提炼出所谓的合理服务半径（或千人指标）。但遗憾的是，这种简单的、以距离为中心的分析方式把商业服务等同于布置消防站。消防站是不需要考虑营利的，这么做大概没问题，但商业服务业是要营利的，因此除了服务半径之外，它们更在意的是流量等级。而空间句法的工具在分析特定业态时能够提供的就是这样一种有效分析流量类别（城市或街区尺度）和等级（流量大或小）的工具，并且是带预测能力的，这就为业态合理落位提供了除服务距离因素之外的另一种重要依据。

3.3.2　街道段商业分布数据的获取

街道段商业分布分析指不细分业态类型，对各街道段上商业的数量、面宽、面积等空间数据进行与空间句法各参数的回归分析。这是对城市设计支持最直接、最有效的分析方法，分析的成果可用于量化预测街道网络调整变化后商业的分布情况。这是一种高精度的分析。低精度分析往往是指城市或区域尺度，以一定范围内加总均匀化处理的方式对商业进行的量化分析，这种数据处理方式本身会损失空间句法模型精确到街道段的优势。城市设计和居住区等项目的尺度范围往往在街区尺度，需要对比的是这条街道段和另一条街道段上功能的差异，因此高精度的分析明显对设计支持作用更强，本书将重点介绍这种方法。

高精度的分析要求高精度的数据。城市尺度抓取的POI数据往往没有包括街道上所有商业功能位置和数量信息。比如，大量不知名的小商铺和早餐点往往不会被收录。以北京实地核实的三个街区为例，发现能差2~3倍的数量。此外，POI数据的另一个问题是其空间落位的精度，按临近线段的落位原则有时会将商铺落位到比较偏僻的街道上去，而这对分析结果影响较大。因此，我们认为可以充分信任的是街景地图，特别是今天街景地图已经有很高的覆盖率。而当某些照片看不清时甚至可以有历史街景进行对比（时光机）。

当然，街景的局限在于对多层商业综合体仅能反映其地面层的状况，而建筑内部的功能数量则不清楚。对此可以有其他的方式弥补，首先可以利用大众点评网搜索该建筑内的商业，获取内部商铺数量后平均分配给该商业主要的出入口所在的街道段。当大众点评网上对该建筑的搜索结果过少时，也可以采用大众点评网站上的地图搜索，用"画圈"功能，直接在地图上相应位置用鼠标画闭合的圈来获取圈内的各业态商业分布。当然，如果网络上没有有效的数据，也可以采用局部实地调研

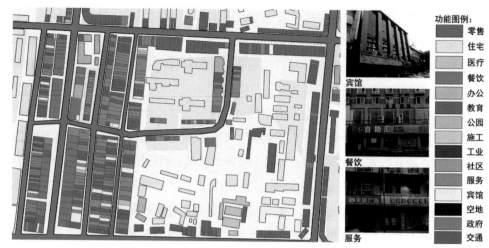

图3-41 对街道尺度用地功能的图例

的方式。在对商业总数的分析中不总是需要详细的业态信息,有总数即可。

基于上述方法调研完各自的研究区域之后,其成果需要以下面一张图的形式呈现,用不同的颜色区分不同的底层功能(图3-41)。注意:建筑用地性质并没有意义,建筑地面层的功能才有价值。比如一个住宅带底商,就没必要表现其住宅功能,底商更重要。考虑到街景的实际限制,对底层商业功能进深的调研可忽略或根据建筑轮廓推测。

有了这张图做基础,便可以提取商铺数量、面积、面宽等各种数据了。可以通过在Depthmap线段地图中新建一个层"商铺数量",然后更新这个图层,公式录入"0"。这个作用是让所有的线段数值从-1变为0,然后就可以开始在各个街道段上双击录入商铺数量了。注意这个归零的步骤对后面的数据处理非常重要,千万不要忘记。此外,需要注意的是录入的不仅仅是被选取测点的街道段,而是研究范围内所有的街道段。最后,特别需要指出的是,需要在该研究范围外设置不小于200米以上的缓冲区,也就是说,实际需要街景地图调研录入的范围要超过需要分析的范围。如果对分析有更高的追求,在这一步也建议分业态录入商业,比如给餐饮、零售、服务等分别建层后分别录入,然后让商业数量这个层等于其他各层的加和(所以,所有其他层都必须先归零)。在此基础上后面可以做其他的分析。

类似的,对商铺面积和面宽的录入可遵循下面的步骤:在Depthmap线段地图中新建一个层"商铺面积",然后归零。根据百度或CAD图中建筑投影面积和街景中观察到的商业层数可以估算出各街道段上的商业总面积,将这个面积数据录入到这个商铺面积的层中。

在Depthmap线段地图中新建一个层"商铺面宽",然后归零。根据街景地图中沿街商铺的面宽比例录入一个0~2之间的数字,"2"意味着这个街道段两侧完全是商铺,

"0"意味着完全没有商铺。这里录入一个概数即可，比如可以精确到小数点后一位。

二维码 3-6
2018 年天津鞍山道地区商业数量分析案例 graph 文件

需要特别注意的是，当街道比较宽，或大型商业建筑周边的环路也被建模时，商业数据必须录入在主街上，不能录入在辅路或建筑周边环路上。这可以拓展为静态数据录入的"从高原则"。此外，当某大型商业建筑在两条相交的街道上均有顾客出入口（不能是服务入口）时，可按各街道上出入口数量比例拆分数据后录入，比如 A 街上两个口，B 街上一个口，则 A 街上录入的数据需为 B 街的两倍（二维码 3-6）。

这么麻烦的工作有什么意义？如果完全从建筑师或规划师的视角来看，选择商业面积分析足矣。如果分析发现了空间拓扑结构与商业面积的规律，可以直接利用该规律预测方案中的商业面积分配，这个对开发商是非常有用的。然而，如果我们从城市的活力感受出发，会发现很多街道商业的面积并不一定很大，但沿街聚集了大量且业态类型多样的小商铺（注意录入商铺数量时以实际租赁的情况为准，在繁华的地区一个铺面分成几块出租时是常态），而这些街道段也往往具有较大的人流量。事实上，在现有的一些实证研究案例中，商铺的数量比总面积的分布体现出更强的空间规律。以类似的逻辑推断,商铺的面宽数据可能介于前面这两个类型的数据之间，在活力感受和开发量之间取得某种平衡。此外，面宽数据往往能也从形态的角度反映街道墙的完整程度，这也是商业空间设计、保证街道活力的重要空间策略。人流量在这里可以用作评价城市中街道空间活力的一个相对客观的标准，如果你设计的空间未来能够有很多人穿过，这就将是一个成功的设计。而吸引人的是业态的数量？还是多样性？又或是营业的面积或者是街道空间的商业界面？你可以充分地增加数据类型对上述现象进行分析评估，形成自己的结论。找到的稳定有效的规律越多，控制空间形态的数据化设计手段也就越多。使用者可以基于分析的结果对特定街道上理想的商铺数量、面积或面宽比例分别进行预测，对设计进行更精细化的支持。

简言之，如果说参数化设计是创造某种形态控制和发生机制来生成有趣的形态，数据化设计则是寻找受形态影响的各种空间规律，转而用于描述未来合理的形态。

3.4 社会聚集数据的收集

3.4.1 为什么要分析社会聚集现象

社会聚集现象表现为城乡居民在街道、广场、社区等公共空间中的户外交流交往活动，它反映了城市和社区公共空间的活力，也可以作为这些空间设计品质和使用效率的重要参考标准。此外，从设计应用来看，如若忽略社会聚集的自组织规律，也往往会导致资源的浪费。图 3-42 展示了武汉某老社区内政府建设的 7 组健身器材，

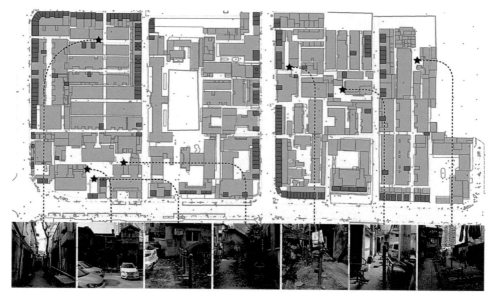

图 3-42　武汉某老社区中 7 组健身器材的使用状况

　　在为期两天（平日与周末）、共计 8 次的社会聚集调研中，我们发现没有一处被居民正常用于锻炼（图 3-42）。

　　空间句法研究中特别关注的便是社会聚集现象中这种自组织的空间规律。杨·盖尔（Jan Gehl）的《交往与空间》一书中，对空间的公共—私密属性及其对社会交往的影响也有经典的论述。与前文中对商业功能的分析相比，社会交往聚集现象也类似商业功能可以体现出聚集强度、聚集类型的等级差异。在我们日常生活直观感受中，也能发现这些差异与空间的公共—私密属性有联系（图 3-43）。广场舞与街头棋牌活动（这类活动甚至有时是收费的，且可以聚集相当多的人）往往发生在空间连接

图 3-43　商业功能与社会聚集体现出的等级关系

较好、等级较高的街道和广场上。而小规模偶发的聊天则往往发生在社区与街道的交点或社区内连接较好的空间中。空间句法的贡献在于能量化地分析这些行为与空间连接强度之间的关系，为城市设计、居住区设计提供支持。

空间句法领域对社会聚集的研究论文往往发现与交通截面流量分析类似的结论：即步行流量高的地方聚集的人也多。因此如果流量分析有明显的空间规律，社会聚集也很可能发现规律。现有大部分实证研究采用的是快照式调研法获取数据，在平日和周末中不同的时段以街拍的方式记录停留的人群，并将数据录入到模型中。但这种方法并不能保证获取的数据是居民的而非街上等车的或临时的旅游者，因此，如果不针对聚集人群的社会属性进行区别，社会聚集现象和步行流量会有明显的相关性。

而本地居民的社会聚集，则会依赖于两类条件，第一类条件是局域的，比如硬质铺地覆盖率、绿化或绿视率、可坐区面积、采光等因素。第二类条件是关联性的，也是空间句法擅长分析的重点。这个划分与之前对各街道段上商业聚集的分析类似。但并不能简单认为流量越高的地方会更适合社会聚集，至少不是居民的社会聚集。设想一下，当你从你的四合院中走出来时，在胡同里碰到街坊熟人的概率是比较高的，但碰到人的概率并不高，哪有那么巧别人也出门呢？但是，走到大街上去以后，你碰到人的概率就大多了，可这些人中有你熟人的概率又降低了。所以你可以设想从出行轨迹的角度来说，社会聚集分布应该是在特定的范围中出现的，太近或太远都不大行，要点是"在对的位置碰到对的人"。当然，其他的"局域条件"也是必要的，毕竟没人愿意在夏天站在太阳底下聊天。

3.4.2　快照法记录空间使用者

对社会聚集现象的研究往往采用实地调研，即快照式调研的数据收集方法。其调研方式为在特定季节、周中和周末、特定的时段内经过调研区内的所有空间，并拍摄记录其中观察到的社会聚集现象，并将记录的结果绘制为地图。

社会聚集受季节影响很大，对一个地区的完整研究往往需要收集夏季、冬季和春秋季节至少三个季节的数据。此外，社会聚集现象受节假日因素影响也比较大，一般来说调研需覆盖平日和周末至少各一天。最后，因季节不同，一天中早晚户外活动人群也有较大差异，应选取不少于四个时段进行调研，且时间设置需尽量避开就餐时段。例如，一天中四个时段调研时可采用 8：30~9：30、10：30~11：30、14：00~15：00、16：00~17：00 的安排。

每轮快照式调研的时间需控制在 30 分钟到一个小时以内。具体的时间需根据时段数量设置浮动调整，如时段数较多，可相应压缩每个人负责的区域范围，并在较短的时间内完成一轮调研。一般来说，3~4 人的团队可以覆盖的范围大致在 0.5

平方千米，大概700米见方的区域。另外，由于此类研究往往关注的是居民的社会聚集，因此在设置研究区域时多选择大路围合的城市大街区内部进行。组内需要清晰划分负责的区域范围，确认衔接避免遗漏区域，注意当使用街道空间作为责任区的边界时，应具体明确该街道本身属于哪个组员的调研区，避免重叠。此外，在调研开始前，各组员需对所负责区域进行预调研，在地图上设计一个高效的（尽可能做到一笔画）的路线。否则第一次调研时往往因为道路不熟，用时大致为第二次调研的1.5~2倍。

近期"城市象限"团队开发的猫眼象限APP可以有效提升社会聚集的调研效率。关注猫眼象限的公众号，在手机里获取该小程序。它可以记录拍照的位置、时间，并应用机器学习技术自动识别照片里的人数（机动车数）和绿视率。

调研时注意以下几点：

（1）拍照时的标准是两个及两个以上非移动中的聊天的人。但要避免拍摄排队等车或买东西，注意我们更关注的是社区居民的行为。街上坐着聊天的摊贩可以拍摄，只不过后期在录入数据时要把"街头工作者"标出来。

（2）如果你用的是苹果手机，拍照的位置定位是很准确的，基本不用操心。如果你用的是其他品牌的手机，大部分情况需要手动微调上传照片位置。

（3）选取适合的拍摄角度，在不引起被拍摄者不快的前提下清楚地记录聚集的人数，为了这个角度或不被发现，你可能会不慎将一些走路的人拍下。实际上最终还是看照片数人，不用太依赖APP自动识别人数。

（4）如需要绿视率作为一个自变量，可以在同一个位置再拍一张，以求适当的角度，注意各个聚集点的拍摄角度需尽可能统一。当然，我们也可以用别的方式来替代自动识别的绿视率。

（5）每个时段严格地遵循该顺序扫过调研区域。不要重复记录已经通过的区域新出现的聚集现象，每个街道段在一个时段内只记录一次。

3.4.3　对使用者进行划分

精确识别居民的社会聚集，很多时候是难以完成的任务。首先你没办法一个个询问街上谁是本地的居民，其次，很多社会聚集是居民与街头工作者的混合。社区小店主、公厕清洁工等街头工作者常年在街道上出现，居民多与他们熟识，相遇时也多交谈，从而延长了居民在街头的滞留时间，进一步又增加了居民和其他居民见面的几率。简言之，街头工作者是居民社会聚集的催化剂。因此，在这部分研究中我们一般根据照片上重复出现的人和身后是否有店铺来判定其身份是否可划归"街头工作者"，在把数据可视化时将这些数据用特殊的颜色（橙红色）表达（图3-44）。

图 3-44 社会聚集的类型

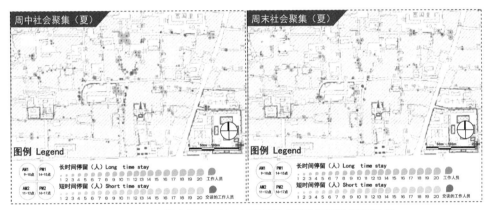

图3-45 白塔寺街区 2016 年夏季社会聚集调研数据可视化

图 3-45 给出了北京白塔寺街区一个社会聚集数据可视化的例子[15]。在这个类似四叶草的图例中，四个位置分别代表不同的调研时间，叶片的大小代表聚集的强度，透明度代表停留时间的长短。需要说明的是，拍照时坐着的人，或使用体育器械的人为长时间停留，站着的人为短时间停留，以照片为依据。

3.5 数据的处理与分析技术

本章前 4 节分别介绍了空间建模与社会使用信息的收集技术。在两部分信息处理完备后，本节将讲述如何应用空间句法软件做分析，主要包括空间数据的可视化方法，社会使用信息的录入，以及如何对两部分数据进行相关性分析。

3.5.1 空间数据的可视化方法

在建模分析后，每一条街道段都附有多个组构指标。这些指标可以用于简单统计分析或相关性分析，用以测试研究假设，或辅助设计方案的比选与决策。这些指

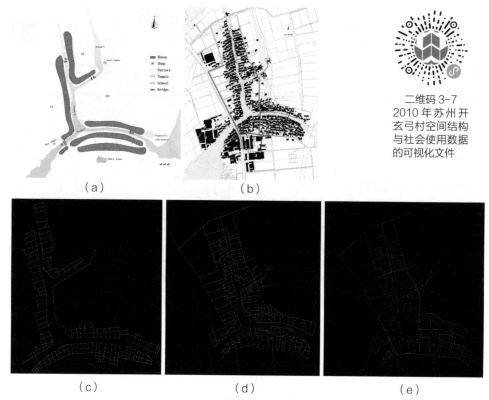

二维码 3-7
2010 年苏州开
玄弓村空间结构
与社会使用数据
的可视化文件

图 3-46　开玄弓村空间结构与社会使用数据的可视化
（a）1935 年总平面；（b）2010 年主要公共活动路径；
（c）历史全局整合度；（d）当代全局整合度；（e）当代 400 米半径选择度

标也可以直接以可视化图的形式出现，参与"现象的创造"❶。空间句法团体学者普遍认为，计算机工具的重要性不仅仅在于它的客观性和易读性，而在于它所能创造的新现象。研究者可以凭借这些新的对城市空间结构关系的客观描述，获得对物质城市更深入的理解。

　　在开玄弓村案例中，仅仅使用空间结构与社会使用数据的可视化比较，就能获得一系列有启发的结论（图 3-46、二维码 3-7）[16]。开玄弓村即为费孝通研究的江村，通过他的手绘图，我们了解到 1935 年该村的聚落形态与店铺位置。2010 年，通过现场追踪调查，我们获取到主要的公共活动路径。把这两部分社会使用数据与空间结构可视化图纸进行对比，可以获得三个主要发现。其一，当前的主要活动路径与现状村庄全局整合度核心位置较为吻合，还能捕捉到聚落南部一条"Z"形的狭窄小路。这再次证明空间组构关系对人类运动的塑造作用。其二，在对当前追踪路线叠合图与历史上店铺位置的比较中，发现 1936 年热闹非凡的桥梁 B4 如今不再是重要的活

---

❶　"现象的创造"（Creation of Phenomena）是伊恩·哈金（Ian Hacking）提出的口号。在 *Representing and Intervening*（1983）一书中，他对理论与实验的关系问题提出了自己的观点。他认为"实验有着自己的生命"，现象并不是上帝写下来等着人们去发现的，而是科学家积极建构的结果。并且，实验创造的现象是理论得以发展的重要动因。

动空间，少有人路过此地。而现场调查也发现，该处不但人迹罕至，还存在铺地破损以及对空间私有化占用的现象。而 B4 桥梁功能地位的变化能被全局整合度的变化所解释——就由全局整合度反应的整体空间结构而言，它不再占据核心地位。其三，从当代聚落的 400 米半径选择度看，B4 桥梁仍然能被该度量所高亮显示。而另一项对江南多个乡村聚落的比较研究发现，小尺度半径的选择度总是能捕捉到聚落的历史活动中心，这体现了历史聚落形态的记忆功能。[17]

（1）了解可视化面板

对设计师而言，空间句法模型的重要功能是对设计直觉的辅助。可视化的指标，能显示物质空间布局的深层结构，帮助他们对方案进行比选。然而，在对计算结果可视化图进行具体阐述之前，我们必须理解色彩所对应数据的含义。

在完成对线性模型的运算后，Depthmap 软件界面的左侧就出现所有计算过的指标。点选你所需要的指标，软件界面的左侧主视图就出现这个指标的可视化结果。如图 3-47 左图所示，如果你需要了解一条线段某个度量的具体数值，你可以左键双击它，即显示数字。图 3-47 右图显示的是同一个度量的实际可视化显示上色方案，通过点击"Window"→"Colour Range"，获得 Set Colour Scale 可视化面板。这里的可视化显示采用的是软件的默认做法，即选择"Equal Ranges（3-Colour）"，"Axmanseque Colour 10"。把该度量从最大值到最小值均分为 10 份，前 10% 数值的线段显示为红色，依次类推，渐变到蓝色。

图 3-47　单个元素的某度量数值显示与可视化面板

由于可视化面板可以手动调整，如果不熟悉这个功能，很可能被冷暖色彩的变化所误导。以图 3-48 为例，与图 3-47 相比，红色的线段要多了很多，那是不是意味着第一个平面的可达性要高很多呢？事实上，两个可视化的平面是同一个方案，同一个指标，唯一变化的是在色彩显示范围设定中，把红色的数值从最高值调小了。

（2）对组构核心进行强化表达与分析

在讨论各种"空间—功能"相互关系时，最为关键的是通过建模，揭示组构核

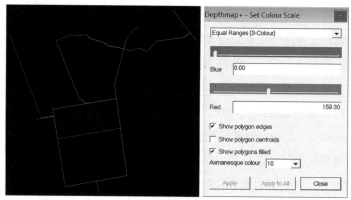

图 3-48　同一个案例调整色彩显示范围后的可视化结果

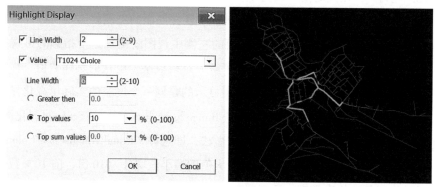

图 3-49　"Highlight Display"将组构核心的线段或直线加粗显示

心的位置和形态。组构核心一般指的是组构值占前 5% 或 10% 的街道集合，以暖色显示为前景网络，其余的街道则主要以冷色显示为背景网络。由深圳大学王浩锋老师开发的 Depthmap beta 1.0 版本的新增功能"Highlight Display"能够根据研究者选择的组构度量和百分比值，把组构核心的线段或直线进行加粗显示。这样我们不但能依据颜色，还可以通过线段的粗细来判断位于组构核心的街道是哪些，方便观察与分析（图 3-49）。这个 beta 1.0 版本还附带有比例尺功能。

（3）高级功能：组构核心的图层提取

如果需要提取组构核心，进行进一步的统计分析，可以使用如下方法。在工具栏点击"Edit"，再点击"Select by Value"，出现浮动面板如图 3-50 所示。点击"OK"后，组构核心以高亮显示。接着进一步点击"Edit"→"Selection to Layer"，出现图框，要求输入"New Layer Name"。这时可以输入"ChoiceN-core10%"。点击"OK"，就获得一个只显示组构核心的可视化页面。实际上，这个步骤，仅仅是把组构核心做了一个可视分组处理。在左侧工具栏可以看到，在"Everything"下，多了一个"ChoiceN-core10%"的并列项。如果点击"Everything"前段灰色眼睛，就又能回到原来的整个聚落的可视化页面了。

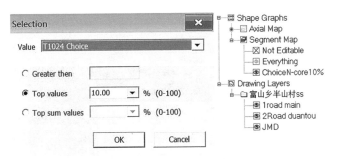

图 3-50 选择功能浮动面板

这个图层提取的功能除了能把组构核心单独显示，便于各种可视化的分析推敲外（图 3-51 左中打开了 dxf 文件中的背景房屋轮廓），还有助于做组构核心的度量值与整体聚落度量值的比较分析。在工具栏点选"Attributes"→"Column Property"，会出现图 3-51 右侧的浮动面板。由于当前选择显示的是组构核心，这里的 Count 显示为 60 个元素，而模型整体一共有 556 个元素。这样就能够把组构核心的各种平均值/最高值与聚落整体的同一类数值进行比较，例如讨论组构核心街道段的平均长度会不会小于整体。

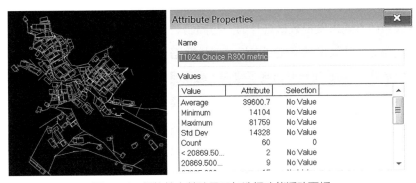

图3-51 组构核心单独显示与选择功能浮动面板

3.5.2 截面流量数据的处理与相关性分析

（1）数据的录入

获得各个测点的三类交通流量数据之后，便可以将数据录入空间句法模型。这里以 Depthmap 软件为例，具体操作方法如下：

〇新建 4 个图层（Add Column），将其依次命名为"周中人流""周末人流""周中车流"和"周末车流"（图 3-52、二维码 3-8）。

〇在每个图层中各个测点所在的街道段上双击各个街道，键入流量数据（日均每小时的流量数据）

〇新建 4 个图层（Add Column），将其依次命名为"标准化周中人流""标准化周末人流""标准化周中车流"和"标准化周末车流"。

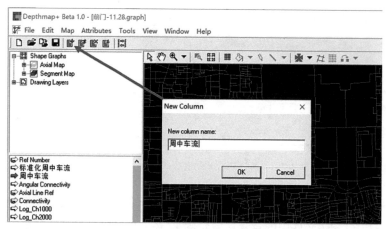

二维码 3-8
2016 年北京前
门交通流量数据
分析 graph 文件

图 3-52　新建图层录入流量数据

○更新上面这 4 个以"标准化"命名开头的图层（Edit Column），在跳出的窗口中录入公式，使得该层等于原始数据层取 10 为底的对数，或开四次方根。例如，以"周中车流"为例，在更新"标准化周中车流"时需录入的公式为：log（value "周中车流"）或 value "周中车流量" ^0.25（图 3-53）。

○检查截面流量数据的连续性。在标准化处理截面流量数据后，往往可以在图上直观观察的方式来发现数据自身的一些问题。比如，理论上相近且连续的街道段上流量应相似，如果出现突变则应返查原始数据或视频，确认是否拍摄或记录位置有误（较常见），或数流量时出现了错误（较少见）。例如，图 3-54 中在人流量（左图）和车流量图（右图）中均出现了流量不连续的位置，以白色虚线圈标出。检查原始数据发现：造成人流量在王府井南端不连续的原因是地铁出入口的影响，因此属于正常现象；而造成车流量不连续的原因是记录时间过短，仅两分钟，因此数据受交通信号灯的影响非常大，可考虑在该路沿线的三个测点取平均值的方式来处理。

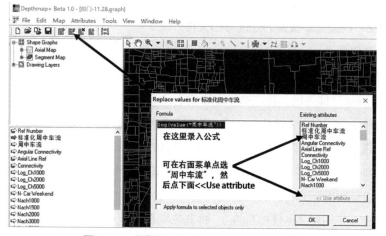

图 3-53　更新图层标准化处理原始流量数据

行人/自行车流量叠加　　　　　　　　　　机动车流量叠加

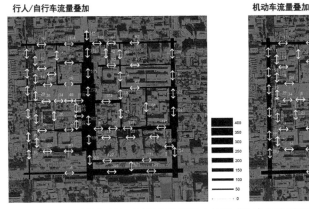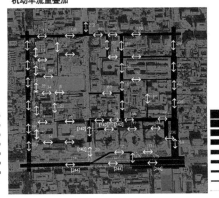

图 3-54　王府井地区的人流量（左）和车流量（右）数据可视化图

○将某个标准化的流量数据层设为当前层（如：标准化周末人流），在"Window"下拉菜单中选取"Scatter Plot"，在 X 轴下拉菜单中分别测试各个空间通达性数据层，Y 轴始终为该标准化流量数据层，在散点图的右上角可以读数 R^2 值，该数值位于 0 到 1 之间。当 X 轴与 Y 轴数据完全相关时，所有点排列为一条直线，而 R^2 值则为 1，但绝大多数情况下 X 轴与 Y 轴数据不可能完全相关，而是部分相关，则 R^2 值则体现为相关的程度，或者说 X 数据（自变量）对 Y 数据（因变量）的决定系数。图 3-55 中显示的标准化周末人流与 Nach5000 的 R^2 值为 0.6084。

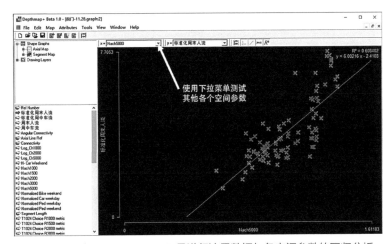

图 3-55　利用 Scatter Plot 工具进行流量数据与各空间参数的回归分析

○计算不同半径的空间句法参数：500、1000、2000、3000、5000、7500、10000、15000、20000、25000 的整合度、选择度对数、NAIN 和 NACH 三类流量（步行、非机动车、机动车）平时及周末流量数据的 R^2 值，录入 Excel 表格后以曲线图对比显示整合度、选择度对数、标准化整合度和穿行度（标准化选择度）在分析三类流量时不同半径的 R^2 值（图 3-56）。

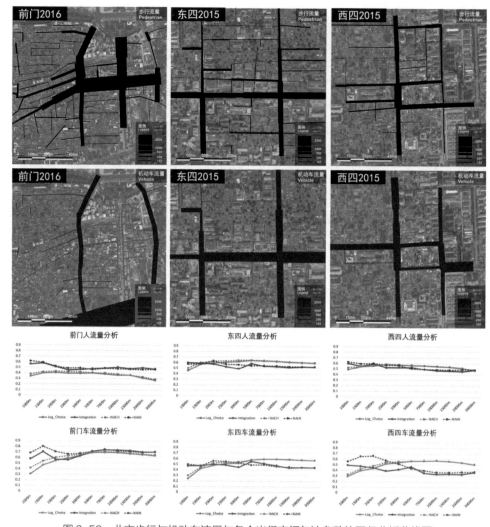

图 3-56　北京步行与机动车流量与各个半径空间句法参数的回归分析曲线图

【说明】为什么要标准化处理流量的原始数据？

　　前文中描述的流量与空间参数之间关系的分析方法叫做一元回归分析。两组数据之间能够进行回归分析的前提之一是这两组数据都需要满足"正态分布"的原则。日常生活中的一些数据自然就是趋向正态分布的，比如成年人的身高，大部分人的身高在 1.55~1.85 之间，高于和低于这个范围的都迅速减少。出题难度合理的考试成绩通常也符合正态分布规律，得高分和不及格的人数都比较少。但日常生活中仍有很多数据不是正态分布，比如大部分城市片区的交通流量数据，总有少数的街道汇集了大量的交通量，而绝大部分街道则非常安静。对于这些非正态分布的数据，需要通过数据处理之后将其转换为正态分布方能进行回归分析。空间句法实地调研按照之前描述的测点布置原则获得的流量数据通过取 log 或开四次方根处理之后就接近正态分布了。

（2）流量数据的分析要点：机动车与非机动车

首先，需要介绍下应用 Excel 进行相关系数分析的操作，应用相关系数可以快速进行大量变量之间两两相关的计算，能够迅速可视化空间句法截面流量数据与各半径各类型空间句法参数之间的关系。

○ Excel 中"数据分析"功能在默认安装版本中不提供，需要在联网的状态下手动添加，具体操作如下：

打开 Excel 表格→"文件"→"选项"（Excel 如图 3-57 所示）；选择"加载项"→"分析工具库 –VBA"→"转到"→"确定"。

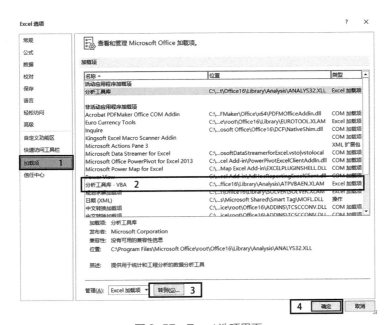

图 3-57　Excel 选项界面

○成功后，回到 Excel 表格，打开"数据"菜单，如成功出现图 3-58 中的右上角显示的"数据分析"功能，则功能添加完成。

图 3-58　Excel 数据分析

○在 Excel 表格中进行"相关系数分析"，将所分析数据导入到 Excel 表格后，删去多余的自变量（比如可能有很多没有录入截面流量的行，数据显示为 –1）；选择"数据分析"→"相关系数"→"确定"，如图 3-59 所示。

○点击框 1 的"箭头"，框选所分析数据→勾选框 2 的"标志位于第一行"→"确定"，其目的是让该数据层的名称在结果生成的图表中显示，如图 3-60 所示。

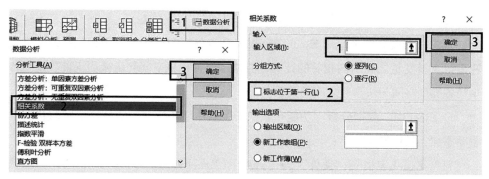

图 3-59　应用 Excel 进行相关系数分析　　　　图 3-60　Excel 相关系数界面

○ "相关系数分析"完成，分析结果如图 3-61 所示，显示了所有变量两两相关的数值，默认为皮尔逊相关系数，数值在 –1 到 1 之间，两个变量之间的相关系数绝对值越接近 1 越相关。负数为负相关，比如地铁站点周边距离衰减这个参数，就往往与步行流量是负相关的，因为离地铁越近，距离越小，出站步行者的轨迹越多。

	A	标准化路径跟踪	建筑体积数据层 R100.00 metric	建筑体积数据层 R1000 metric	建筑体积数据层 R150 metric
2	标准化路径跟踪	1			
3	建筑体积数据层 R100.00 metric	-0.169428147	1		
4	建筑体积数据层 R1000 metric	0.153397594	-0.869535546	1	
5	建筑体积数据层 R150 metric	-0.102748842	0.817253793	-0.623095921	1

图 3-61　Excel 相关系数分析结果

（注：可以框选分析结果，"右击"→"快速分析"→"色阶"，分析结果会根据数值大小着色显示。）

本案例中标准化处理后的机动车与非机动车流量数据与各空间句法参数的相关系数分析结果如图 3-62、图 3-63 所示。

基于这个图可以迅速预览各半径空间句法参数与两类流量的相关性，顺带说明，相关系数的平方即为 R^2 值，因此基于这个图表可以很方便地列出如图 3-64 的折线图。

	标准化西南角机动车流量2014	NACH01000	NACH02000	NACH03000	ACH05000	ACH07500	ACH1000	NAIN0100	NAIN0200	NAIN0300	NAIN0500
标准化西南角机动车流量2014	1										
NACH01000	0.55635848	1									
NACH02000	0.673739024	0.9172211	1								
NACH03000	0.69811767	0.8694794	0.9862308	1							
NACH05000	0.739469358	0.8128488	0.9532043	0.982829	1						
NACH07500	0.747303866	0.7798402	0.9320581	0.96628	0.9944	1					
NACH10000	0.74633806	0.753635	0.9114333	0.950297	0.98625	0.99711	1				
NAIN01000	0.604203143	0.8389183	0.8655749	0.832503	0.80049	0.77173	0.74918	1			
NAIN02000	0.751940008	0.7701156	0.9103205	0.920791	0.93339	0.92542	0.91693	0.85254	1		
NAIN03000	0.744926131	0.6836054	0.8469888	0.888714	0.92579	0.92626	0.92561	0.76841	0.95402	1	
NAIN05000	0.747561609	0.6816332	0.8181077	0.849134	0.90189	0.90848	0.91022	0.78737	0.93697	0.96787	1
NAIN10000	0.734775233	0.6645321	0.8017154	0.834197	0.88433	0.90064	0.90821	0.76719	0.91161	0.94368	0.97932
	0.745010012	0.6629344	0.8071657	0.8071657	0.84313	0.896	0.9133	0.92494	0.84	0.91642	0.95058
T1024 Integration R01000 metric	0.476941527	0.697768	0.6770647	0.625581	0.59279	0.5668	0.5452	0.87146	0.69032	0.59553	0.65674
T1024 Integration R02000 metric	0.600707781	0.6874597	0.7402684	0.738623	0.75556	0.74103	0.727	0.79339	0.85348	0.83476	0.86075
T1024 Integration R03000 metric	0.601698837	0.5895448	0.6712205	0.678035	0.73481	0.73212	0.72662	0.71118	0.80769	0.84854	0.88147
T1024 Integration R05000 metric	0.698815963	0.6480545	0.7435406	0.759654	0.81615	0.82085	0.81786	0.75572	0.88786	0.91418	0.95746
T1024 Integration R07500 metric	0.714612278	0.6502736	0.7689734	0.79534	0.84978	0.86549	0.87583	0.75503	0.89513	0.93328	0.9763
T1024 Integration R10000 metric	0.731194955	0.6373048	0.7699106	0.804322	0.86083	0.88328	0.89767	0.70431	0.89183	0.93661	0.96105
log_ch01000	0.498750636	0.9647481	0.84919	0.788931	0.72721	0.69437	0.66567	0.79949	0.70501	0.60724	0.62742
log_ch02000	0.644270722	0.9341777	0.9899689	0.969755	0.93225	0.90775	0.88388	0.87469	0.88767	0.82677	0.80824
log_ch03000	0.689195695	0.8904471	0.9888423	0.992403	0.97646	0.95804	0.93958	0.85425	0.92031	0.881	0.85614
log_ch05000	0.734111385	0.8243475	0.9577015	0.984087	0.99874	0.99184	0.97181	0.8024	0.91898	0.89333	
log_ch07500	0.741212831	0.7868895	0.9361835	0.96882	0.99485	0.99938	0.99581	0.76887	0.92109	0.91983	0.89919
log_ch10000	0.741558562	0.75836	0.9143882	0.952378	0.98661	0.99733	0.99962	0.74559	0.91241	0.91987	0.90169

图 3-62　西南角机动车流量数据与各空间句法参数的相关系数分析结果

	标准化西南角非机动车流量2014	NACH01000	NACH02000	NACH03000	NACH05000	NACH07500	NACH1000	NAIN01000	NAIN02000	NAIN03000	NAIN05000
标准化西南角非机动车流量2014	1										
NACH01000	0.633278576	1									
NACH02000	0.793941314	0.920049	1								
NACH03000	0.808368705	0.873628	0.9872582	1							
NACH05000	0.825203354	0.817296	0.9554331	0.98225	1						
NACH07500	0.829823145	0.77993	0.9326183	0.964321	0.99389	1					
NACH1000	0.826493224	0.752785	0.9120741	0.948169	0.98541	0.9971059	1				
NAIN01000	0.718083565	0.860103	0.8764838	0.844605	0.80931	0.7769905	0.75483	1			
NAIN02000	0.80898187	0.795123	0.9197045	0.926059	0.93722	0.9254819	0.91559	0.87141	1		
NAIN03000	0.782831866	0.709327	0.864002	0.899889	0.93318	0.9306333	0.92819	0.79242	0.95839	1	
NAIN05000	0.77048581	0.69927	0.8325637	0.857885	0.91056	0.9144884	0.91405	0.79408	0.94143	0.96845	1
NAIN10000	0.772650864	0.686556	0.8219466	0.849815	0.90028	0.9121522	0.91734	0.78017	0.92199	0.95063	0.98485
T1024 Integration R01000 metric	0.773514812	0.673658	0.8190428	0.850435	0.90487	0.9193499	0.92817	0.74944	0.91992	0.95233	0.97855
T1024 Integration R01000 metric	0.571278922	0.743504	0.7213476	0.672358	0.64289	0.6142249	0.59218	0.89276	0.74892	0.65815	0.70651
T1024 Integration R02000 metric	0.664220876	0.731536	0.7769902	0.770899	0.78487	0.7676854	0.75272	0.82796	0.87989	0.85269	0.87055
T1024 Integration R03000 metric	0.646893636	0.633368	0.7156494	0.719054	0.7739	0.7696736	0.76315	0.74218	0.83981	0.86829	0.89955
T1024 Integration R05000 metric	0.697079067	0.679503	0.7725049	0.782611	0.83916	0.8408857	0.83617	0.77196	0.90243	0.91883	0.96275
T1024 Integration R07500 metric	0.745753541	0.679092	0.7936066	0.813907	0.86901	0.8804665	0.88783	0.77076	0.90837	0.93802	0.98006
T1024 Integration R10000 metric	0.756834242	0.651752	0.7848613	0.814066	0.87342	0.8927562	0.90431	0.71637	0.89719	0.93714	0.96504
log_ch01000	0.565254483	0.969771	0.8615521	0.803646	0.75415	0.708285	0.67932	0.82925	0.74749	0.65019	0.66384
log_ch02000	0.769567364	0.936386	0.990206	0.971209	0.93506	0.9091519	0.88559	0.8883	0.90184	0.84588	0.82285
log_ch03000	0.803204987	0.892938	0.9895029	0.992608	0.9774	0.9580509	0.93977	0.86453	0.92838	0.89409	0.86695
log_ch05000	0.819963259	0.828801	0.9596546	0.983253	0.99875	0.9913931	0.98133	0.81222	0.93539	0.92662	0.90286
log_ch07500	0.827670593	0.786386	0.9361491	0.966322	0.99404	0.9994523	0.99609	0.7746	0.92146	0.92453	0.90581
log_ch10000	0.825809165	0.756768	0.9143212	0.949686	0.98536	0.9972191	0.99981	0.75099	0.91078	0.92226	0.90559

图 3-63　西南角非机动车流量数据与各空间句法参数的相关系数分析结果

　　一般来说，机动车流量与大尺度半径的穿行度有较高的相关，以 2014~2015 年对天津 13 个案例区共计 700 多个道路截面的实测数据分析为例。机动车流量（取对数标准化处理后）在大模型中（拼合 13 个案例区）选择度系参数分析的决定系数曲线在小半径区域上升较快，超过 3 千米以后趋于稳定，达到峰值后微降低。相反，整合度在小尺度半径则效果始终较差，而随计算半径增加不断爬升。如果对 13 个案例分别进行分析，在每个案例中整合度的表现不尽相同，也有时会优于选择度系的参数。

　　影响机动车流量分析效果的主要因素包括测点的设置、分析的范围、路网形态等因素。但目前的众多案例积累来看，选择度系参数的分析效果稳定性较好，特别是其在大半径区效果平稳的特性。这意味着当建模的缓冲区足够大时，甚至可以在无数据的状态以 Nach Rn 这个全局的半径来估算车流量分布，在实践中确是非常好用的"模型化设计"方法。

　　非机动车的数据分析结果与机动车相比曲线的变化趋势非常类似，但如采用大尺度范围或多案例拼合的方式研究时决定系数 R^2 值或有下降。作者的一个直观经验是在市中心区，非机动车的流量分布逻辑更接近步行，在郊区则更接近机动车。

　　（3）使用 Excel 和 SPSS 进行多元回归分析：以步行流量为例

　　影响步行的因素较为复杂，除了空间句法计算的拓扑街道形态特征之外，公交站点（特别是地铁站点）、建筑密度（如建筑量、居民密度、就业密度和商业等活跃功能）等因素均有影响。因此，对步行流量的分析往往会综合多种自变量，采用多元回归分析的方式。这里分别简单介绍下应用 Excel 和 SPSS 进行多元回归分析的方法。

　　应用 Excel 进行多元回归分析的步骤如下：

　　A. 选择"数据分析"→"回归"→"确定"，如图 3-65 所示。

　　点击框 1 的"箭头"，框选所分析数据的因变量→点击框 2 的"回归"，框选所分析数据的自变量→勾选框 3 的"标志"→"确定"，如图 3-66 所示：

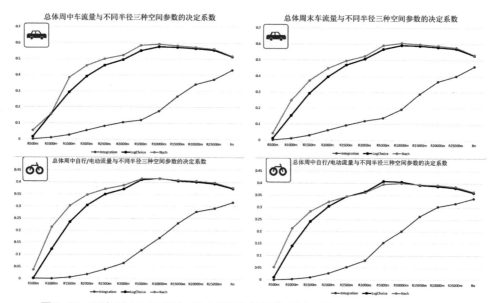

图3-64　天津2014~2015年13个街区在整体模型中机动车与非机动车截面流量分析

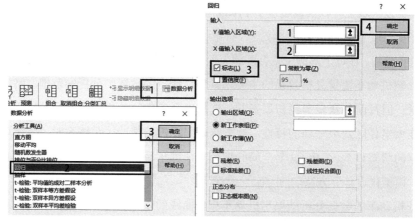

图3-65　Excel数据分析界面　　　图3-66　Excel多元回归分析界面

B. 在框1中 Y 值输入区部分，点选"箭头"后用鼠标框选出需要作为因变量，需要被分析的现象数据，注意只能选一列。在框2中 X 值输入区部分，点选"箭头"后用鼠标框选出需要作为自变量的数据列，注意可以选择相邻的多列，如果基于相关系数分析你已经有了心仪的几列数据（比如某个空间句法参数，地铁站点周边距离衰减或建筑体量数据等），则需要让它们挨在一起才能用 Excel 进行多元回归分析。

C."多元回归分析"完成。以西南角步行流量的分析为例，回归结果如表3-1所示。在本案例中，综合地铁站点距离衰减（Metric Step Depth）和2千米半径整合度这两个自变量的模型 R^2 值为0.33，其中上述两个变量的 P 值均小于0.05，具有显著性。

西南角步行流量多元回归分析结果　　　　　表 3-1

回归统计								
Multiple R	0.57432383							
R Square	0.329847862							
Adjusted R Square	0.310700658							
标准误差	0.341121737							
观测值	73							
方差分析								
	df	SS	MS	F	Significance F			
回归分析	2	4.009194206	2.004597103	17.22694669	8.2427E−07			
残差	70	8.145482759	0.116364039					
总计	72	12.15467696						
	Coefficients	标准误差	t Stat	P-value	Lower95%	Upper95%	下限 95.0%	上限 95.0%
Intercept	1.637322446	0.284416051	5.756786375	2.09329E−07	1.070072519	2.204572373	1.070072519	2.204572373
Metric Step Depth − 西南角 2014	−0.000435027	0.000203545	−2.13724906	0.036072961	−0.000840985	−2.90687E−05	−0.000840985	−2.90687E−05
T1024 Integration R002000 metric	0.001086893	0.000245906	4.41994793	3.52755E−05	0.000596449	0.001577338	0.000596449	0.001577338

　　与 Excel 相比，SPSS 是更为专业的统计分析软件。使用 SPSS 进行相关和回归分析的步骤如下：

　　A. "文件"→"打开"→"数据"，可打开 Excel 的数据表格，打开后如图 3-67 所示。

　　B. 选择"分析"→"相关"→"双变量"。

　　根据分析内容点选框 1 内的因变量和自变量→选择完成之后点击框 2 的"箭头"，所选变量进入框 3 →"确定"，如图 3-68 所示。

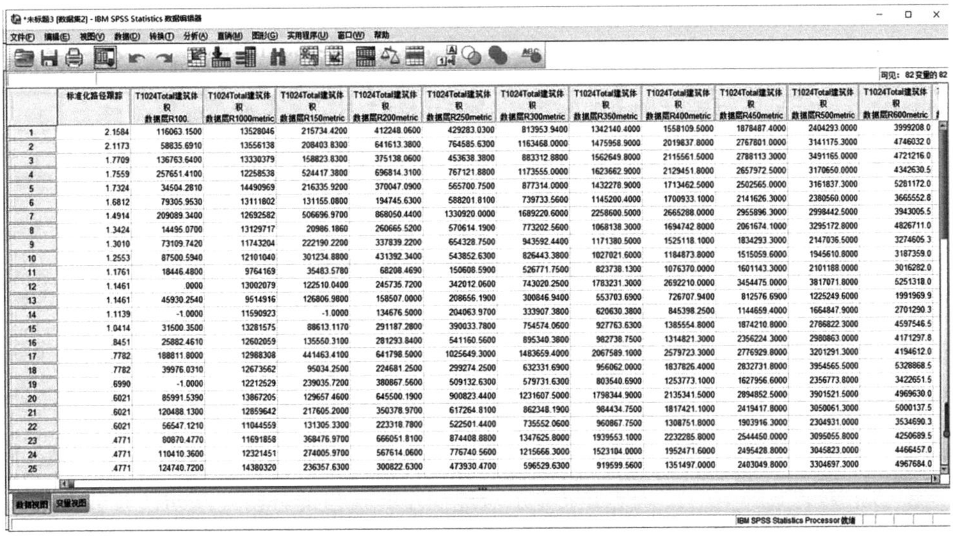

图 3-67　SPSS 数据导入后界面

"相关系数分析"完成。

C. 选择"分析"→"回归"→"线性"。

根据分析内容点选框 1 内的因变量→选择完成之后点击框 2 内的"箭头"，所选因变量进入框 3 →根据分析内容点框 1 内的自变量（通常选择所有自变量）→选择完成之后点击框 4 内的"箭头"→所选自变量进入框 5 →点击框 6 方法的下拉菜单，里面我们通常使用两种分析方法：进入和逐步（具体情况选用具体分析方法）→"确定"，如图 3-69 所示。

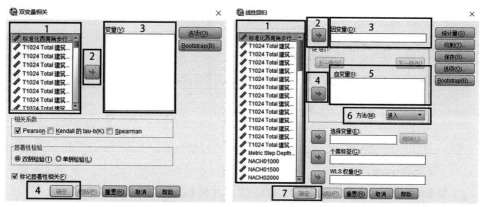

图 3-68　SPSS 相关系数分析界面　　　　图 3-69　SPSS 多元回归分析界面

回归结果如表 3-2 所示，这个结果说明当采用建筑体量数据（因为居住、就业人口较难获取，可用建筑体量近似）、当地的商业数量分布、各空间句法参数、地图站点周边距离衰减参数等四类自变量进行分析时，对步行流量的调整 R^2 值为 0.429。除此之外，表 3-2 中列出了各自变量的贡献及显著性。其中 Sig 相当于 P 值，越小越好，大于 0.05 一般认为该自变量在模型中不显著。试用版标准系数显示了排除各变量值域大小差异后的权重，绝对值越大则影响越大，正负号反映相关性的正负差异。不难理解，地铁站距离衰减因素是负的。这组自变量中 1 千米整合度影响最大，1 千米半径商业总数其次，但需要注意的是，商业与建筑体积的标准系数是负的，这个不符合常识，应仅是本地区数据的特殊情况，故应剔除。

这里剔除上述两个参数后再进行一轮多元回归分析。当然，SPSS 的好处是可以自动的筛选变量，采用"逐步回归"的分析方法遴选出最终有效的自变量，但完全自动化的过程会看不出各自变量的影响，建议大家按理论假设及实际工作的需求测试遴选合理且有用的自变量组合。表 3-3 为分析的结果，最终保留的空间句法参数为 2 千米半径整合度和地铁站点距离衰减，前者的试用版标准系数为 0.46，两倍于地铁站距离衰减的 –0.222，该结果显示对地面步行流量的分析空间句法参数在回归方程中发挥更强的作用，地铁站距离衰减起到辅助作用。

天津市西南角步行流量多元回归分析结果　　　　表 3-2
模型汇总

模型	R	R 方	调整 R 方	标准估计的误差
1	.679[a]	.461	.429	.3104698

a. 预测变量：（常量），T1024 Total 建筑体积数据层 R450metric，Metric Step Depth- 西南角 2014，T1024 Integration R002000 metric，T1024 Total 000 西南角商业总数 2014 R1000 metric。

Anova[a]

模型		平方和	df	均方	F	Sig.
1	回归	5.600	4	1.400	14.524	.000[b]
	残差	6.555	68	.096		
	总计	12.155	72			

a. 因变量：标准化西南角步行流量。

b. 预测变量：（常量），T1024 Total 建筑体积数据层 R450 metric，Metric Step Depth- 西南角 2014，T1024 Integration R002000 metric，T1024 Total 000 西南角商业总数 2014 R1000 metric。

系数 [a]

模型	非标准化系数		标准系数	t	Sig.
	B	标准 误差	试用版		
（常量）	1.566	.274		5.722	.000
Metric Step Depth- 西南角 2014	−.001	.000	−.274	−2.868	.005
1　T1024 Integration R002000 metric	.001	.000	.538	5.220	.000
T1024 Total 000 西南角商业 总数 2014 R1000 metric	−.001	.000	−.416	−3.856	.000
T1024 Total 建筑体积数据层 R450 metric	2.111E−007	.000	.279	2.736	.008

a. 因变量：标准化西南角步行流量。

剔除商业密度与建筑体积参数后西南角步行流量多元回归分析结果　表 3-3
模型汇总

模型	R	R 方	调整 R 方	标准估计的误差
1	.574[a]	.330	.311	.3411217

a. 预测变量：（常量），T1024 Integration R002000 metric，Metric Step Depth- 西南角 2014。

Anova[a]

模型		平方和	df	均方	F	Sig.
1	回归	4.009	2	2.005	17.227	.000[b]
	残差	8.145	70	.116		
	总计	12.155	72			

a. 因变量：标准化西南角步行流量。

b. 预测变量：（常量），T1024 Integration R002000 metric，Metric Step Depth- 西南角 2014。

空间句法教程

系数 [a]

模型	非标准化系数		标准系数	t	Sig.
	B	标准 误差	试用版		
（常量）	1.637	.284		5.757	.000
1 Metric Step Depth- 西南角 2014	.000	.000	−.222	−2.137	.036
T1024 Integration R002000 metric	.001	.000	.460	4.420	.000

a. 因变量：标准化西南角步行流量。

  需要说明的是，对步行流量的分析在不同案例中结果会有较大的差异。同样以天津的研究案例来看，表 3-4 显示的 13 个案例街区分别进行分析的结果，在排除了实际商业功能分布数量的影响，考虑各街区主要机动车道的角度衰减（Main Road ASD）、到地铁站的距离（Metro MSD）后，调整 R^2 值在 0.4 以上的仍有 9 个，低于 0.25 的有两个。而从分析效果最好的空间句法参数特征来看，5000 以上的大半径参数有 5 个，1000~2000 的小半径参数有 6 个。

  这个结果说明，尽管从算法含义和常识来看，步行行为应该属于小半径出行，但实际分析的结果却发现近半数的案例趋向于大半径的参数。究其原因，当代的步行者往往来自出租车、私家车或共享单车。也就是说，并非来本地的小尺度范围的运动，而是受本地功能吸引的碎片化的运动。因此，在步行路网不连续，步行流量不高的区域，其分析结果可能指向大半径的空间句法参数就不足为奇了，因为这些区域的商业等活跃功能分布很可能受机动车流量的影响落位聚集而非步行。

  类似的现象在笔者近年来对泉州等南方城市的实测中表现得非常明显。泉州中心区绝大部分居民使用机动车与电动车出行，除中心区步行街之外，很少有步行者。在此背景下，步行流量的分析空间规律很差。相反对非机动车的分析却表现出与机动车接近的分析精度。因此，一个一般的规律是：某个交通模式能够形成足够的数量，其轨迹能够延伸一定的尺度范围，其流量分布规律就表达得相对充分些。

  出于同样的原因，当全部 13 个案例拼合在一个大模型中时，如表 3-4 最下面一行显示，分析效果 R^2 值仅为 0.275。这说明对于不连续的运动来说，是不适于在大模型中统一分析的，各个案例之间的差异较大，空间句法的街道联系要素对步行量的影响仅对局部有较强的影响，是影响步行流量分布的有效因素之一。

  此外，需要重点讨论的影响因素是功能分布本身。如前所述，当代的步行者往往具有明确的目的，沿街商业分布的数量这个现象自身往往与步行流量就有很高的拟合程度。就如同在交通模型中，往往需要 OD 矩阵来明确各交通小区的吸引力来进行模拟。但是，引入商业分布参数本身在城市设计实践中与我们使用空间句法辅

天津 2014~2015 年 13 个案例街区步行流量的多元回归分析　　表 3-4

	调整后 R 平方值	变化量	变量系数			空间句法未参数	
			主路 ASD	地铁 MSD	空间句法参数	类型	半径
鞍山道	0.451	−0.20%	—	−0.087	0.197**	Integration	n
滨江道	0.397	−42.42%	0.115**	—	0.209***	Integration	1500
海光寺	0.571	−13.25%	0.059		0.348***	log-Choice	2000
红旗南路	0.217	−52.06%	0.135*	−0.079	—	—	—
华苑	0.454	−10.20%	—	−0.106*	0.334***	Integration	5000
津湾	0.448	−1.76%	—	−0.097	0.226***	log-Choice	1000
南楼	0.438	−24.18%	—	−0.146*	0.160***	Integration	1000
吴家窑	0.420	−20.90%	—	−0.036	0.245***	log-Choice	7500
西南角	0.450	−0.88%	−0.108*	—	0.309***	Integration	2000
小白楼	0.278	−16.00%	—	−0.136*	0.097*	log-Choice	1000
中山路	0.419	−12.26%	—	−0.043	0.242***	log-Choice	1000
南京路	0.403	−5.16%	—	−0.144*	0.111*	log-Choice	25000
营口道	0.152	−22.49%	—	−0.032	0.126*	log-Choice	20000
加总	0.275	−25.92%	—	−0.104***	0.176***	log-Choice	2000

注：*P<0.05，**P<0.01，***P<0.001。

助进行功能落位设计的初衷是违背的。大多数情况下，设计者需要基于空间结构的分析为功能落位提供支持，而不是将功能落位作为已知条件来预测步行流量分布。在基础理论研究中，我们会把空间组构关系作为独立于用地功能的变量进行考察。而在应用性研究中，则需要把活跃功能的影响力纳入多变量模型，以提升分析的效果和预测的精度。总之，是否需要考虑某项因素的影响，往往与研究或应用的目的相关，而不能仅仅看各因素分析的效果。

3.5.3　出站轨迹数据的处理与相关性分析

整个调研团队的数据需在 CAD 或 GIS 软件中汇总绘制为轨迹图进行可视化。需注意当被跟踪对象为一组而非一个人时，需将轨迹复制增加为相应的数量。与对截面流量的分析类似，当分析出站轨迹空间分布时，也需在站点周边选取一定数量的统计点（相当于截面流量数据分析的测点）。需特别注意的是，为有效地排除出错站口现象带来的干扰，选取统计点时需避免几个出站口之间的区域。

图 3-70 展示了天津西南角地铁站周边的跟踪轨迹汇总，以及测点的设置。调研的轨迹记录了回家、办公、购物和转换其他交通方式等不同的目标。这里仅展示

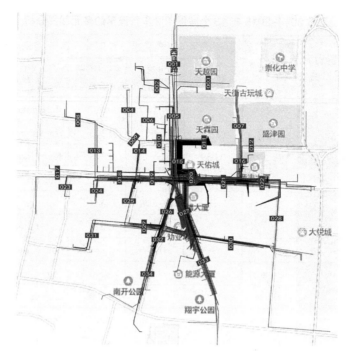

图 3-70　出站轨迹数据可视化及统计点设置

最常用的，不区分出行目的，对截面轨迹数量（等同于截面流量）进行的量化分析。

　　一般来说，出站轨迹的分布往往受两种空间规律影响，距离衰减与拓扑衰减规律。距离衰减规律反映的是各街道上的轨迹数量距离出站口越远轨迹数量越少的规律，其效果是人都懒得走远。拓扑衰减规律即步行者往往选取与目的地之间折转次数较少（或折转角度加总数量较少），其效果是拓扑深度较浅的主要道路上往往汇集更多的轨迹。当然，另一种原因是这些道路也往往有更多的活跃功能成为出行的目的地。

　　量化分析出站轨迹数据可采用与分析步行流量相似的方法多元回归方法，主要考虑以地铁站出口所在线段的距离衰减（Metric Step Depth）、角度衰减（Angular Step Depth）、各半径空间句法参数、活跃功能分布密度或建筑体量分布密度等自变量。本书展示了天津西南角站周边的数据分析，从分析结果可以看出（表 3-5），西南角出站轨迹的分布受空间句法参数、建筑体量分布密度以及地铁站的距离衰减参数的综合影响，但是需要说明的是，建筑分布密度呈负相关，与实际认知不符，故剔除。

　　最终此参数分析结果如表 3-6 所示，包含地铁站点距离衰减和空间句法 1500 米半径整合度两个有效的自变量，其中前者的标准系数绝对值高于后者，显示出地铁站点距离衰减权重更大。

　　【思考】个体吸引点的行为规律与城市整体结构的涌现

　　迄今为止对国内多个站点的出站轨迹分析均发现距离衰减变量的影响要强于

西南角站出站轨迹数据多元回归分析结果（一）　　　　表 3-5

模型汇总

模型	R	R 方	调整 R 方	标准估计的误差
1	.872[a]	.760	.739	.3249622

a. 预测变量：（常量），T1024 Total 建筑体积数据层 R600 metric，T1024 Integration R001500 metric，Metric Step Depth− 西南角路径跟踪 ^0.5。

Anova[a]

模型		平方和	df	均方	F	Sig.
1	回归	11.673	3	3.891	36.848	.000[b]
	残差	3.696	35	.106		
	总计	15.369	38			

a. 因变量：标准化路径跟踪。

b. 预测变量：（常量），T1024 Total 建筑体积数据层 R600 metric，T1024 Integration R001500 metric，Metric Step Depth− 西南角路径跟踪 ^0.5。

系数 [a]

模型	非标准化系数		标准系数	t	Sig.
	B	标准 误差	试用版		
1 （常量）	1.021	.587		1.738	.091
Metric Step Depth− 西南角路径跟踪 ^0.5	−.053	.009	−.593	−5.875	.000
T1024 Integration R001500 metric	.002	.001	.404	4.034	.000
T1024 Total 建筑体积数据层 R600 metric	−1.667E−007	.000	−.215	−2.545	.015

a. 因变量：标准化路径跟踪。

西南角站出站轨迹数据多元回归分析结果（二）　　　　表 3-6

模型汇总

模型	R	R 方	调整 R 方	标准估计的误差
1	.846[a]	.715	.699	.3488077

a. 预测变量：（常量），T1024 Integration R001500 metric，Metric Step Depth− 西南角路径跟踪 ^0.5。

Anova[a]

模型		平方和	df	均方	F	Sig.
1	回归	10.989	2	5.495	45.162	.000[b]
	残差	4.380	36	.122		
	总计	15.369	38			

a. 因变量：标准化路径跟踪。

b. 预测变量：（常量），T1024 Integration R001500 metric，Metric Step Depth− 西南角路径跟踪 ^0.5。

续表

系数 [a]

模型	非标准化系数		标准系数	t	Sig.
	B	标准 误差	试用版		
1 （常量）	.298	.552		.540	.592
Metric Step Depth- 西南角 路径跟踪 ^0.5	.050	.010	−.559	−5.206	.000
T1024 Integration R001500 metric	−.002	.001	.394	3.665	.001

a. 因变量：标准化路径跟踪。

角度衰减变量。然而，为什么在个体出行行为中处于优势的距离规律没有形成城市空间的结构，而处于弱势地位的拓扑规律会最终胜出？其根本原因在于城市是一个多吸引点构成的系统，而距离衰减规律会在多次叠加的过程中不断地削弱自己，就如同无数的波峰在总体上形成的仍是平静的湖面。拓扑规律则恰恰相反，每个吸引点的存在，无论它位于主要街道上或背街小巷中，均会给拓扑连接好的街道贡献一点微弱的优势，而这种优势随着吸引点的增加被不断放大。简言之，个体行为中主导的距离规律构成了一个自平衡的负反馈系统，而个体行为中占从属地位的拓扑规律构成了一个自强化的正反馈系统，最终使城市空间涌现出拓扑形态主导的结构秩序。

从下面的一个小实验可验证上述猜想（表 3-7）。首先，我们将各站轨迹分析结果中距离衰减与角度衰减的回归系数强行构成一个组合方程，其中距离衰减与角度衰减（Angular Step Depth）的比值约为 1 ∶ 3。放弃 1500 米半径整合度而选用角度衰减的原因是两者都反映了一定的拓扑规律。但 1500 米整合度可以反映本地空间形态的某种特征，而角度衰减则是一个几乎无视这个地区街道系统的连接，仅仅显示出站空间局部视角的变量，因此，选用这个变量具有一定的普适实验价值。这个由距离衰减和角度衰减组合而成的参数含义是模拟某个任意位置抽象吸引点周边的流量分布状态。而后，我们在地图上随机选取吸引点的位置，增加其数量并使之覆盖更大的范围。图 3-71 左图显示了放置一个吸引点后的效果，而随着吸引点数量增多，覆盖范围增大。图 3-71 右图显示了叠加了 40 个吸引点后这些吸引点周边流量分布状态的累加，这个结果看起来和空间句法整合度或选择度的计算结果非常接近了。

3.5.4 街道段商业数据处理与相关性分析

（1）街道段商业数据的均匀化处理

对商业数据的处理方式更为复杂，但也更加有用。如前所述，空间句法不是交

西南角站出站轨迹数据多元回归分析结果（三） 表3-7

模型汇总

模型	R	R 方	调整 R 方	标准估计的误差
1	.806[a]	.650	.630	.3867921

a. 预测变量：（常量），Angular Step Depth−西南角路径跟踪，Metric Step Depth−西南角路径跟踪 ^0.5。

Anova[a]

模型		平方和	df	均方	F	Sig.
1	回归	9.983	2	4.992	33.365	.000[b]
	残差	5.386	36	.150		
	总计	15.369	38			

a. 因变量：标准化路径跟踪。
b. 预测变量：（常量），Angular Step Depth−西南角路径跟踪，Metric Step Depth−西南角路径跟踪 ^0.5。

系数 [a]

模型		非标准化系数		标准系数	t	Sig.
		B	标准 误差	试用版		
1	（常量）	2.224	.191		11.646	.000
	Metric Step Depth−西南角路径跟踪 ^0.5	−.061	.010	−.679	−6.162	.000
	Angular Step Depth−西南角路径跟踪	−.199	.097	.226	−2.049	.048

a. 因变量：标准化路径跟踪。

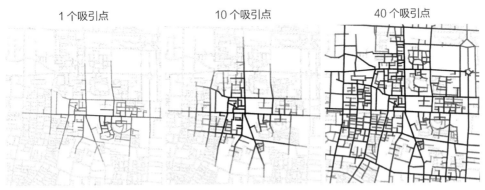

图3-71 叠加不同数量吸引点引发的流量的可视化图

通分析软件，分析交通的目的最终还是为了分析功能。此外，需要说明的是这个方法是均匀化"静态数据"的一个通用的方法。首先，我们需要解释下这个处理步骤为什么是必要的，明白它的原理。什么是静态数据？相对于各种交通流量数据，静态数据主要指空间位置相对固定的数据，常见且常用的如商铺数量、面积，面宽，乃至人群的社会聚集等。静态数据为什么要均匀化处理？空间句法计算的是各个空间单元的连接性，具体到线段分析来说，共线（在一条街上）且相邻的两个街道段往往计算数值是接近的。而对交通流量等动态数据来说，共线且相邻的两条街道上的流量数值也往往比较接近，这个现象甚至可以用来检测你们录入的流量是否有错误。然而，几乎所有的静态数据则有很大的偶然性。让我们设想一个场景（图 3-72），在一条繁华的商业街中段有 A、B、C 三条相邻的街道段，长度均为 20 米。其中 A、C 段皆开满了店铺，假设分别为 15 家和 13 家，而 B 段则被两家银行的总部面对面占据，仅在角落处有一个小商铺，所以 A、B、C 三段商铺数量依次是 15、1、13，采用面积或面宽仍可能是这个格局。

图 3-72　街景中某街道沿线各区段商铺数量分布示意图

在城市中类似的情况非常多，但需要指出的是，长度仅 20 米的断档往往不会对使用者的商业氛围体验有本质的影响，也不会反映到步行流量上，然而可以想象这个数据直接录入空间句法模型后分析的结果，回归的决定系数必然是非常低的。因此，我们需要的是在一定范围内"抹平"静态数据中这些偶然因素对分析造成的影响，这个抹平的过程就是我说的均匀化处理数据过程。

如何进行均匀化需要谨慎：首先，你不能均匀化得太狠。比如，在城市大区域尺度的低精度分析中，往往采用在一定范围内将数据加总的方式进行均匀化。应用空间句法 Depthmap 或 GIS 软件均可以进行类似的操作，比如计算每条街道段周边400 米可达范围内所有商铺数量的加总值赋予这个街道段。这样呈现出来的数据往往类似热力图，反映城市中比较繁华的区域，而抹平了这片区域中这条街道和那条街道之间在商铺数量上的差异。这种方法的好处是能够完全消除 POI 数据落位不准的问题。但其缺点也非常明确，即使在一个繁华的商圈中，各个街道之间的差异是非常巨大的。从王府井大街上折转两步的街道上可能几乎就没有任何商业了，而其空间距离可能不足 100 米。均匀化得太狠，在抹平数据之间差异的同时会丧失空间句法模型的精度优势。

其次，你也不能均匀化的太弱。间隔多远人仍能感受到这是一条街上连续的商业氛围而非不同的商圈？西四大街与西单大街实际上是一条街，但新街口、西四和西单在感受上俨然是不同的商圈。但在这三个商圈内部，也一定存在着各种间断点，均匀化弱了这些商圈就被分的过细了。比如王府井大街的南段步行街部分和北端非步行街部分，交通控制的转换其实不影响其连续的商业氛围。

最后，要注意"共线"的概念。街道微弱的折转（15°以内），人往往感受不到，因此这一切需要有个稳定有效的且标准化的处理方法。而这个方法的效果最好能够充分的考虑距离的衰减影响（两个距离过远的商圈即使在一条街道上也不会被归在一起）与街道角度折转的影响（两个距离很近的街道段如果折转角度较大也不会被归在一起）。

总之，商业功能等静态数据不均匀化处理肯定是不能直接进行回归分析的，且均匀化的方式一定不能是在一定范围内加总，只能是沿街均匀化这条思路才能兼顾分析精度与分析效果。本书介绍一简一繁两种方法。

（2）简单方法：按固定的沿线距离加总数据[18]

这种方法比较简单粗暴。首先类似截面流量调研，需要在研究区域内设置一定数量的"测点"。注意测点的设置同样要避开尽端路，并需要避免在商业过于集中的位置设置，这个原理就如同不宜在公共汽车站设置流量测点一样。

然后，可以设置一个沿街数据累加的范围，例如，这个测点前后沿线150米的商业数据（数量、面宽、面积）累加起来，作为这个测点的商业氛围度量。

如果考虑的稍多一点，可以想象街道上离测点近的商业对此处的商业氛围贡献强，而离得远则弱些。因此可以设置一个衰减的规则，例如设置ABC三个区间，分别对应沿街0~100米，100~200米，200~300米，A区商业数据（数量、面积、面宽）累加后乘以100%的系数录入，B区商业乘以25%的系数录入，C区商业乘以11%后录入，最后把这三个区的数据累加起来，作为该测点的商业氛围度量。

注意，由于上述方法是在地图上纯手动操作的，因此当涉及测点所在的街道是折线时则需要确定相应的规则。比如，折转在15°以内的角度视为直线，而大于15°的则视为断点不再延伸累加数据。

总体来说这种方法简单易行，效果也比较稳定，适合小范围的数据分析。

（3）复杂方法：使用数据均匀化的公式

前述简明方法的局限在于其对测点周边商业氛围的度量仅仅考虑了沿街一个方向的距离范围因素，没有考虑更细致的距离衰减规律和与该街道相交的商业数量。首先，从沿线衰减规律来看，在实证研究层面我们跟踪了大量北京和天津地铁出站的人流，从大量的轨迹数据来看，一条街上步行距离衰减的规律类似正弦曲线：距离测点较近时没有衰减，稍远时迅速衰减，再远又衰减的较慢了。第二，从与该测点街道相交的街道来看，由于走在该街道上有可能看到这些街道上的店招，因此对该测点的商业氛围也是有贡献的。考虑到上述两点的综合影响，我们构造了一个公式，用来控制距离与角度衰减的比例[19]。

具体来说，从特定位置 i 出发（以街道段 segment 中点位置为中心）周边任意街道段 j 按角度与距离复合衰减规律的商业数据（如数量、面积、面宽）的折减系数 K_{ij} 的计算公式为（ $0<K \leq 1$ ）：

$$K_{ij} = \frac{1}{(1+a \times MSD_{ij}^{b}) \times (1+ASD_{ij}^{c})}$$

其中 MSD_{ij} 为 Metric Step Depth，即 i、j 两点之间的真实距离，ASD_{ij} 为 Angular Step Depth，即 i、j 两点之间的角度距离（使用 Depthmap 的角度距离设定，即 90° 折转角 =1，其他角度数值为与 90° 角的比值）。a 为控制总体衰减范围作用距离的参数，b 为控制距离衰减幅度的参数，c 为控制距离衰减幅度的参数。在近期的一些研究中，该公式的取值如下：

2000/（（2000+0.05*value（"Metric Step Depth"）^2）*（value（"Angular Step Depth"）+1）^2））

图 3-73 是这个公式在上述取值状态下的工作效果的示意图。左侧为 Depthmap 中 10 米 ×10 米的标准方格网，点选图中某个计算位置的线段后（图中标注 Position 处），分别计算 Angular Step Depth（快捷键 Ctrl+D）和 Metric Step Depth（下拉菜单 "Tools" → "Segment" → "Step depth" → "Metric"），新建一个图层，更新该图层，粘贴该公式后得出图中的计算结果。该计算结果为 0~1 之间（0~100%），沿着初始位置线段方向逐渐变小，而每次折转（90°，Angular Step Depth=1）后迅速折减为 25%。从左下图中沿线折减的曲线来看，其效果在 0~50 米之内大部分在 90% 以上，在 200 米的位置上约为 50%。这个公式的实际意义类似一个折减系数图层，右图显示的是它作用于滨江道的示意图。直接位于这个街道段上的商业数量没有被折减，而离开这个位置越远的街道段上的商铺数量被折减的越厉害，在与之相交的街道段上则按角度衰减规律被迅速折减。这个折减图层乘以周边所有线段上 POI 数据层后，将其结果累加起来的实际含义就是被均匀化后的商铺数量。右图下的简表展示了这种均匀化方法与其他方法的对比：POI on Segmeat，即这条线段上的商铺数量为 5 家，而 POI within 100 米，即这条线段周边 100 米可达范围内的商铺总数为 20 家，POI within 500 米为 267 家。最后，POI#200，即经刚才介绍的公式计算折减后为 56.35 家。这个意思是，当你站在滨江道上图中所示的位置时，沿道路前后一段范围和侧向街道一定范围内的线段总数折合 56.45 家，即你能够感受到这个强度的商业氛围，当你移动到其他的位置时，其商业氛围相应变化，计算方式需重复上述步骤。

从实际分析的效果来看，使用上述方法的优越性是非常明显的。我们可以用实测步行流量与不同方式均匀化处理的商业数据之间的相关性来检验这些处理方式的效果。图 3-74 显示了对天津 13 个案例街区 700 多个测点实测步行流量与五种处理商铺数量数据的决定系数。这五种数据均匀化的方式包括：我们推荐的标

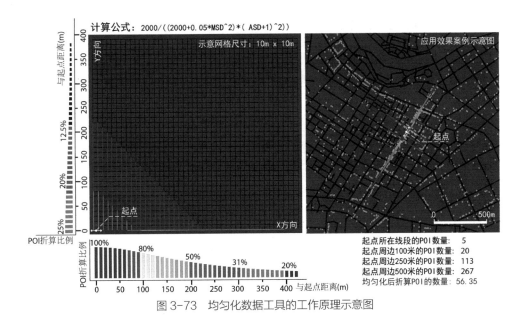

图 3-73　均匀化数据工具的工作原理示意图

尺均匀化（POI#200）；不做任何均匀化处理，直接使用各线段上的商铺数量；分别按 100、250、500 米半径范围加总商铺数量三类。可以发现 13 个案例分别分析时，其中七个（鞍山道、滨江道、海光寺、南楼、西南角、营口道、吴家窑）用推荐方法均匀化处理数据 R^2 值最高，而在剩下的六个案例中（红旗南路、华苑、津湾、南京路、小白楼、中山路），500 米可达范围内商业数量加总数据与实测步行流量数据相关更高。其中华苑的分析效果比较接近，500 米可达范围的数量加总仅有微弱优势。这六个案例的特点是商业较少且较集中，因此作为吸引点对步行流量分布表现出较强的影响，这与此前对步行流量分析部分提到步行者往往在吸引点附近切换交通方式是一个道理。而对于商业分布较密集或且分布均匀的地区，综合考虑角度衰减与距离衰减（或仅考虑沿线距离衰减）的数据均匀化方法则由于符合空间认知和步行行为规律，体现出明显的优势。当将所有各个案例汇总在一个大模型时，我们推荐的数据均匀化方法与步行流量的关联明显高于其他方法，体现出更好的稳定性。

需要特别说明，这个基于大量实测数据的案例对分析商业分布和步行流量的价值是不同的。综合角度与距离衰减的数据均匀化方式与仅考虑一定距离可达范围内的数据均匀化方式各有千秋。当分析的目标是商业分布时，综合角度与距离衰减的数据均匀化方法由于符合了个体的空间认知与行为特征，可以更好地分析商业氛围（这种氛围可体现为测点周边的商业数量、面宽或面积加总）与空间句法参数之间的量化关系。而当分析的目标是步行流量分布时，尽管采用综合角度与距离衰减的数据均匀化方式效果更好，但它数据处理的方式自身就夹带了空间拓扑结构的特征，

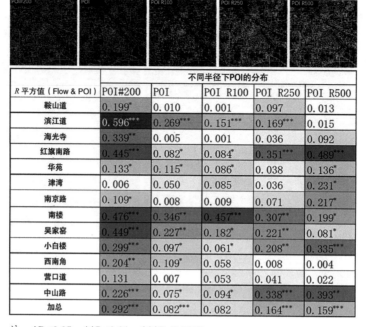

R 平方值（Flow & POI）	不同半径下POI的分布				
	POI#200	POI	POI R100	POI R250	POI R500
鞍山道	0.199*	0.010	0.001	0.097	0.013
滨江道	0.596***	0.269***	0.151***	0.169***	0.015
海光寺	0.339**	0.005	0.001	0.036	0.092
红旗南路	0.445***	0.082*	0.084*	0.351***	0.489***
华苑	0.133*	0.115*	0.086*	0.038	0.136*
津湾	0.006	0.050	0.085	0.036	0.231*
南京路	0.109*	0.008	0.009	0.071	0.217*
南楼	0.476***	0.346**	0.457**	0.307**	0.199*
吴家窑	0.449***	0.227**	0.182*	0.221*	0.081*
小白楼	0.299***	0.097*	0.061*	0.208*	0.335***
西南角	0.204**	0.109*	0.058	0.008	0.004
营口道	0.131	0.007	0.053	0.041	0.022
中山路	0.226***	0.075*	0.094*	0.338***	0.393**
加总	0.292***	0.082***	0.082	0.164***	0.159***

注：*P<0.05，**P<0.01，***P<0.0001。

图 3-74　综合距离衰减与角度衰减的数据均匀化方法优越性

因此，当采用该数据作为一个自变量与其他自变量（如各空间句法参数）用多元回归分析时，效果提升有限且难以通过显著性检验。这种数据均匀化的方式本身"透支"了空间句法参数的优势。反之，此时貌似简单粗暴的可达范围加总处理商业数量的方法作为一个自变量更加有效，本例 13 个区域构成的大模型中，250 米半径商业数量加总的效果甚至强于 500 米半径。现有的很多案例表明，250~500 米间商业数据加总往往可以作为一个有效的自变量分析步行流量，它与空间句法参数构成的自变量彼此自相关性较低，配合更加有效。

总之，请注意在实证研究中往往不存在所谓最好的方法，仅存在针对特定分析问题适用且稳定的方法。找到这些方法，用于支持城市设计，建筑设计中的空间形态选择，就是空间句法研究的核心价值。

对商业数据均匀化处理的核心价值便是：像分析截面流量数据一样分析功能。因此，在采用上述两种方法之一处理后的数据，便可以与各个半径的空间句法参数进行回归分析了。当然，如果你的测点设置是合理的，这组反映商业氛围的数据应该类似于交通截面流量的原始数据，不符合正态分布的要求，因此仍然需要把该数据取对数做正态化处理。此后的分析方法与步行流量分析非常类似。

以北京前门、东四和西四三个街区为例，在对各街道段的商铺数量进行均匀化处理后，采用不同半径的四类空间句法参数分析 2005 年和 2015 年的数据（图 3-75）[20]。从分析结果来看，整合度系的参数决定系数普遍较高。除东四外，峰值半径出现在 1~3 千米之间。当仅采用一个空间句法参数时（如 NAIN），除 2015 年的前门之外各中心的决定系数可达 0.6~0.8。2015 年图的背景显示出商业分布与两类实测交通流量之间的决定系数，从中不难看出采用空间句法参数的分析商业分布的效果达到甚至超过了对实测流量数据的分析效果。2015 年前门分析效果不好的原因主要由于近年来该区域的更新拆改项目，使得前门大街东的鲜鱼口地区流量明显下降。简言之，2005 年的前门商业分布更接近自组织状态，而 2015 年则明显体现出外部力量介入的影响。此外，从与实测流量数据的相关分析来看前门的商业分布与步行流量紧密相关，与机动车流量则相关性很低。东四和西四商业分布与步行车行流量相关程度接近。

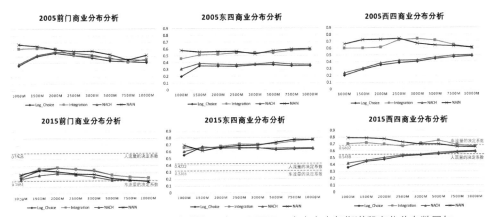

图 3-75　2005 年和 2015 年前门、东四和西四三个中心内各街道段商业分布数量与各空间参数的回归分析

由于对上述地区实测交通流量的分析结果显示 2 千米半径和 10 千米半径对步行和机动车流量分析的效果较好，我们可优先选取这些具有实证含义的计算半径。同时，考虑到四类空间句法参数之间的相关性较高，选取相对独立的 2 千米选择度对数与 10 千米标准化整合度参数建立多元回归模型（图 3-76）。

图 3-77 展示了 2005 年和 2015 年各案例汇总及对三个中心分别进行多元回归分析的结果。首先，从分析效果来看，各案例汇总后尽管 R^2 值有所下降，但仍能达到 0.55~0.58。而各个中心分别分析效果除 2015 年的前门之外 R^2 值在 0.61~0.78 之间。需要特别说明的是，尽管这个结果并不比一元回归分析中采用最优的空间句法参数更好，但由于本研究的目的是从行为角度解释影响商铺分布的机制，该模型可以分别分析各案例中城市级别的运动（机动车）与局域范围的运动（步行）对商业分布的贡献。

其次，图 3-78 显示了两个层级空间句法参数的影响权重大小。在各案例汇总的分析中，2005 年和 2015 年城市层级空间参数的影响相对于局域层级参数减弱。在

图 3-76　前门、东四和西四的局域和城市层级网络的空间句法参数

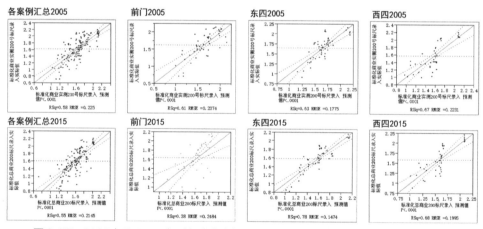

图 3-77　2005 年和 2015 年对各中心案例汇总和各案例分开进行的参数多元回归分析

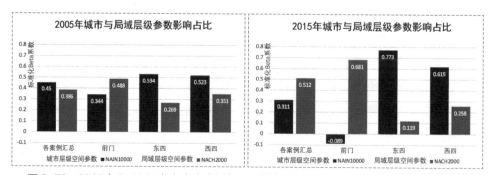

图 3-78　2005 年和 2015 年各中心案例多元回归模型中城市与局域层级空间参数影响占比

模型中逐个分析各个案例，前门受局域层级空间参数影响更大。东四和西四则相反，显示出城市层级空间联系影响更加强化的趋势。

需要特别说明的是，东四、西四案例城市层级空间参数影响提升与此前研究发现大部分新增商铺大都出现在胡同中并不矛盾。城市层级的空间参数（10千米标准化角度整合度）并不简单等同于机动车可达性，它捕捉的是一种大尺度运动向街区内部渗透的潜力。对比此前图中各案例商业分布与实测流量的关系，不难发现东四和西四的城市尺度（大半径）空间参数与步行流量也有很高的相关。西四和东四具有北京胡同典型的街道肌理，胡同多直接与主要道路相交。这种空间结构具有较强的对外渗透性，也造成了其局域空间参数与城市空间参数本身相关性较高的现象。相反，前门的街道肌理复杂，对外可渗透性低，步行者主导的空间与机动车占主导的空间分离。从这个角度来讲，在街道这个微观尺度上影响商业分布的并非具体的交通方式，而是城市空间形态中的层级结构关系：大尺度范围运动可达可渗透的空间易于带来城市级别的沉积物，而小尺度范围运动聚集的街道易于带来社区级别的沉积物，这两种空间机制的叠加影响了商业在局部范围的分布。与各类交通实测流量的交叉对比研究则说明步行流量与商业分布的强相关，10年来的变化对比则进一步说明了这种空间形态导致的步行流量分布差异被进一步强化。在这个过程中，影响步行行为分布的因素不局限于小尺度半径的空间联系，也包括大尺度半径的参数。局部地区有多少步行量，也取决于这个地区在城市整体中连接的多好。

3.6 各类数据的研究与设计应用实例

3.6.1 截面流量分析及其设计应用

找到了特定空间句法计算的空间连通性参数与某种交通流量之间的最佳关联对城市设计的价值在于对交通流量有一个初步的判断。一般来说，两组数据之间 R^2 值高于 0.5 被认为两者有较强的相关，当它们在逻辑上具备因果关系时可以认为一组数据能够解释并预测另一组数据。以之前的例子（图 3-56，前门地区的周末步行量）来说，5 千米半径的穿行度可以解释该地区的步行流量分布，也可以在设计中对道路系统改造后的方案进行空间计算，用该方案的 5 千米半径穿行度预测新的步行流量分布。设计者仅需要在分析流量使用的 graph 文件中回到 Axial Map 层，在 Axial Map 下拉菜单中调成可编辑模式，然后在地图上手动绘制新设计的道路网络方案，并删除不需要的道路。而后，需要重新将该 Axial Map 转换成 Segment Map，在新的 Segment Map 中之前所有的数据和计算好的空间参数都将消失，需要重新计算各个尺度半径的整合度和穿行度。

对于新方案的流量预测方法可按需要分为两类：首先，当我们只需要进行方案比较而不需要进行预测时，可以仅比较不同方案间 Nach5000 的数值（仅对于图 3-55 所示前门的案例，对设计区域需要根据研究结果确定最适当的参数）。其次，当我们需要估算某条新道路的开通会带来多少穿行的人或车流量时，需要利用到之前研究中的回归方程进行计算。如图 3-49 中 R^2 值下面的公式为：$Y=6.00216X-2.4108$，这个含义就是，每条街道上通过的人流量四次方根 $=6.00216 \times 5$ 千米半径穿行度 -2.4108。换句话说，我们可以简单地将这个一元一次方程带入到新的 Segment Map 中，具体做法如下：

（1）新建一个图层，命名为"人流量预测"。

（2）更新这个图层，录入公式（6.00216*value "Nach5000" –2.4108）^4，注意不要忘了四次方括号内的结果，即添加上"^4"。如果你的流量数据是取 log 处理的，则公式为 10^（6.00216*value "Nach5000" –2.4108）。

经过这两个简单的步骤，我们可以快捷地预测新设计方案对应的流量了。当然，需要明确的是这个方程仅适用于分析研究的范围，不宜当作通用的方程用于其他城市或同城的其他地区。基于这种预测，可以大致估算出新开设的路可以达到每小时 ×××× 辆车的车流量或人流量，提升整个片区的可达性达百分之多少，或者帮助分流降低这个地区的拥堵，同时为其他的区域带来的发展的机会等。

严格来说，空间句法"预测"的是一种流量的"分布"而非其绝对值。而从近年来的实证研究效果来看，对车流量分析的效果会优于自行车流量，更优于步行流量。步行流量受道路网络形态自身，及用地功能类型和密度与轨交站临近性的综合影响。即便对分析效果最稳定的机动车流量来说，明年某条街上有多少车或受到机动车总保有量增减，测量时是否节假日等因素影响更大。但是，在一个片区内多条街道上机动车分布数量的多少比例则是相对稳定的。换句话说，你很难用空间句法说明可以预测明年街上的具体车流量，但可以预测的是这条街相比于其他街道的分布关系，特别是当周围的街道连接有变化时。而所谓对绝对的量的预测，可以被理解为这种分布状态乘以某个系数。事实上，这种对分布状况的预测能力对具体的设计方案更加有价值，而对绝对值（或者说那个系数）的预测则对宏观决策有帮助。当然，一般来说，考虑到机动车流量分布规律的稳定性，为了表述简单便于交流，特别提出是便于比较不同的设计方案，我们也往往直接用这个预测值来表述某方案在某条街上比其他方案能疏解或聚集多少机动车、非机动车等。

在城市设计的路网方案设计中，这个技术的价值是非常直接的。图 3-79 给出了一个道路方案选择的实例：这个城市南北向交通压力较大，因此考虑增加一条道路。增加的方式可以利用现有废弃的轨道交通线路（保守方案），对现有建筑的拆迁量最小。而另一种方案则可以结合周边工业用地拆迁与住宅开发切分现有地块建设新路（激进方案）。如何对比这两个方案的效果？基于对现状流量数据分析发现的回

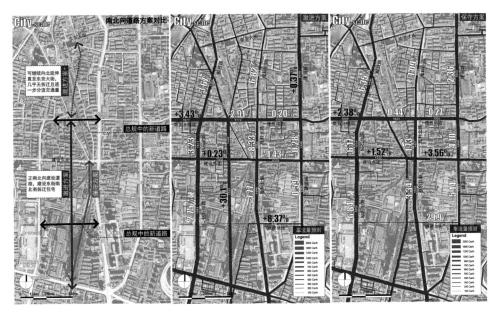

图 3-79　基于流量预测评价各路网方案的差异

归方程，可以在量化预测的基础上对比两个设计方案的效果。保守方案能减少东侧胜利北路的机动车交通穿过性需求 3.34%，减少西侧钻石中路的需求 6.84%。而激进方案与保守方案相比，则可以进一步减少胜利北路需求 7.77%，钻石中路需求减少 2.75%，这条新路自身的使用需求也比保守方案增加了 30.1%。

当然，激进方案的道路位置在两条南北干线更中间位置，效果好也是符合常识的。但如果设计不仅涉及这一条道路的变化呢？此外，即便是对这个案例来说，可以凭经验预测到这些方案对东西向交通的影响吗？比如激进方案对商务北横街的交通需求增加的效应要比保守方案更高……城市中的交通是一个彼此关联的系统，牵一发而动全身，没有模型支持的设计决策容易犯下顾此失彼的错误。

此外，数据化的空间句法模型不仅仅能够支持道路走向的方案选择，同时能够为预判街道空间合理的形态提供支撑，只不过要完成这个工作最好有一些数据的积累。比如，过去四年我们在天津 700 多个道路截面均有实测流量数据，结合街景地图我们就能够迅速看出 1500~2500 车每小时的街道大致是什么状况。

图 3-80 分别列出了 100~200 车 / 小时、500~700 车 / 小时和 1500~2500 车 / 小时的几个典型的案例路段。从中大致可以总结出下面的规律。

1500~2500 车 / 小时：从道理断面设计上该级别的道路往往采用隔离带，至少为 6 车道。步行者与机动车很难共享道路。当这类街道在中心区时，能够支持较大规模地商业，但当其在郊区时，更多地作为纯穿过性交通使用。

500~700 车 / 小时：这个级别的街道通常有两个车道。步行者可以在不需要人行横道的情况下横穿道路。当土地使用性质容许时，这类街道可以支持大量城市和

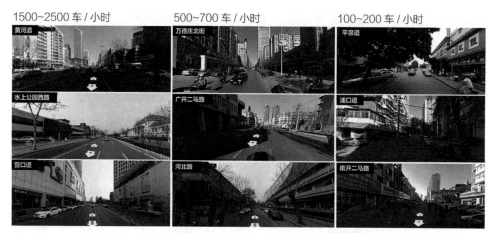

图 3-80　基于天津现有流量数据积累的街景地图案例收集与观察

社区级小商业的聚集。

100~200 车 / 小时：这个级别的街道往往不划分车道。步行者在该类街道中不受限制。如果该类街道没有限制政策且步行流量较高，则足以支持社区级的商铺聚集。

街道的拓扑网络形态在很大程度上决定了各类流量的等级，而街道宽度，乃至沿街能够支撑什么商铺是由流量等级决定的，这个是空间句法以流量为中心分析城市交通与功能关系的核心。类似上述统计工作简单易行，却可以让城市设计工作者直观地了解综合交通对城市尺度的需求及其对功能的影响。

空间句法对各类交通流量的分析在城市设计领域主要应用于慢行系统规划及与之相匹配的用地规划。需要明确的是该模型与交通模型的差异：首先，在工作目标上，交通模型对流量的预测往往仅用于解决交通问题，路网形态、城市功能等对交通模型而言往往不是可变的，而是模拟必要的前设条件。空间句法模型分析流量的目的则恰恰是为了修改优化道路网络和城市功能，因此作为交通流吸引点的功能自身往往不能作为有效的输入条件。比较两者对流量分析的效果也没有意义。其次，在工作流程上，交通模型往往需要在规划方案接近完成，路网结构、用地性质及开发量明确后方能进行模拟，而空间句法则可应用于初期的概念设计阶段，互动地配合设计流程的推进。其核心工作内容为调整优化路网空间结构与功能的匹配关系。

近年来随着我国城市发展进入品质提升阶段，人本街道的理念日益被政府和规划部门重视，空间句法对打造以人为本的城市慢行系统有广阔的实际应用价值。下面将结合案例说明该方向的应用。

图 3-81 是对某城市一工业遗产更新设计方案道路网络初步方案的分析。首先，基于对该设计基地周边的现状流量数据分析我们可以得出各类交通的预测流量。如

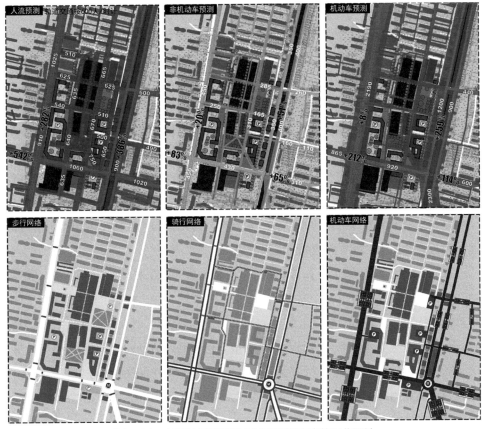

图3-81　基于流量预测进行城市更新方案的深化设计

前所述，在这三类流量中，机动车的流量相对比较稳定可靠，而人流量实际体现的是为了流量分布情况而非其绝对值。因此我们可以先从对机动车的分析预测来初步判定道路断面的形式，当然，这个步骤仅限于当基地周边道路在城市总体规划条件下会出现明显变化时方有进行预测分析的必要。接下来，在处理步行和自行车网络时，不难发现这个街区中步行流量与自行车流量预测值最高的都是同一条街道。此时如果设计师按以人为优先的原则，可以将该街道明确定为步行街并确定主要的广场和景观结构，而让自行车改用其他街道绕行。当然，更专业的做法应该再打断该街道进行一轮自行车的流量分析，而该结果可以用于布置自行车停车空间等配属场地设施（共享单车停放点）。

3.6.2　轨交网络分析及其设计运用

出站轨迹分析反映了城市中某个轨道交通站点对周边街道的影响，而公交网络整体（包括地铁、轻轨、公共汽车）中的客流如何分布对选线和站点的合理落位均有指导意义。对于乘坐公共交通的乘客来说，各站点间的真实路径往往不重要，而乘坐站数、是否需要换乘等因素成为主要的影响因素。从具体的研究分析内容来看，对公交网络的分析往往涉及两部分：各站乘降量预测和站间截面流量预测。本小节将分别介绍对上述两类问题的分析。

（1）各站乘降量分析

由于进出站客流是出行目的的体现，因此对其起决定作用的应该主要是分布于站点周边一定半径内的城市功能。而从空间句法的理论来说，站点周边的功能分布也是由这些街道在城市整体空间中连接参数影响的：空间连接好的街区往往更有活力，有更多的商业分布成为出行的目的地。也就是说，分析进出站客流量主要应分析地面街区的空间吸引力，而非地铁站点拓扑结构的吸引力。因此，与直接采用真实的站点周边 POI 数据分析进出站客流量相比，使用空间句法模型则往往用于城市新区的规划设计，或既有区域的大面积改造。

以重庆为例（图 3–82），作者曾统计重庆各个站点 500 米半径内的平均整合度参数。位于线路尽端部分的几个站点（五里店、大学城、江北机场）往往有更大的辐射范围（特别是在远郊区），因此真实流量远高于预测流量。剔除这 3 个点后，1 千米、1.5 千米、2 千米和 5 千米半径整合度平均值与进出站客流量的 R^2 值分别为 0.5478、0.5466、0.4924 和 0.2789。这个结果印证了局域空间吸引力对地铁进出站客流量的预测力：站点周边 500 米内街道密集且接近网格、彼此通达性好的空间肌理有更大的几率成为地铁出行的目的地。

类似的，在"一体化"模型里对比了重庆各站点周边 500 米可达范围内计算半径在 1 千米、1.5 千米、2 千米和 5 千米整合度的平均值。其结果证明 1 千米半径整合度与进出站客流量最为相关，R^2 值可达 0.5841。因此，在分析进出站乘降量时，分离式模型与一体化模型的作用接近，一体化模型并未呈现出明显的优势。

然而，除重庆之外，在对其他城市的各站乘降量数据分析中，其方法稳健性尚有一定疑问（图 3–82）。500 米范围内小半径整合度均值对各站乘降量的预测力重庆最高而北京和天津均不高。作者认为，空间句法模型是否能够有效用于分析预测乘降量的核心在于其是否能够用于分析功能聚集的分布，而影响这个效果的核心机制在于城市的形态自身。对网格形态而非自发形成有机形态的城市来说，其可预测性会迅速降低。因此本部分工作内容应在进行城市活跃功能数量（POI）分析的前提下进行。

（2）站间截面流量分析

乘坐公交系统出行往往忽略具体的方向和距离，而考虑的更多的是经停站和换乘次数，因此公交网络本身的空间特征更接近纯拓扑网络，近期的实证研究表明空间句法模型在分析站间截面流量分布时的表现比较稳定，这里重点介绍下相关的分析方法。

作者推荐的分析方式以分离式模型为基础，建议将地铁（或公交）网络建立为纯拓扑的轴线模型（图 3–34），各站点已短线表示用于录入表征各站周边空间的数

分析乘降量的指标	北京	天津	重庆
标准化餐馆数	0.266019	0.182	0.433089
500米内街道总长度	0.199918	0.079335	0.409819
1000米内街道总长度	0.239097	0.142778	0.454979
500米内INT1000均值	0.242874	0.147666	0.262476
500米内INT1500均值	0.229975	0.162062	
500米内INT2000均值	0.230344	0.174604	0.186904
250米内INT10km高值	0.216348	0.168287	0.231793
250米内INT20km高值	0.238295	0.154002	0.171012
250米内INT30km高值	0.2487	0.145677	0.158469
250米内INT50km高值	0.198669	0.152692	0.081006
250米内Nach10km高值	0.163112	0.135921	0.065765
250米内Nach20km高值	0.185032	0.161641	0.062873
250米内Nach30km高值	0.194707	0.201927	0.052664
250米内Nach50km高值	0.199609	0.193731	0.059954

图 3-82 功能—空间形态指标与三个城市地铁各站乘降量的决定系数

据（实际功能、居民密度数据或空间句法小半径平均整合度数据）。

图 3-83 展示了重庆、北京、天津三个城市地铁站间截面流量数据在不同参数作为权重计算其不同半径拓扑选择度的方法下的效果。在 Depthmap 中具体的操作方式分两步：①在地面道路的线段模型中以 Segment Length 为权重计算所有线 1 千米半径的角度分析（不需要勾选选择度），选择"Total Segment Length R1000 metric"图层，点选各地铁站点位置读取该点周边 1 千米内总线段长度信息，并在分离的线路网络轴线模型中建立"站点周边 1 千米范围街道长度"图层，并将数据录入代表站点的小线段中。②在轴线模型中计算选择度，勾选"站点周边 1 千米范围街道长度"图层，半径可不设置或设为 30，计算结果的选择度值则反映各站间截面流量的等级差异。注意：与道路截面流量预测类似，如无真实的数据该计算结果仅可表现各站间路段的流量差异等级，而非实际的流量。

从本案例中能够对规划设计应用有直接支持的稳定性结论可以表述为：作为权重的数据表现最好的为 1 千米半径内的街道总长度，这个数据也最容易获得。而表现最稳定的计算半径是 30 步。事实上，随着地铁系统的发展完善（表现为站数增多和线路数增多，造成使用地铁出行越来越趋向中短途为主），这个步数可能会进一步下降。总之，在缺乏数据和基础研究支持的情况下，即便是简单粗暴地选择全局选择度对数预测地铁线路的站间截面流量问题也不大。

分析地铁的站间截面流量对轨道交通线路初期的线网走向规划有一定意义，而另外一个可能的应用是作为 TOD 开发的支持技术，评判地铁线路穿过性流量对该地成为副中心的支持作用。

3.6.3 商业数据的研究及设计应用 1：对街道段承载商业数量的评测

与对截面流量分析结果的设计应用类似，对各街道段上商业数据分析的目的是评测设计方案影响下未来在本地区的商业数量、面积、面宽等分布情况，以此为基

空间句法教程

北京-权重选择度分析	R10	R15	R20	R25	R30	Rn	达到极限效果百分比	提升百分比
标准化餐馆数	0.599513	0.622441	0.647723	0.661059	0.641139	0.541047	84.27%	9.76%
500m内街道总长度	0.619078	0.632864	0.636543	0.630168	0.605665	0.534874	80.33%	4.63%
1000m内街道总长度	0.66405	0.658365	0.659642	0.660853	0.65274	0.619714	84.24%	9.73%
500m内INT1000均值	0.662301	0.661474	0.662713	0.659735	0.65037	0.631108	84.10%	9.54%
500m内INT1500均值	0.645854	0.647639	0.65034	0.648187	0.642109	0.635797	82.63%	7.62%
500m内INT2000均值	0.645702	0.647353	0.64722	0.643854	0.637752	0.63212	82.08%	6.90%
250m内INT10km高值	0.613374	0.611514	0.608983	0.60676	0.59709	0.583598	77.35%	0.75%
250m内INT20km高值	0.627426	0.618089	0.611744	0.610977	0.604765	0.60247	77.89%	1.45%
250m内INT30km高值	0.645443	0.632905	0.623875	0.621341	0.610006	0.594506	79.21%	3.17%
250m内INT50km高值	0.681348	0.666702	0.65601	0.651332	0.61904	0.493896	83.03%	8.15%
250m内Nach10km高值	0.55578	0.592019	0.582247	0.56082	0.500005	0.325109	71.49%	-6.88%
250m内Nach20km高值	0.563595	0.592583	0.580043	0.558383	0.500062	0.331951	71.18%	-7.29%
250m内Nach30km高值	0.577617	0.598929	0.585109	0.566596	0.510324	0.348242	72.23%	-5.92%
250m内Nach50km高值	0.595004	0.607803	0.59154	0.574104	0.518648	0.356198	73.19%	-4.68%

天津-权重选择度分析	R10	R15	R20	R25	R30	Rn	达到极限效果百分比	提升百分比
标准化餐馆数	0.797254	0.792305	0.805208	0.814956	0.81573	0.816234	84.03%	15.59%
500m内街道总长度	0.750656	0.729846	0.747358	0.759058	0.756119	0.756374	77.89%	7.14%
1000m内街道总长度	0.794478	0.781514	0.807845	0.822376	0.823051	0.82282	84.78%	16.62%
500m内INT1000均值	0.742835	0.739044	0.759525	0.770829	0.772134	0.77198	79.53%	9.41%
500m内INT1500均值	0.7484	0.745468	0.763141	0.773725	0.774107	0.773395	79.74%	9.69%
500m内INT2000均值	0.767664	0.761759	0.778637	0.787596	0.787934	0.787005	81.16%	11.65%
250m内INT10km高值	0.782119	0.775782	0.801762	0.817575	0.819034	0.819163	84.37%	16.06%
250m内INT20km高值	0.755459	0.74374	0.764387	0.788624	0.792869	0.793351	81.67%	12.35%
250m内INT30km高值	0.744768	0.728684	0.747511	0.773579	0.779774	0.78087	80.32%	10.49%
250m内INT50km高值	0.735293	0.722768	0.735611	0.750587	0.754624	0.76083	77.73%	6.93%
250m内Nach10km高值	0.754619	0.748643	0.764007	0.768288	0.766574	0.774507	78.96%	8.62%
250m内Nach20km高值	0.756736	0.748033	0.766575	0.768504	0.766292	0.773465	78.93%	8.58%
250m内Nach30km高值	0.75749	0.750763	0.768248	0.780218	0.788958	0.790141	81.27%	11.79%
250m内Nach50km高值	0.753271	0.748034	0.768402	0.782988	0.791821	0.792958	81.56%	12.20%

重庆-权重选择度分析	R10	R15	R20	R25	R30	Rn	达到极限效果百分比	提升百分比
标准化餐馆数	0.568262	0.604851	0.613436	0.630094	0.608726	0.608867	63.36%	-4.13%
500m内街道总长度	0.661417	0.711345	0.729643	0.766478	0.758869	0.765185	78.98%	19.51%
1000m内街道总长度	0.665689	0.711533	0.728803	0.773137	0.771692	0.780662	80.32%	21.53%
500m内INT1000均值	0.638341	0.672221	0.682337	0.769383	0.75985	0.737927	79.08%	19.67%
500m内INT1500均值	0.638863	0.673033	0.682218	0.730669	0.727083	0.738071	75.67%	14.51%
500m内INT2000均值	0.661954	0.697407	0.704443	0.748678	0.745083	0.755072	77.55%	17.34%
250m内INT10km高值	0.600542	0.644896	0.664514	0.700762	0.714028	0.731083	74.31%	12.45%
250m内INT20km高值	0.490114	0.541882	0.557112	0.570655	0.567988	0.579917	59.12%	-10.55%
250m内INT30km高值	0.56129	0.617756	0.628155	0.631236	0.617116	0.620337	64.23%	-2.81%
250m内INT50km高值	0.573114	0.639253	0.648998	0.6418	0.617598	0.606462	64.28%	-2.74%
250m内Nach10km高值	0.553221	0.642539	0.65516	0.646733	0.614941	0.597783	64.00%	-3.15%
250m内Nach20km高值	0.568502	0.654385	0.664967	0.655567	0.622518	0.604464	64.79%	-1.96%
250m内Nach30km高值	0.554517	0.644821	0.658633	0.650674	0.618903	0.601891	64.41%	-2.53%
250m内Nach50km高值	0.553221	0.642539	0.65516	0.646733	0.614941	0.597783	64.00%	-3.15%

图 3-83 三案例效果对比：以不同参数为权重计算的选择度与截面流量的决定系数

础来评价各设计方案的效果。但是，与交通截面流量分析不同的是，截面流量的预测数值是简单明确且容易理解的。而采用前述方法对商业数据的预测数值则由于"均匀化"这个过程，变得较难解释和应用，对此我们将结合实例说明。

图 3-84 展示了北京某街区的商业功能数量分析。商业数量在这个地区比较有代表性是因为胡同区的商业主要由面积相近的小商铺构成，没有大型多层的商业建

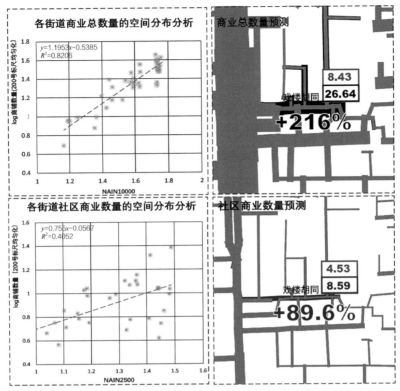

图 3-84　戏楼胡同与大路联通前后的商铺总数与社区级商铺数量承载力变化预测

筑。因此对面积和面宽的分析与数量是高度接近的。这个案例中基于各商铺的业态类型将其划分为城市和社区服务商业两个层级，并分别对两类商铺在各街道段上的数量进行了均匀化后的回归分析。整个过程与对步行截面流量分析的过程类似，测试了 10 个半径四类空间句法参数的决定系数，最终选择 10 千米半径标准化角度整合度 NAIN 用于预测城市级商业数量分布，2.5 千米半径标准化角度整合度 NAIN 用于预测社区级商业数量分布。

需要特别说明的是，无论采用哪种方式进行均匀化数据（仅指综合距离衰减和角度衰减，或简单沿街按距离范围加总处理），小半径的空间句法分析参数都可能因这种数据均匀化的方式本身被"人为"提升，因此，1 千米半径以下的参数即便决定系数很高也不宜采用。具体来说，仅沿线加总数据，或沿线按距离衰减方式加总数据的处理方式提升的往往是小半径选择度系参数的分析效果。综合考虑与测点所在街道相交街道角度与距离衰减的方法（指采用公式的方法）提升的是小半径整合度系参数的分析效果。

对比戏楼胡同裁弯取直前后的商业承载力差异：连通前可承载 8.43 家各类商铺，之后为 26.64 家，因此连通之后的商业价值提升幅度为 216%。而具体到社区服务类的商铺，原可承载数量为 4.53 家，改后为 8.59 家，增幅 89.6%。这话听着还是绕，给甲方或老师汇报时可解释为：打通戏楼胡同之后，这条胡同可以多开 18 家店，其中有 4 家是服务于社区的。简单明了！

当然，详细的解释肯定不那么简单。与对交通截面流量预测值的解读类似，上述结论是建立在对比该街道连通前后"预测值"的基础上的，而不能用连通后的预测值对比之前的现状实测值。此外还需要说明的是，本结论是取这条胡同的中段作为测点进行的预测，这是整个分析片区设置的 30 个测点当中的一个。而这个预测的含义如何解释则与均匀化的方式相关：如采用的是简明方法，150 米内街道数量的加总，则该预测值指的就是测点前后 150 米内的商铺总数；而如采用的是公式法，就不是一两句话能解释得清楚了。其实，对比简明方法，仅考虑沿线距离衰减的方法（可以在公式中增加 Angular Step Depth 的指数来削弱其影响）和综合考虑距离与角度衰减的方法分析商业数据的差距并不大。后者虽然效果好些，但其对结论的解释不够简单明晰。好的分析方法应在稳定性、精度和实用性上找到平衡。

总而言之，对各街道段上商业数据的预测结果解读可以笼统地说这个预测值反映了各测点位置"一定范围"内的"商业潜力"：不同的数据均匀化方法体现着对"一定范围"的不同界定方式，不同的分析对象（商业数量、面积、面宽）体现着对"商业潜力"的不同体现形式。

最后需要补充说明两点。第一，从图 3-84 中能够发现，对商业总数量现状数据的分析效果要明显好于对社区级商业数量的分析效果，前者的 R^2 值可达 0.82，而后者的 R^2 值则降为 0.41。一般来说，这种分析方法对不分业态类型的商业总体分布效果较好，而业态细分后，即便仅仅是粗略划分为社区级业态，也会造成分析效果的下降。造成这个现象的原因可以归结于以下两点：①当分析区域在中心区时，不同等级业态之间存在较强的空间竞争，导致其实际分布的位置未必反映其需求；②社区级业态划分的标准本身的合理性和统一性问题，比如，小巷中的便利店可以明确是服务于社区居民的，但大街上的便利店呢？餐馆也有类似的问题。从建筑师和规划师的实际工作需求来讲，往往无法对具体的业态类型进行有效的控制，而能够控制的是商业空间的开发量和分布。从这个角度来看，对各街道段不区分业态的商业总体分布情况分析是有巨大的实际应用意义的。而对细分业态类型空间分布的分析则对精细化城市更新和运营有直接的意义，在现阶段也是实证研究的重点突破方向。

第二，上述分析应用的一个前提条件是数据录入和分析范围均要远远大于设计方案调整的范围，或者说，设计方案自身不能面积过大或者是全新的城区。归根到底，无论是交通流量还是商业功能，空间句法模型分析预测的还是个"分布逻辑"而非具体的数量。现状条件充分时可以在一定程度上预测数量，但无周边现状数据或设计区功能定位变化较大时则并不能谈预测。

【注意】由于 Depthmap 对线段之间距离的识别仅仅基于其中点之间的距离，在线段长度比较长时这种方法可能导致较大的误差：比如一条 400 米长的街道上均布着 40 家商铺，软件会认为这 40 家商铺都分布在这条线段的中点上。好在大部分的商业区往往街道网格较密，一般来说影响不大，但当有个别线段很长时，建议不在这条街道段或前后一定范围布置计算点。

3.6.4　商业数据的研究及设计应用 2：街道段局域空间形态因素作用评测

影响各街道段上商业分布的空间形态要素可以依据其发生作用的空间尺度划分为网络形态因素和局域空间因素。网络形态因素如空间句法各半径各类型的计算参数，它发生作用的方式往往依赖一个具有一定范围的延展的空间网络系统。反之，基于用地性质、建筑界面形式、道路阻隔等因素建立的参数往往仅在局部发生影响，并不依赖跨越局部空间限制的网络。本小节将讨论这些局部空间形态因素对商业发生的影响。

用地性质是最简单且容易理解的。所有正式的商业应该建设在商业用地之上，当然，居住用地中也有相当数量的底商，且开墙打洞的情况在各个城市中也比较普遍。因此，用地性质并不等同于商业，但两者之间的相关应该是显然的。一般来说，没必要将用地性质作为一个影响因素（比如引入虚拟变量）来分析商业的分布，因为它既不体现自组织的逻辑，且本身即是很多空间句法分析试图改变或质疑的目标。

建筑界面形式，指大面积实墙、大面积开窗，或以窗墙比来表达的界面可渗透性。从实际情况来看，与其说该因素对商业分布发生影响，不如说该因素自身即是商业分布的物理表达形式。毕竟大部分沿街的商业建筑均采用大面积开窗甚至自由出入无界面控制的设计手法，将其作为自变量之一引入分析，即使获得很高的相关性也没有实际意义。当然，在一些有追求的设计师笔下，确实有些商业建筑采用了错误的形态。图 3-85 这个追求欧陆风的建筑即是一例，厚重的外墙，形成了类似柱廊的效果，但由于在高层建筑的底层，导致开洞与实墙的比例很低。更要命的是，实际的商业界面还进一步后退，空出了一个类似公共走廊的灰空间。这些界面处理导致了各商铺的店招在路上基本不可见，严重地影响了客流量（图 3-85）。

道路阻隔，指街道空间剖面中体现出来的车道数、中央隔离带、绿化隔离带、"保护"步行者的栅栏等要素。它们形成了街道一侧到另一侧的视线或步行可达性阻隔。这个局部空间影响因素比较常用。本书将以北京天通苑和回龙观这两个典型的郊区为例介绍其应用。

首先需对不同的阻隔形式赋值，建立评价道路阻隔的参数。简单起见，本书将不阻隔视线的道路中央隔离带、具有灌木的绿化带等赋值为 0.5，将不透明的隔断赋值为 1，然后，可将研究区域内所有测点道路剖面上的阻隔赋值累加，用来描述该

图 3-85 处理不当的商业建筑界面

图 3-86 为各道路阻隔赋值的示意图

测点处的道路阻隔参数。建立了该参数之后，便可以将其作为自变量之一加入多元回归分析了（图 3-86）。

图 3-87 展示了参与多元回归分析的四类变量，包括城市和社区尺度的空间句法参数（测试了各半径各类型）、道路隔断参数、地铁站点周边距离衰减参数。经过相关系数分析，选取了效果相对较好的 20 千米半径标准化角度整合度与 1 千米选择度对数分别代表了城市和社区尺度的两种空间句法参数，同时它们也对这个地区的实测机动车和步行流量有较好的解释力。

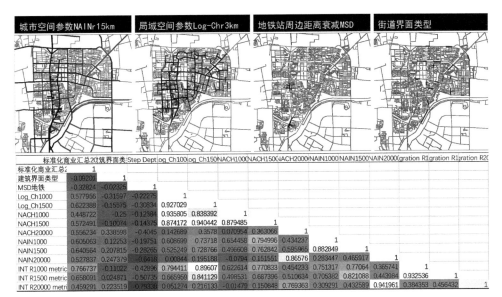

图 3-87　天通苑各变量之间的相关系数分析

　　应用 SPSS 进行多元回归分析，当采用四个自变量时，天通苑案例中两个空间句法参数均能通过显著性检验，地铁站点周边距离衰减参数虽也算显著，但其回归系数为正，说明离地铁越远商业分布越多，有悖常识，可剔除。而我们关注的街道阻隔参数则未能通过检验。因此，最终选择两个空间句法参数建立的模型调整 R^2 值为 0.593（表 3-8）。从试用版标准系数看各自变量的影响权重，城市尺度空间句法参数的影响略低于社区尺度参数的影响，但比较接近。

对天通苑商业数量分布的多元回归分析　　　　　表 3-8

模型汇总

模型	R	R 方	调整 R 方	标准估计的误差
1	.803[a]	.645	.618	.343744396

a. 预测变量：（常量），建筑界面类型，Metric Step Depth－地铁，Log_Ch1000，NAIN20000。

系数[a]

模型		非标准化系数		标准系数	t	Sig.
		B	标准 误差	试用版		
1	（常量）	−5.066	.777		−6.516	.000
	NAIN20000	2.506	.403	.705	6.216	.000
	Log_Ch1000	.606	.090	.608	6.747	.000
	Metric Step Depth－地铁建	.000	.000	.258	2.289	.026
	筑界面类型	−.046	.061	−.068	−.754	.454

a. 因变量：标准化商业汇总 200 号标尺。

模型汇总

模型	R	R 方	调整 R 方	标准估计的误差
1	.779[a]	.608	.593	.354774127

a. 预测变量：（常量），Log_Ch1000，NAIN20000。

系数[a]

模型	非标准化系数		标准系数	t	Sig.
	B	标准 误差	试用版		
（常量）	−3.778	.529		−7.147	.000
1　NAIN20000	1.858	.303	.523	6.135	.000
Log_Ch1000	.572	.085	.574	6.727	.000

a. 因变量：标准化商业汇总 200 号标尺。

　　采用相同的方法，对回龙观地区多元回归分析的结果则显示街道阻隔参数具有足够的显著性，且能够进入最终的回归方程，调整 R^2 值为 0.566（表 3-9）。此外，从试用版标准系数看各自变量的影响权重，回龙观地区城市尺度空间句法参数的影响明显强于社区尺度参数，且街道阻隔系数的绝对值最高，影响略强于城市尺度空间句法参数。

回龙观商业数量分布的多元回归分析　　　　　表 3-9

模型汇总

模型	R	R 方	调整 R 方	标准估计的误差
1	.769[a]	.591	.566	.2841564316

a. 预测变量：（常量），建筑界面，NAIN15000，Log_Ch03000。

模型	非标准化系数		标准系数	t	Sig.
	B	标准 误差	试用版		
（常量）	−2.719	.733		−3.711	.001
1　NAIN15000	2.184	.559	.433	3.904	.000
Log_Ch03000	.330	.147	.250	2.245	.029
建筑界面	−.260	.052	−.465	−5.028	.000

　　同为北京北部的郊区卧城，回龙观与天通苑对比体现出的差异说明：天通苑地区的街道阻隔与影响商业分布的空间句法参数具有较高的匹配性，作为自变量它们是自相关的。从相关系数分析表中也可看出，天通苑道路阻隔参数与 1 千米选择度对数相关系数为 −0.316，即步行可达性强的位置道路阻隔较弱。而它与 20 千米标准化角度整合度的相关系数为 +0.247，即机动车可达性高的位置道路阻隔较强。这个规律是符合我们对道路阻隔设置的常识的。与之相反的是，在回龙观地区，道路阻

隔参数与各空间句法参数的相关系数普遍低于0.1，且其正负号未体现出规律性。因此，我们可以说恰恰是由于天通苑地区道路阻隔设计是符合行为规律的，所以该参数没有在对商业分布规律的分析中发挥作用；而在回龙观地区，由于道路阻隔设计的不合理，没有反应出对步行与机动车空间需求的满足，故而也限制了商业的自组织分布，反而导致了该参数发挥出了作用。

了解这些现象背后的原因，就不会盲目地在回龙观的改造设计中片面强调街道阻隔的作用，认为它是个具有较高预测能力的自变量。因此，在使用多元回归分析等统计工具建立数据空间模型时，切忌完全以统计规律为唯一准则而无视空间客观规律。数据之间的关联性不是因果性，有效的因果性是建立在可靠的理论之上的。

3.6.5 商业数据的研究及设计应用3：各社区服务业态的分布规律

如上一小节所述，对商业总量（数量、面积、面宽）在街道段精度上进行分析而忽略具体业态类型，对城市设计中道路网络的评价有很强的应用价值。然而，本小节则要对不同业态类型的商业分布规律进行集中讨论。这类研究，能够帮助我们深入理解不同尺度范围的空间句法参数对不同类型商业的支持作用，是重要的基础理论工作。本小节通过以下五个部分展开叙述：商业分布的距离规律与拓扑规律的理念，数据获取的方式，两种数据分析方法，以及各业态类型商业分布规律的设计应用。

（1）理念：商业分布的距离规律与拓扑规律

首先需要追溯下传统的分析商圈或特定业态的方法。如中心地等模型往往以距离为基础分析各个商圈的空间分布规律：各个商圈之间有等级差异，高级别的商圈往往有更多的商业功能数量和类型，能够提供更特殊的服务，而相对于低级别的商圈，其分布往往比较稀疏，服务范围较大。低级别的商圈如社区商业中心则相反，我们平时总听到的10分钟或15分钟生活圈代表了那些满足日常生活需求的分布密度。

当然，这个源于20世纪30年代的模型今天面临越来越多的挑战。比如近年来诸如网络城市和中心流理论均对之前以距离为基础的中心地或重力模型提出了质疑。广义来说，空间句法也是一种以流为中心的模型，只不过其作用的尺度范围更加微观，且它认为这种流的分布会受到街道拓扑网络形态的影响。因此，将它用于分析各业态商业总体沿街道段分布的逻辑就比较有效。而一些学者认为，对于社区服务类等提供均质化服务、简单的功能，服务半径、千人指标等以距离（千人指标可以理解为以密度为权重的距离规律）为基础的空间规律仍是有效的。有鉴于此，在介绍了不分业态的总体商业分布规律之后。本书将以社区级商业为例，介绍空间句法对特定业态空间分布的分析方法。

（2）数据获取：选取代表性的社区服务功能

每个城市有不同的社会经济文化背景，何谓代表性的社区服务功能并不存在唯一的标准。以近年来北京实地调研的经验：菜市场、副食店、洗衣店、五金店、理发店、棋牌室、自行车（电动车）维修点、修鞋、开锁、垃圾回收（固定和移动两类）、水站、快递点往往是比较典型的社区商业服务功能。便利店和超市虽然也面向社区服务，但服务的人群实际上更取决于其位置，未必具有典型性。

对于固定的店铺可以直接用百度地图搜索，但是诸如修车点、开锁等流动商贩往往不会被搜到。在这里我们建议的一种工作方式是充分利用街景地图与实地调研结合，获得高品质精准的业态分布数据。

以北京东城区为例，基于街景和实地调研收集了菜市场、副食店、洗衣店、五金店、理发店、棋牌室、自行车（电动车）维修点、修鞋、开锁、垃圾回收（固定和移动两类）、水站等业态的空间分布，并将 1~4 个摊位或菜店（包括买菜的、生鲜、副食等类型的店）划分为小型菜市场、5~40 个摊位划分为中型菜市场、40 个摊位以上划分为大型市场，研究越高级别的市场需要越大的研究范围，40 个摊位以上规模往往就超出社区的范畴了。但需要注意的是，高级别的市场是兼做低级别的市场的，反之则不行，在这一点上和中心地模型的理念是一致的。在获取了足够的数据之后需要做的仅仅是在 Depthmap 中新建很多层，分别命名为大型中心、小型菜市场、副食店、洗衣店、五金店、理发店、棋牌室、自行车维修点、修鞋、开锁、固定垃圾回收、移动垃圾回收、水站、快递点等。这些层首先要归零，然后在有该功能分布的位置录入 1，当一条街道段上数量超过 1 时可以按实际数量录入。

（3）数据分析 A：特定社区服务功能分布的距离规律

首先我们可以分析各业态的分布密度以表达其分布的距离规律。以自行车点为例，在完成录入各自行车点之后。我们可以进行如下操作：

○"Edit"→"Select by value"，在跳出的窗口中将 Value 那个下拉菜单选为目标层，本例为自行车 2015，用默认选项"Greater then 0.0"即可，因为有自行车点录入的至少是 1（图 3-88）。点击"OK"后会选中所有 0 以上数值的线段，本例中即包括全部有自行车维修点分布的线段。

○接下来需要计算以这些街道段为起点的距离衰减 Metric Step Depth。具体操作为"Tools"→"Segment"→"Step Depth"→"Metric Step"（图 3-89）。

○这个计算过程很快，其图层名默认为"Metric Step Depth"。这个层如果你再选其他线段作为起点后会被覆盖，如果要保留的话需要修改它的名字，本例改为"MSD 自行车"。注意，这个计算结果可能看起来不直观，你可以更改下颜色，比如把红色的阈值设置为 500，其含义为 500 米开外的线都以红色显示。操作为"Window"→"Colour Range"。

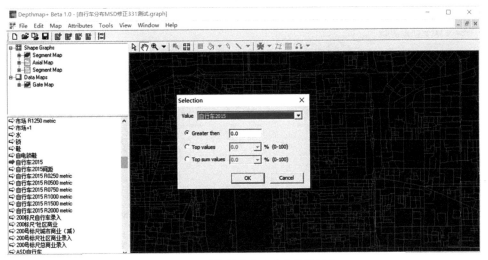

图 3-88　选取特定业态分布的街道段

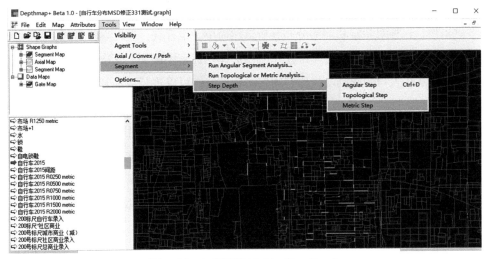

图 3-89　如何计算 Metric Step Depth

○我们可以基于这个结果做一个简单的统计。为了统计比较客观，需要定义一个统计范围。在本例中，我们实际录入的自行车点仅仅在二环路以内长安街以北的东城区，因此需要框选这个范围，然后把它放在一个可视图层里。具体操作为框选这些线段后，"Edit"→"Selection to Layer"，可以将这个可视层命名为"距离统计范围"。

○在这个范围内（可视层在"距离统计范围"），同时要确保当前层在"MSD 自行车"，点选"Attributes"→"Column Properties"，可得其平均值为 396.579 米。注意这个数值不是我们通常意义上理解的服务半径，而是它服务范围内到它距离的平均值，当然，它的确反映了服务半径，当某功能分布更加稀疏时，使用该方法算出的距离平均值也越大（图 3-90）。

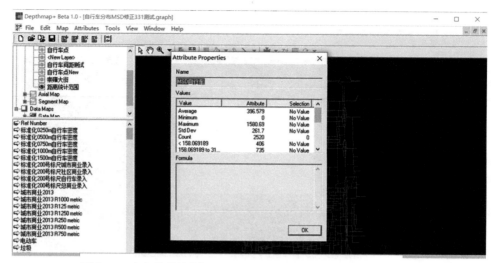

图 3-90　如何从统计数据上看出特定功能分布的距离规律

　　当然，这种对特定功能的分布分析虽然简单，也存在一些问题。首先，当一条街道段上有一个以上的自行车维修点时没法体现其密度优势。其次，这种方法没有反应周边居住人口的影响。应用空间句法软件我们可以进行更加复杂些的分析来解决上述问题，前提是有精确到街道段的人口数据。这个很困难，在中国找到精确到"街道"（作为一个行政管理范围）的数据还容易些，这是我国惯用的统计方式。而每条街道段上有多少居住建筑入口连接，其中又住着多少人……这数据你要不来。解决方案可以根据居住建筑的面积估算微观的人口分布然后落到街道上。在这里我们演示用的数据即是如此，当然这样硬分解落位居住数据在街道尺度上会有精度问题，因此需要均匀化处理。

　　这里的均匀化方式比较传统但简单、直接、有效，例如我们可以以每条街道段为中心，计算其周边 500 米可达范围内有多少自行车点，同时又有多少人居住，然后做个除法，建议将结果乘以 1000，这样就类似千人指标了。这个方法既考虑了自行车点的密度，又考虑了人口数，其具体操作如下。

　　○ "Tools" → "Segment Analysis"，半径类型（Radius Type）选 Metric，录入 500（或者别的你希望计算的半径），注意权重部分要勾选，然后选择权重层为录入的自行车点层（本例图层名"自行车 2015"）。注意本计算没必要勾选"Include Choice"，浪费更长的时间。注意用作权重的这个层应该是归过零的，否则各种累加可能会出现负数。计算结果要看图层名为"T1024 Total 自行车 2015 R500 metric"的这个层，保险的话建议把这个图层名改成"500 米半径自行车点总数"这类比较达意的名字。特别要注意有一个层叫"T1024 Total Depth [自行车 2015 Wgt] R500 metric"，两个名字接近，千万别混淆了（图 3-91）。

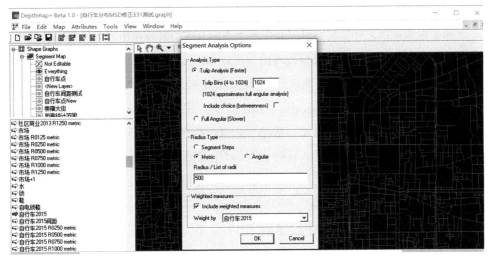

图 3-91　计算 500 米半径以自行车点数量为权重的空间参数

○同样的方法计算 500 米内的人口总数，方法一样。"Tools"→"Segment Analysis"，半径类型（Radius Type）选"Metric"，录入 500（或者别的你希望计算的半径），注意权重部分要勾选，然后选择权重层为录入的自行车点层（本例图层名"人口"）。计算结果要看图层名为"T1024 Total 人口 R500 metric"的这个层。

○新建一个图层，叫"500 米内每千人自行车维修点数"，更新该图层，录入公式"1000*value（500 米半径自行车点总数）/value（T1024 Total 人口 R500 metric）"。调整红蓝区显示颜色阈值到比较清晰表达分析范围内差异的结果。

图 3-92 显示了使用该方法分析的菜市场、自行车、电动车维修点、开锁、修鞋、水站和垃圾回收点等七类功能的距离分布规律可视化图，图中蓝色部分显示该类功能分布相对于人口密度较高，灰色部分显示较低。

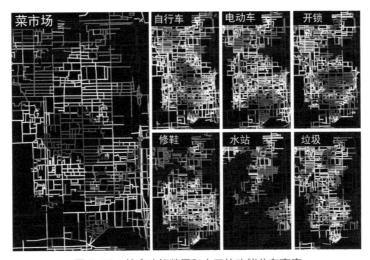

图 3-92　综合功能数量和人口的功能分布密度

（4）数据分析 B：特定社区服务功能分布的拓扑规律

除了距离规律之外，我们可以分析各业态的分布与其所在街道流量等级的关系，挖掘其拓扑规律。基于前一部分发现的与机动车、非机动车和步行流量的三个代表性空间参数，可以参考以下方法统计各类社区服务功能的三个空间可达性指标：

（a）菜单"Map"→"Export"，导出文件格式选"Comma separated values file（*.csv）"，该文件可以在 Excel 中以表格形式直接打开。打开后会发现当前地图（如 Segmentmap）下所有的图层（Column）在 Excel 中都以列的形式存在。需要注意的是，导出的数据量往往很大，为了减少这个数据量，可以设置可见视图层，导出的数据仅限于可见视图层显示的内容。

（b）以对自行车的统计为例，选取"自行车2015"那个层下的所有数值，鼠标右键后选降序排列。然后可以把该列 0 数值所在的行都删掉（图 3-93）。

（c）以对自行车维修点的统计为例，选取"自行车2015"那个层下的所有数值，鼠标右键后选降序排列。注意要在跳出的对话框中选"扩展选定区域"，这样不仅本列数据排序变化，其他同行的数据都会以行为单位一同变化排序（注意这个联动的前提是中间不能有空的数列，否则会被打断）。然后可以把该列 0 数值所在的行都删掉。

（d）本例中有两个街道段上有两个自行车维修点，其他的街道段都只有一个，因此对于这两条街道段所在的行可以整体复制粘贴下。原则上我们需要统计的是所有有自行车点存在的街道段的拓扑空间连接平均值等信息，因此这个统计需要按照其数量权重来进行，具体采用什么方式随意。

（e）选取需要统计的几组空间参数，本例选取 Integration 2500，然后可以直接

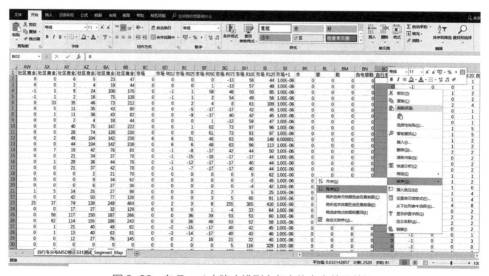

图 3-93　在 Excel 中降序排列自行车修车点数量数据

用鼠标框选这些数字，下面会自动显示平均值。或者可以在其下面某个格子里录入"=AVERAGE（E2 ： E82）"来求取平均值，其中 E2 到 E82 是 Integration 2500 下各数值所在的格子编号。类似的，求取标准差的公式为"=STDEV（E2 ： E82）"。本例得出的结论为：自行车点分布所在街道的 2500 米半径整合度平均值为 507.53，标准差141.32，变异系数 0.278。这个结果意味着什么？从对流量的实证研究我们知道如 2500米半径整合度这类空间句法参数与步行或非机动车流量有关，而能支撑起开设自行车维修点的街道，其流量必然也需要达到一定的等级。这个统计结果就体现了这个等级大致在什么范围。而从其较小变异系数来看，这个分布区间还是比较集中的。这里比较有意思的是将拓扑规律与距离规律相比较。对距离规律的统计可以取所有自行车点之间的最短距离，其平均值为 306.442，标准差 158.721，变异系数 0.518。注意这里不能用 Metric Step Depth 的均值作对比，那样做是不合理的，因为其标准差体现的更多是 0 米与最远辐射距离的浮动范围，而非各个自行车点之间辐射范围的差异。

（f）接下来是可视化，你可以选取几个比较有代表性的拓扑空间参数。比如分别代表步行、非机动车和机动车流量分布的 NACH1500、NACH3000、NAIN10000（也可用 NACH10000）。当你选择的是标准化系的参数时，其有效值域在 0~2 之间，便于横向比较。然后可以用 Excel 中的"插入—箱形图"可视化这个业态在三类可达性空间上的分布状态（图 3-94）。

这个结果如何解读？首先，反映步行和非机动车可达性的两个参数范围高度接近，实际上它们都体现为一种短途出行的流分布。对比这六种业态之间的关系，对

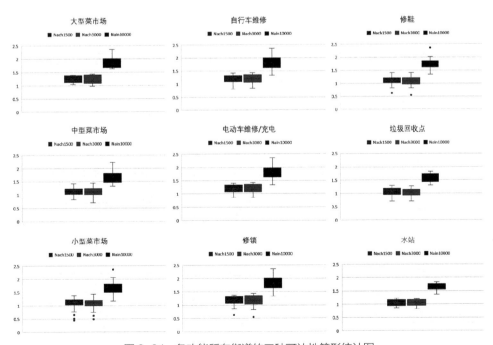

图 3-94　各功能所在街道的三种可达性箱形统计图

短途出行可达性需求最高（胡同里的主街）的是自行车和电动车维修点，最低的是垃圾回收点和水站。对长途出行可达性（对大路更可见）需求排序与之相同。

【注意】事实上基于这种简单统计与对比的方法并不仅局限于分析社区服务功能，对城市级商业功能分析也是类似的。图 3-95 举《流体的城市》这本书中的一个例子[18]：基于 1935 年出版的《最新北平指南》中详细的各业态商业分布信息，在北京 1935 年的空间句法模型中可以统计出各类业态在各个半径穿行度和整合度上分布的平均值及其超过所有街道该空间参数平均值的比例（以灰度显示）。背景颜色越深，意味着该功能与趋向于在该参数的高值区分布，对该参数可达性的依赖程度越高。由此我们可以对比 80 年前北京的那些功能之间的差异。其中百货商店是最高的，趋向于在 50 千米穿行度和 5 千米半径整合度的高值区分布。

	Nach1km	Nach2km	Nach5km	Nach10km	Nach20km	Nach50km	Int1km	Int2km	Int5km	Int10km	Int20km	Int50km
百货商店	1.281246	1.315358	1.368338	1.427534	1.412081	1.417145	142.7749	461.0863	1970.489	3642.646	4881.16	5103.328
	140.91%	137.27%	144.27%	154.83%	158.44%	163.52%	231.37%	285.69%	332.32%	251.02%	180.96%	148.76%
服装	1.143963	1.209786	1.227558	1.242486	1.23187	1.230428	207.8958	531.0495	1687.839	3142.759	4332.834	4531.029
	125.81%	126.25%	129.42%	134.76%	138.22%	141.98%	335.43%	327.62%	284.65%	216.57%	160.64%	132.07%
食品	1.146366	1.219535	1.245488	1.251173	1.233883	1.260338	199.0834	530.1802	1694.366	3217.29	4391.928	4599.177
	126.07%	127.27%	131.31%	135.70%	138.44%	145.43%	321.21%	327.09%	285.75%	221.70%	162.83%	134.06%
南货干果	1.209298	1.265598	1.2782	1.276079	1.260447	1.257035	214.6506	560.5591	1724.702	3304.64	4561.49	4790.5
	132.99%	132.08%	134.76%	138.40%	141.42%	145.05%	347.85%	347.33%	290.87%	227.72%	169.11%	139.64%
药店	1.236236	1.314393	1.365766	1.381912	1.367795	1.369707	178.0008	536.5593	1798.309	3497.507	4745.185	4975.027
	135.96%	137.17%	144.00%	149.88%	153.47%	158.05%	287.20%	331.02%	303.28%	241.01%	175.92%	145.02%
书店书铺	1.258092	1.282131	1.270627	1.268752	1.242575	1.232364	169.6878	472.8627	1710.784	3157.811	4363.397	4585.813
	138.36%	133.80%	133.97%	137.61%	139.42%	142.20%	274.99%	292.99%	288.52%	217.61%	161.77%	133.67%
饭庄饭店	1.236458	1.271122	1.208529	1.291959	1.27239	1.266782	181.0888	526.0724	1701.655	3277.27	4516.924	4754.952
	135.98%	132.65%	127.42%	140.12%	142.76%	146.17%	293.46%	325.96%	286.98%	225.84%	167.46%	138.60%
番菜咖啡	1.040233	0.925639	0.924147	0.963774	0.939745	0.9076028	113.0981	361.5643	1556.826	2909.706	4089.162	4328.273
	114.40%	96.60%	97.43%	104.53%		104.73%	183.28%	224.03%	262.56%	200.51%	151.60%	126.16%
柿浴	1.093642	1.152558	1.195558	1.207646	1.194358	1.196165	150.7549	455.0626	1549.159	3062.88	4171.316	4382.127
	120.27%	120.28%	126.05%	130.98%	134.01%	138.03%	243.24%	280.74%	261.26%	211.06%	154.65%	127.73%
照像馆	1.233959	1.269027	1.300217	1.319875	1.297422	1.289742	156.8976	483.8386	1812.554	3370.739	4601.625	4820.885
	135.71%	132.43%	137.09%	143.15%	145.57%	148.82%	254.26%	299.79%	305.69%	232.28%	170.60%	140.52%
剧院	1.281419	1.325159	1.349333	1.371934	1.353314	1.346942	199.3111	553.1748	1871.765	3410.098	4669.103	4873.217
	140.92%	138.29%	142.26%	148.80%	151.84%	155.42%	322.99%	342.75%	315.67%	234.99%	173.10%	142.05%

图 3-95　北京 1935 年装有电话各类商业分布的穿行度与整合度

（5）各业态类型商业分布规律的设计应用

小结一下，无论是距离规律还是拓扑规律，其实都能够彰显各业态功能的等级。对距离规律来说，Metric Step Depth 均值大或平均间距比较远的功能分布稀疏，往往等级较高；对拓扑规律来说，超过平均值幅度峰值出现半径较大的功能等级较高（当然，这个规律复杂一点，还要综合考虑步行可达性）。城市中的功能这么多，如何综合这两类不同的规律分析它们之间的关系呢？

图 3-96 展示了前面案例范围中六种社区业态加三个级别菜市场分布的距离与拓扑规律，其中拓扑规律被简化为机动车可达性（Y 轴）和步行可达性（X 轴），分别用 NAIN10000 和 NACH1500 参数表示。而灰色圈的大小反映右侧图中各功能的平均半径。当然，这个图仅仅是一种表示方法，你可以尝试将距离规律，即服务半径

放在 X 轴上，机动车或步行可达性放在 Y 轴上也没问题。从图 3-96 中可以看出的规律是按流量等级这 9 类功能可形成大致三个类型。A 类功能包括大型菜市场、自行车和电动车维修点，以及开锁点。它们需要较高的步行和机动车可达性。而 C 类功能，如水站和垃圾回收点，则往往能忍受背街小巷。当然，对比水站和垃圾回收点，前者的分布密度可以低一点。

　　图 3-96 或其他等图表分析可以直观的展示规律，但仅仅知道一些统计数字是不够的，重要的是这些认识如何应用在我们的设计里。本书给出一种统计结果与地图表达结合的方法来推进这些分析在设计中的落实。

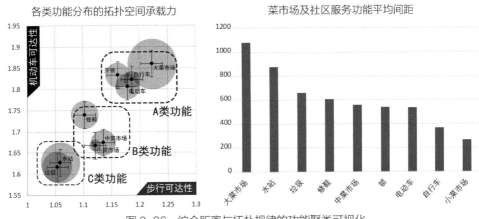

图 3-96　综合距离与拓扑规律的功能聚类可视化

　　图 3-97 展示了前面图 3-84 中戏楼胡同的设计应用案例，左侧的三张图表达了拓扑规律，分别显示这个区域中对 A、B、C 三类功能机动车和步行可达性支持作用达到标准的街道。达到标准的意思是这里显示的街道均位于图 3-94 箱形图中两个四分位数值之间的可达性数值区间。

　　这里需要提示两点：①每组可达性参数的上四分位数和下四分位数可以在 Excel 插入的箱形图中选择快速布局调出数字；②知道这两个四分位的数值后可以应用 Depthmap 的 Colour Range 中将其设置为红区和蓝区的阈值，然后把图 "Edit"→"Export Screen"，导出为 eps 格式的文件。该文件可以在 Ai 中打开，各颜色的线段都是自动编组的，可以很方便地调整出图 3-97 的效果。用黑和深灰两色线分别表示机动车可达性与步行可达性，如果一条街道段兼有黑色与深灰色，则两种拓扑可达性条件都满足，可以认定该街道段非常支持某种或某组业态落位。当然，如果条件放宽些，一种可达性条件满足也是可行的。

　　接下来解释图 3-97 右侧的距离承载力分析图，它以图 3-92 为基础，显示了该功能相对于人口密度的分布情况。如果缺乏人口数据或建筑密度数据，也可以使用

Metric Step Depth。图中深色的部分是有 A、B、C 类功能密度高的地区，而浅色或白色的则是低密度区。所以这个逻辑比较直接了，浅色区比较适合引入新的相关类功能，因为现状功能欠缺。反之，颜色较深的地区不宜继续引入该功能，因为其数量已经偏多。

灰度图可以在 Depthmap 里做，"Window" → "Colour Range" 那个窗口上面可以用下拉菜单的方式调整颜色为灰度。前景色和背景色也可以通过 View 下面的两个选项调整。

最后一步就更简单了，可以把左右两个逻辑的图叠加起来，直接观察判断你想在哪里加入相应类的功能。

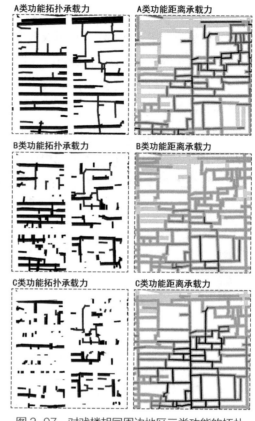

图 3-97 对戏楼胡同周边地区三类功能的拓扑与距离承载分析

3.6.6 社会聚集数据之基础理论研究

在很多环境行为研究中，往往采用将空间栅格化处理的方式，来量化分析各空间单元中局部空间因素对聚集行为的影响，栅格选择多大，对分析结果有较大的影响。与商业功能数据类似，社会聚集也均属于静态数据，同样需要选取测点在一定范围的均匀化处理方能进行相关和回归分析。需要说明的是，与商业功能分布相比，社会聚集是一个更局部微观的现象。因此在针对社会聚集的分析中测点分布及分析需注意如下几点：

（1）测点布置尽可能均匀，在聚集量较大和较少的街道上均应有测点。

（2）应调整均匀化公式的参数，减小其加总处理的范围。例如：500/（（500+0.05*value（"Metric Step Depth"）^2）*（value（"Angular Step Depth"）+1）^2））其背后的逻辑是，当一条街道出现三五成群的居民聚集时，如这些小群彼此距离较近，则他们更可能听到其他小群的交流内容并与之发生互动，应将其视为一个大的聚集。

（3）测点分布应尽量在一个类型住宅为主导的片区内进行，如胡同区和多高层住宅区都达到一定面积时避免跨区分析，其目的是控制住社会经济和空间管理因素（如封闭小区管理）的影响。

（4）当测点位置接近两个街道段交口时，宜将测点布置在更外向型的街道上，且尽量避免在尽端空间布置测点。这类似商业数据录入时的"从高原则"。

以白塔寺为例[15]，一共设置了相对均匀的 36 个采样点，其中大路上有 6 个，北部现代住宅区中 1 个。为了排除周边居住类型不同和大路自身的阻隔效应影响，在对社会聚集数据的分析中仅采用了白塔寺街区内的 29 个采样点（见图 3-98 中黑色点）。如中廊下胡同等部分空间虽有明显的社会聚集现象，但由于该胡同为近年改造出现的尽端路，道路空间实质上被作为院落空间使用，故不作为量化分析的样本街道。

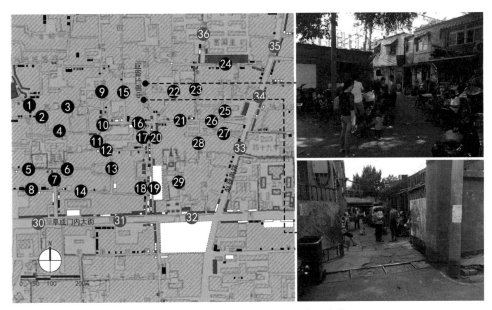

图 3-98　采样点分布及尽端路社会聚集状况

在空间拓扑形态指标的选择上，线段地图分析主要选取了不同尺度半径的整合度和选择度两类参数，篇幅所限不再赘述。视域模型分析选取了视域整合度（Visual Integration）、视域面积（Isovist Area）、探索度（Isovist Occlusivity）和紧凑度（Isovist Compactness）四类参数。需要说明的是，考虑到社会聚集影响的范围较短，生成视域地图时限定了 200 米的可见范围。视域整合度与线段地图的整合度类似，度量的是空间网络的连接性。而视域面积、紧凑度、探索度等三个指标则反映了局部空间形态的几何属性。其他以距离为基础的几何形态参数包括各街道段到临近地铁站点的距离，以及各街道段的宽度等比较容易理解的参数（图 3-99）。

以社会聚集数据为因变量，取对数正态化处理后应用 SPSS 软件逐步筛选自变量的方法进行多元回归分析和相关系数分析（图 3-100）。选取商业功能、人口密度、拓扑形态和几何形态四大类共计 54 组自变量计算后，有效的自变量组合为 200 米内社区商业数量（试用版标准系数 =0.423，Sig=0.011）和 500 米内人口（试用版标准系数 =0.419，Sig=0.011），调整 R^2 值为 0.478。这个结果说明社会在该区域影

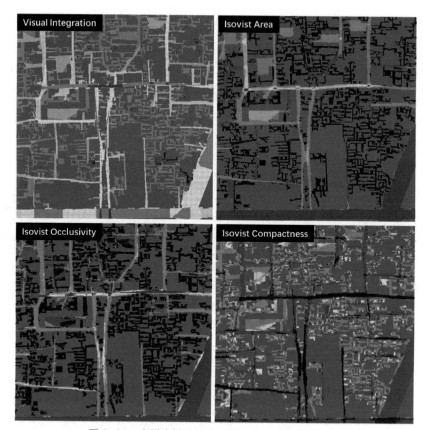

图 3-99　白塔寺地区社会聚集分析中视域模型参数

响社会聚集强度最主要的因素为社区商业功能和人口而非空间形态等因素：周边居民人数较多，且社区服务功能较多，都增加了熟人相遇的几率，这个结果与常识是相符的。

　　当然，考虑到功能本身和人口密度均与空间形态相关，强行排除社区商业和居民人口密度这两类自变量可进一步明确空间形态因素的影响。选取拓扑形态和其他两大类 39 组自变量计算后，有效的自变量组合为街道的宽度（试用版标准系数 = 0.426，Sig=0.011）和视域整合度 Rn（限定视线范围 200 米）（试用版标准系数 = 0.388，Sig=0.019），调整 R^2 值降为 0.389。这个结果说明，如简单的街道宽度这个局部的空间形态要素对社会聚集有直接的影响，而人在街道中移动过程中视域范围的变化对社会聚集也有一定的影响。最后，排除非局部空间形态要素（如视域整合度）分析，只有街道宽度成为有效的影响因素（调整 R^2 值 0.270，试用版标准系数 =0.544，Sig=0.002）（图 3-100）。

　　值得思考的是，街道宽度本身线段模型分析参数，特别是 1 千米半径选择度指标的相关系数达 0.589。换言之，在上百年历史演化的胡同里，街道宽度本身即与小尺度范围步行可达性有很强的关联。只不过在分析社会聚集而非城市或街区商业时，

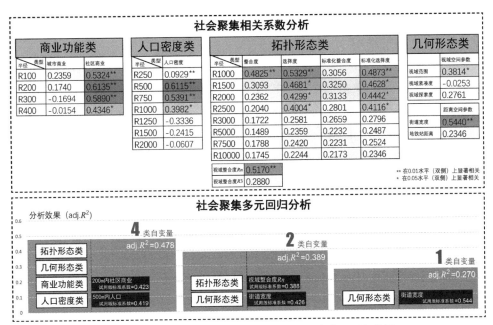

图3-100 对社会聚集数据的相关系数与三次多元回归分析

街道宽度这个局部空间形态要素的影响更强。

　　总结下对社会聚集现象的分析，空间句法参数的分析效果比对交通和商业数据的分析有所降低，社会聚集受社区商业功能、居民密度和街道宽度等现象的影响更加显著，近期对北京一些地区的分析也发现胡同中的绿化率有一定影响。然而，商业功能、街道宽度甚至绿化率本身都稳定的与空间句法参数相关，因此，从空间句法理论来看，拓扑形态结构及其对交通流量分布的影响是这一系列现象背后相关性的深层原因，不能因为简单从统计中发现街道越宽、树越多就得出局部加宽街道多种树就可以增加某个空间的社会聚集的结论。

　　还是那句话，关联性不是因果性。即便确实存在因果关系，也需要判断到底谁是因谁是果，以及这种因果关系，无论有多强，是否有实际操作意义。潜在的、深层的因可以影响多个果，这些果还会进而导致其他的果，形成一条因果链或因果网。空间的拓扑结构，便是这条因果链或因果网中基础的、深层的、潜在的影响因素。

参考文献

[1] 邵润青，戴晓玲，邱国潮. 附录——空间句法的轴线图模型入门 [M] // 段进，比尔·希列尔，等. 空间句法与城市规划. 南京：东南大学出版社，2007.

[2] AUPer 的博客. 关于比尔·希利尔"空间句法"理论适用的一点看法——豆瓣留言汇 [EB/OL].（2013-09-28）. http：//blog.sina.com.cn/aruper.

[3]   邵润青.空间句法轴线地图在方格路网城市应用中的空间单元分割方法改进[J].国际城市规划，2010，25（2）：62–67.

[4]   DC 国际建筑事务所，宁波中山路地铁 1 号线沿线站点区块 TOD 模式开发可行性研究 [R]，2015.空间分析工作负责团队：戴晓玲、王桢栋、陈毅峰。

[5]   LIU Chengke，邮件主题 "How to draw Axial map for traffic analysis?" [EB/OL]. 5 Jan 2007. https：// www.jiscmail.ac.uk/cgi–bin/webadmin?A0=spacesyntax.

[6]   庄宇，张灵珠.站城协同：轨道车站地区的交通可达与空间使用 [M]. 上海：同济大学出版社，2016.

[7]   空间句法公司.大英博物馆咨询项目 [R]，2004.

[8]   HILLIER B，IIDA S. Network and psychological effects in urban movement. Proceedings of Spatial Information Theory：International Conference[C]. Berlin：Springer–Verlag, 2005：475.

[9]   PENN A.邮件主题 "How to have a 'segment map' in Depth map" [EB/OL]. https：//www.jiscmail. ac.uk/cgi–bin/webadmin?A0=spacesyntax.

[10] 戴晓玲，李立，陈泳.组构视野下的城镇空间结构分析——以三个江南市镇为例 [M] // 段进，比尔·希列尔，等.空间句法在中国.南京：东南大学出版社，2015：70–94.

[11] AL–SAYED K，TURNER A，HILLIER B，et al. Space Syntax Methodology（4th Edition）[EB/OL]. （2014–01–01）[2020–8–25]. http：//www.researchgate.net/publication/295855785_Space_Syntax_ methodology.

[12] 封晨，王浩锋，饶小军.澳门丰岛城市空间形态的演变研究 [J].南方建筑，2012（4）：64–72.

[13] CHIARADIA A.J，MOREAU E，RAFORD N. Configurational Exploration of Public Transport Movement Networks：A Case Study，The London Underground. 5th International Space Syntax Symposium[C]. Amsterdam：Techne Press, 2005.

[14] 盛强，夏海山，刘星.空间句法对地铁站间截面客流量的实证研究——以北京、天津和重庆为例 [J]，城市规划，2018，42（6）：57–67.

[15] 盛强，周晨.解码白塔寺社区生活服务商业分布的空间 DNA[J].世界建筑，2019（7）：20–27+132.

[16] DAI XIAOLING, LI LI. The Transformation Logic of Public Space in Rural Settlement of Tai Lake Area. 8th International Space Syntax Symposium[C]. Santiago de Chile：PUC, 2012.

[17] 戴晓玲.以空间句法方法探寻传统村落的深层空间结构 [J].中国园林，2020, 08（36）：52–57.

[18] 盛强，杨滔，刘星.酒香不怕巷子深？——基于大众点评数据对王府井街区餐饮业分布的空间句法分析 [J].新建筑，2018（5）：124–129.

[19] 盛强，杨振盛，路安华，常乐.网络开放数据在城市商业活力空间句法分析中的应用 [J]，新建筑，2018（3）：9–14.

[20] 盛强，周晨.功能追随空间：多尺度层级网络塑造的城市中心 [J].建筑师，2018，196（6）：60–67.

视域模型：
空间的可见边界与感知

第四章

视域模型：空间的可见边界与感知

特纳（Turner）等人借鉴了贝内迪克特（Benedikt）在 1979 年关于等视域（Isovist）的研究 [1]，提出了基于空间句法概念的视域关系分析（VGA：Visibility Graph Analysis）和智能体分析（Agent Analysis）方法 [2, 3]。等视域（Isovist）指一个人站在一处，向四周看，目所能及的地方。每个等视域都受制于自然或人为景观界面的限制，诸如墙体和山体对视线的阻挡等。因此，等视域对应的社会行为涵义就是任何一点空间中所能感知到的景象，并随人的行走而将会不断变化。那么，一系列连续的等视域必将构成一幅连续的景象，体现了诸如空间序列、庆典、日常漫步等情景。于是，除了等视域本身的几何特征，如面积、周长、重心等属性之外，可以使用不同的局部和全局度量参数，如连接度、整合度等计算系统中不同位置点的等视域之间的空间。它们之间的视觉关系将更为深刻地揭示建筑空间内在的社会行为内涵，并体现功能需求，如建筑内部的动线组织或静态的空间占用模式等。

从理论上而言，平面空间可以无限地细化为无限小的像素点，从而形成无限多的等视域，那么它们之间的关系也是无限的，从而无法计算。而在实际应用之中，特纳等人提出将正交方格网铺在建筑平面上，然后将每个方格类比为一个像素点，并在计算过程之中也简化为一个点。那么，等视域就可以简化为点之间的关联，这样可以极大地减少等视域的数量，从而节省计算量，并获得实际项目可以接受的结果。

4.1 空间模型的建构

空间句法的视域关系分析（VGA：Visibility Graph Analysis）基于构成空间的各种

边界对视线的阻挡，因此空间建模的关键是根据研究的问题来确定分析的边界条件并绘制相应的底图。例如，如果研究关注建筑空间本体，那么可视图分析（VGA）模型的边界条件则主要由墙体、门窗洞口等组成，对于家具、植物绿化等室内陈设可进行较大幅度的简化甚至忽略其存在；否则的话，两者都应该作为边界条件被绘制于分析模型之中。虽然构成建筑空间的边界条件比较复杂，但它们大致可以被分为两类：可视边界和可达边界。前者指对人的视线产生阻挡的高度较高（眼睛高度之上）且不透明的实体边界，如墙体；后者指对人的运动产生阻挡的边界，除了前者之外，还包括一些高度较低（眼睛高度以下）或透明的边界，如桌椅、栏杆、绿化、水面、窗户、玻璃墙体等。依据前者，即人眼睛高度（Eye-level）的边界条件绘制的模型被称为可视层视域模型；依据后者，即人足部高度（Knee-level）的边界条件绘制的模型被称为可达层视域模型。在应用中，我们可以根据研究的问题或案例空间的复杂程度来选择其一建构分析模型，或者同时建构两者以便对空间的可达与可视关系进行比较。

Depthmap 软件虽然提供了绘制轴线和凸空间的功能，但对于视域关系分析则必须事先通过 CAD 软件绘制分析底图，然后存成 dxf 文件再导入到 Depthmap 中。在视域模型中，建筑平面的外轮廓必须是闭合多边形，内部则是由开放的门洞连接平面各部分而成的一个连续的空间整体（图 4-1）。无论是用哪个 CAD 软件（Autodesk 或 Rhino）绘制视域关系分析的底图，切记以下几点规则：

首先，务必用直线（"Line"或者"Polyline"）绘制所有边界，不要用曲线或弧线，并尽量将所有边界闭合好，不留缝隙。

其次，对于较为复杂的建筑平面，一定要通过现场的实地观察和调研确定分析的边界条件，对于眼睛高度（Eye-level）的可视层模型和足部高度（Knee-level）的可达层模型的区分应尽量做到客观和一致性。

再次，建议分图层绘制分析底图，为以后导入 Depthmap 进行视域关系分析的操作保留最大的灵活性。例如，我们可以根据两个不同高度的边界条件在 CAD 中分别绘制出可达层和可视层的边界，也可以将垂直交通要素，如楼梯、坡道、电梯、自动扶梯等，绘制为单独的图层以便建构多层空间的视域关系分析模型（图 4-2）。

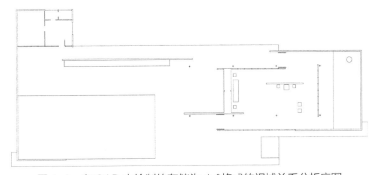

图 4-1　在 CAD 中绘制的存储为 dxf 格式的视域关系分析底图

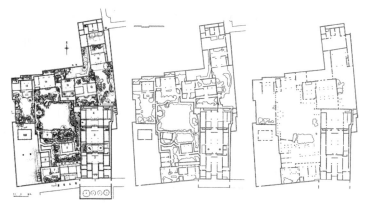

图 4-2　根据园林平面（左）的不同标高边界条件绘制的足部高度（Knee-level）的可达层
VGA 分析底图和眼睛高度（Eye-level）的可视层 VGA 分析底图

最后，切记应使用字母或数字给 dxf 文件或其中的图层命名，不要使用中文字符。

4.2　视域关系分析的步骤与方法

如轴线模型分析那样，我们需要首先在 Depthmap 中建立一个新的 graph 文件将 dxf 格式的视域关系分析底图导入其中，其操作步骤为：

"File" → "New"，建立新的 graph 文件；

"Map" → "Import"，在弹出的窗口中浏览文件夹找到之前保存的 dxf 文件，点击 "Open"。文件导入后以同名的方式保存于 Depthmap 文件的绘图层（Drawing Layers），用鼠标点其左侧的 "+" 符号可以展开导入的 dxf 文件所包含的图层，并控制相关图层内容的显示或不显示。

"File" → "Save As"，将导入的分析底图保存为 graph 格式的文件（图 4-3）。

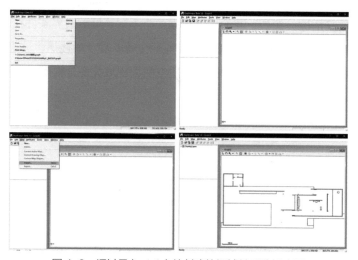

图 4-3　通过导入 dxf 文件创建的视域关系分析底图

　　然后，我们便可以进行视觉关系的可视化分析了，分析的主要内容包括两大方面：绘制等视域图（Isovists）和视域关系分析。

4.2.1　绘制等视域图

（1）单点等视域图

　　单击工具栏中代表等视域图（Isovist）的按钮，此时鼠标光标移动到Depthmap 工作区时会自动变为滴管工具，移动滴管工具到视域关系分析底图边界内想要绘制等视域图的位置，然后点击鼠标左键。屏幕上将会出现一个窗口，让我们选择绘制等视域图的视角，其中的可选项包括：四分之一等视域图、三分之一等视域图、半等视域图和全等视域图，分别对应了 90°、120°、180° 和 360° 的视角。需要指出的是，此时选择不同的视角对绘制的等视域图不会产生任何影响，都将在之前找的位置生成一个视角 360° 的全等视域图（图 4-4）。如果要绘制视角小于 360° 的部分等视域图（Partial Isovists），我们必须先在工具栏上调出部分等视域图按钮（点击 "Isovist" 按钮右边的下拉小三角符号切换），并用 "滴管" 工具定义绘制等视域图的原点和方向，然后在弹出的窗口中选择相应的视角绘制部分等视域图（图 4-5）。

　　Depthmap 将自动生成一个名为数据地图（Data Maps）的图层（位于软件界面左上角）来存放绘制的等视域图。软件界面左下角的窗口则显示了等视域图在几何形态方面的多个不同属性，包括：面积（Area）、紧凑度（Compactness）、游离角度（Drift Angle）、游离度（Drift Magnitude）、最大半径（Max Radial）、最小半径（Min Radial）、边界开放度（Occlusivity）、周长（Perimeter）。

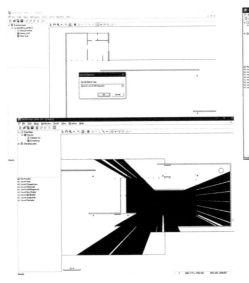

图 4-4　等视域图（Full Isovists）

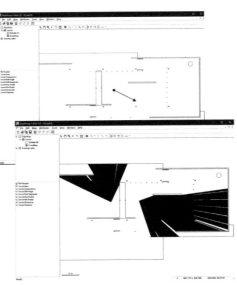

图 4-5　部分等视域图（Partial Isovists）

（2）路径等视域图

除了创建单点的等视域图，还可以沿着一条事先设定的路径创建包含连续多个点的路径等视域图（Path Isovists）。为此，我们必须创建一个新的数据图层，并在其中绘制一些线作为路径。有两种方法设定路径，下面分别加以说明。

一是在 Depthmap 软件中绘制路径：通过菜单"Map"→"New"创建一个新层，选择数据图层类型，并将其命名为"Isovist Path"。然后使用工具栏上的画线图标 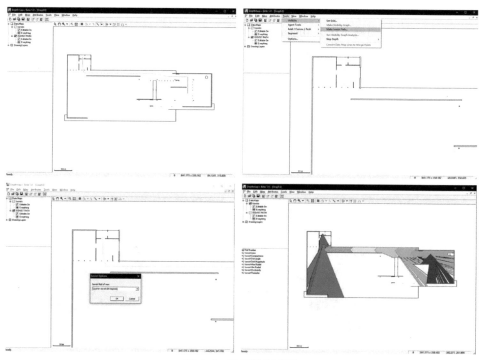 绘制连续多条直线作为路径，请确保沿着一个方向绘制直线。

二是，我们可以在 CAD 软件中绘制路径（可以是多段直线组成的 Polyline），并将其作为绘图层导入 Depthmap。导入后，请确保绘图层只显示了路径，通过菜单"Map"→"Convert Drawing Map"将其转换为数据图层类型，并将其命名为"Isovist Path"。

在应用上述两种方法之一创建了路径之后，确保在 Depthmap 中选中它，然后通过菜单"Tools"→"Visibility"→"Make Isovist Path"，在弹出的窗口中选择相应的视角，将会沿着路径的起点—终点方向以路径线的每个折点为原点生成一组等视域图。这些等视域图将被添加到之前创建的 Isovists 图层中（图 4-6）。

对于不想要的等视域图，我们可以删除它们，方法是使 Isovists 图层处于"可编辑"（Editable On）状态，然后在 Depthmap 的工作空间中选择不想要的等视域的图形，直接用"Delete"键或通过菜单"Edit"→"Clear"将其删除。不过在删除之前务必记得保存文件。

图 4-6　路径等视域图

4.2.2 视域关系分析

视域关系分析是以一定密度排列的点阵采样建筑平面，绘制每个点的等视域图，并度量它们之间的重叠程度和拓扑连接关系。与绘制等视域图不同，视域关系分析必须对研究对象进行点阵采样，在确定点与点之间是否相互可见之后，才能应用空间句法的深度等相关概念对其拓扑连接关系进行量化分析。

（1）视域关系分析的准备

第一步是设定采样点阵的尺寸。Depthmap 通过设置均布的方格网并取其中心点构成空间采样的点阵。我们可以通过菜单"Tools"→"Visibility"→"Set Grid"，或单击工具栏的图标▦来创建网格，然后在弹出的网格属性窗口中设置网格的间距尺寸，其单位默认为导入的 dxf 文件的图纸单位。网格尺寸大小与分析的精度和软件计算速度有关。如果网格尺寸设置过大，将会导致平面中的某些部分无法被充分覆盖而影响分析的准确性；另一方面，如果网格尺寸过小，固然可以得到很高的分析精度，但却会显著降低软件的计算速度、加大文件的数据量。这些影响对于规模较大的研究对象尤为显著。作为经验之谈，我们通常考虑设置一个与人体尺度相匹配的网格间距，如 0.6 或 0.7 米，大致为人的一步之长，以此模拟人在运动时的视觉信息变化。

设置好网格尺寸后，单击"OK"。我们将能看到一套网格覆盖在视域关系分析底图之上。同时，在软件界面左侧上方的图层索引窗口将会生成一个名为"VGA Map"的图层，用来保存视域关系分析的所有参数数据（图 4-7）。

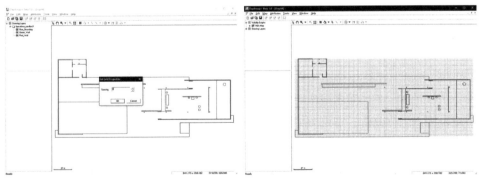

图 4-7 设定 VGA 分析网格

第二步是填充要分析的网格。单击工具栏上的"Fill"图标▣，其缺省设置为"Stadard Fill"模式。此时，如果我们将鼠标移动到 Depthmap 界面的工作区，鼠标指针会变成类似 Photoshop 油漆桶的图标，然后单击分析平面内的任意某个位置以填充该区域（图 4-8）。Depthmap 会自动识别网格单元之间的连续性，并对填充的网格进行着色：位于空间边界的网格显示为绿色，其他位置的网格则显示为灰色。有时候，由于网格设置的精度不足，有些小的缝隙空间不能被程序自动填充。根据 Depthmap

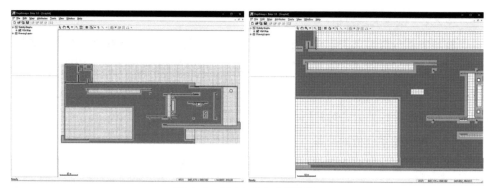

图 4-8 填充 VGA 分析网格

原创作者特纳的说法，这是由于网格填充是从鼠标点击的位置开始以水平、垂直，或对角线方向逐个网格前进进行填充，过程中如果遇到下一个网格的中心点被边界遮挡而无法穿过的缝隙型空间，填充就会停止。我们可以利用"Pencil"工具进行手动填充或对自动填充的网格进行编辑修改。选择工具栏上的"Pencil"工具图标，然后将鼠标指针移动到适当的位置：点击鼠标左键填充网格，点击鼠标右键则可以擦除被填充的网格。这里要特别说明，Depthmap 的算法是根据网格中心点之间是否直接可见来构建视域模型的连接关系，它可以"看穿"缝隙空间。因此，填充网格之间的空隙对于 Depthmap 视域模型的算法来说并不重要，没有必要把所有的空隙都填充起来，重要的是绘图层中那些定义空间边界的矢量线，即绘图层当前显示的那些线，它们决定了网格之间是否直接可见。我们可以利用 Depthmap 的这一特点分析边界条件比较复杂、可达与可视关系不一致的复杂建筑空间，具体操作方法将在本章后面的小节中详细说明。

第三步是生成可见关系图解。通过菜单"Tools"→"Visibility"→"Make Visibility Graph"，将出现一个窗口，有两个选项：一是设置视线所及的最远范围，默认情况是无限远。如果前面勾选，后面则需要输入距离数值，将可视关系限制在特定范围内进行分析。这是为了应对当分析尺度较大的时候，过远的可视距离可能与人的真实感受并不相符，如一些研究表明，城市街道环境中有意义的视觉辨识距离大约为 250 米。另一个选择是生成边界并非空间的分析图，如果我们对遮挡空间的边界的视觉配置关系感兴趣的话。选择生成边界的视域关系图，那些非边界位置处的填充网格将被删除，也不再参与后面的句法变量计算。对于大多数的分析，可以忽略这两个选项，然后单击"OK"继续下一步（图 4-9）。

这时，我们便生成了网格之间的可见关系图解。我们会在 Depthmap 软件界面左下角的参数属性列表看到一些图形度量的变量，包括连接度和另外两个名为"点一阶矩（Point First Moment）"和"点二阶矩（Point Second Moment）"的参数。一阶矩和二阶矩是数理统计学上的概念，Depthmap 的点一阶矩是一个网格（中心点）与其所有直接可见的其他网格（中心点）的米制（Metric）距离之和，而点二阶矩则是前述米制距离的平方之和。实际上，这两个参数与空间句法的分析并无直接关系，我们大可不必理会它们。在这一步有意义的参数是连接度（Connectivity），即一个网格直接可见的其他网格的数量。生成可见关系图解后默认显示的参数就是连接度（Connectivity），相应的软件界面的工作区将为填充网格进行着色渲染，以"蓝—红"的冷暖色调的渐变代表连接度数值由低至高的变化（图4-10）。

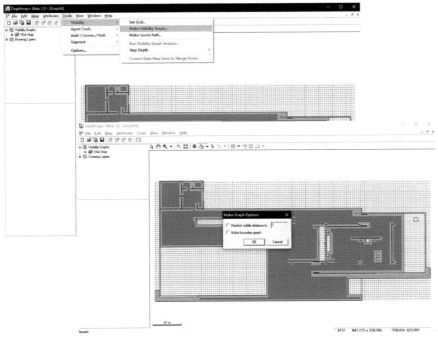

图4-9 生成VGA分析的可见关系图

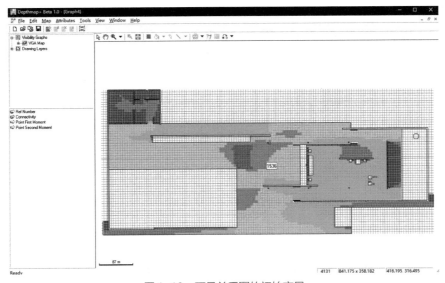

图4-10 可见关系图的初始变量

此时，我们还会看到工具栏上的 Join 工具图标变为启用状态。点击该工具使其处于"Link"状态，可以选择一些网格，并将它们与另外一些相同数量的网格连接起来。如此一来，这些原本不可见的网格将变得相互之间直接可见（图4-11）。利用"Join"工具，我们便可以将不同标高或楼层的建筑平面连接为一个整体进行分析，在一定程度上以二维的形式应对三维空间的分析，具体操作方法将在后面章节中详细说明。当两个网格被链接之后，它们各自的连接度数值不会发生改变，但 Depthmap 程序算法会将其视作一个合并的单元进行拓扑连接关系的计算。如果链接了原本不应该链接起来的网格，我们可以使用"Unlink"工具取消它们。链接的网格以绿色连线显示，如果我们单击"Select"工具，仍然可以在视图中看到绿色连线。当我们缩放或移动视图位置的时候，这些绿色连线则会消失。不过不必担心，我们可以随时切换到链接模式来再次检查它们。

（2）环境填充

网格填充还有一个选项是"Context Fill"，此工具是专门为低分辨率分析设计的："Context Fill"的网格中仅有 25% 参与了可视关系计算。它和"Standard Fill"组合起来使用可以应对如下的分析情景：假设我们把建筑平面置于所处的城市环境进行分

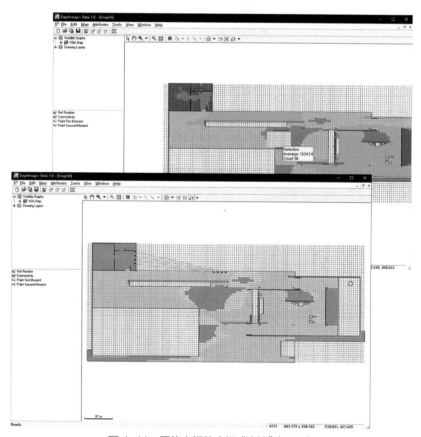

图 4-11　网格之间的空间"连接"（Join）

析，在加快软件计算速度的同时又要保持对建筑内部空间分析的良好分辨率，那么我们可以利用"Context Fill"对建筑内部和城市环境施以不同的填充模式和不同精度的空间采样。由于视域关系分析的空间是连续的，因此我们需要做些技术处理才能实现"Context Fill"的功能，以下的两种方法均可。

一是在 CAD 中绘制分析底图的时候单独建一个图层，例如可以将其命名为"Gate"，作为建筑内部与室外城市环境的分界线。在分析底图导入 Depthmap，确保该图层处于显示状态，然后分别对建筑内部进行"Standard Fill"和对外部城市空间进行"Context Fill"，其中环境填充的网格会以蓝色显示，之后，关闭"Gate"图层，再构建可视关系图解，此时室内外空间便被视为一个连读的整体。

二是用"Pencil"工具，先手动填充建筑与城市连接的出入口处的那些网格，以确保建筑对外出入口被完全"封闭"起来。然后，应用前文所说的"Standard Fill"填充建筑内部空间，应用"Context Fill"填充建筑外部的城市空间。由于室内外的出入口事先被手动填充的网格封闭了，因此"Standard Fill"和"Context Fill"遇到它们之后便会自动停止，从而避免相互覆盖。然后，我们便可以按正常的步骤生成可视关系图解并进行其他的分析。

（3）运行视域关系分析

在生成可见关系图解、网格之间的连接关系确定之后，就可以运行视域关系分析（Run Visibility Graph Analysis）来计算图形中网格节点之间的连接关系。这一步操作必须通过菜单命令执行："Tools"→"Visibility"→"Run Visibility Graph Analysis"（图 4-12）。

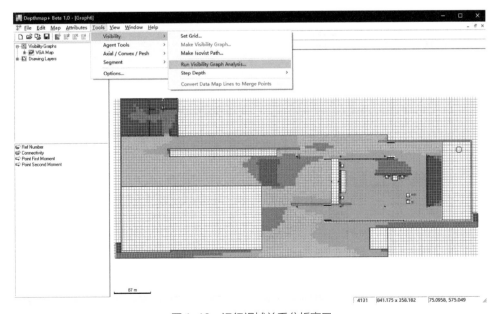

图4-12　运行视域关系分析窗口

运行视域关系分析的时候，我们会面临几个分析选项：

第一个选项是 "Calculate isovist properties"，勾选后程序将以每个网格的中心点为等视域图的生成点计算其几何形态属性，包括等视域图的面积、紧凑度、游离角度、游离度、最大半径、最小半径、边界开放度、周长等。它们的含义及计算公式和 4.2.1 节中 "绘制等视域图" 的内容完全一样，只是以 360° 的视角来计算等视域图的属性，而并不会生成其具体的图形（图 4–13）。

第二个选项是 "Calculate visibility relationships"，这是空间句法分析的标准选项，它将进行类似于轴线模型或凸空间模型的图形要素之间的拓扑连接关系计算。只是此时的图形节点由网格的中心点表示，而不是轴线或凸空间；节点间的连接关系由网格之间的可视关系表示，而不是两个轴线之间的相交或两个凸空间之间的门洞连接。该选项的参数计算设置和生成的变量内容与轴线模型或凸空间模型并无不同，包括全局变量和局部变量两大类别。在全局变量计算中可以设置不同的拓扑半径，勾选前面的复选框后在后面输入半径数值即可。但与轴线分析的半径设置不同，这里一次只能输入一个半径进行计算，缺省设置的半径为 n，即不限制半径的分析（图 4–14）。

视域关系分析的全局变量包括如下几项：

视觉平均深度（Visual Mean Depth）：连接度（Connectivity）指某个网格直接可见的其他网格的数量。对于被边界遮挡住的其他网格，意味着必须经过中介的等视

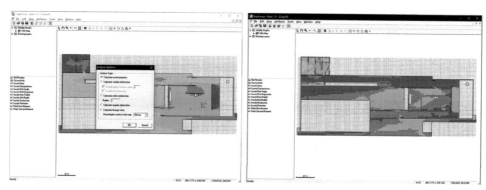

图4-13　视域关系分析选项之计算等视域图属性

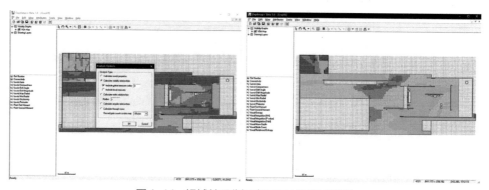

图4-14　视域关系分析选项之计算视域关系

域图才能看到。在空间句法的视域关系分析中，这种间接连接关系以视觉平均深度来表示，它度量某个网格到其他所有网格的最短拓扑路径上的等视域连接的平均次数，描述了每个网格对一个空间布局的整体连接的贡献程度。

视觉整合度（Visual Integration）：视觉平均深度（Visual Mean Depth）的标准化数值，Depthmap 提供了三种整合度的标准化处理方式，其中 [HH] 为空间句法理论奠基人比尔·希列尔（Bill Hillier）和其同事朱利安妮·汉森（Julienne Hanson）的标准化方法，也是软件默认的可视化参数。但实际上，这三种整合度的标准化处理方法并无本质不同，我们不必具体了解其他两种方法的计算公式，就按习惯选择空间句法的标准化方法来应用即可。

可视节点计数（Visual Node Count）：从一个网格节点到其他所有网格节点的路径所经过的节点数量。

视觉熵（Visual Entropy）/相对化视觉熵（Visual Relativised Entropy）：在 DepthMap 软件中，视觉熵是根据从某个网格节点到其他网格节点的深度序列而非深度本身，去计算网格的空间区位分布。如果很多节点距离某个网格节点较近，且深度分布是非对称的，该节点的视觉熵值就低。如果深度是均称分布，视觉熵值就高。该变量可反映空间布局中文化上重要的拓扑差异。相对化视觉熵（Visual Relativised Entropy）是对视觉熵数值的一种标准化处理，以便对不同规模或复杂度的建筑布局进行比较。

视域关系分析的局部变量包括如下几项（图 4–15）：

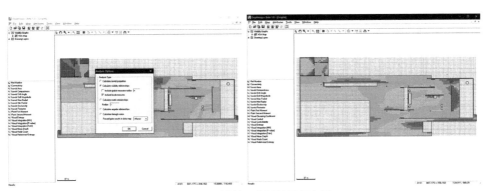

图4-15 视域关系分析的局部变量

视觉聚合系数（Visual Clustering Coefficient）：指某个网格节点的等视域图中相互可见的节点连接数量与所有可能的连接数量的比值。该参数的数值介于 0~1 之间。当视域形状为凸空间时，其中的所有点相互可见，该参数的值为 1。视觉聚合系数不仅表征了视域的凸空间性，同时还可以揭示当观察者移动时，视域变化的速率或视觉信息的稳定程度。例如在建筑走道交叉口处，视域的形态呈多方向的放射状，聚合系数较小，微小的移动也会带来视觉信息的剧烈变化。

视觉控制度（Visual Control）：度量某个网格节点的比邻节点看到该节点的难易程度。某个节点有 k 个与之相邻（直接可见）的节点，那么与之相邻的节点都获得 $1/k$ 的值。对于每个节点，所获得的值之和为控制度。因此，一个网格节点如果想获得高的视觉控制度，那么它必须看到大量的节点，但这些节点应该每个都看到相对较少的节点。高控制度的典型例子是单元式布局中的走廊空间，如医院或宿舍的走廊，与之相连的是一个个单独的诊室或房间，其控制度较强。

控制度用来描述视觉上占主导地位的网格节点，与之相对的概念是视觉可控性（Visual Controllability），指视觉上容易被主导的网格节点。从数学公式来描述可控性可能会更容易理解：对于一个网格节点，可控性是拓扑半径 2 的节点总数与连接度（连接度等同于拓扑半径 1 的节点总数）的比值。

视域分析的第三个和第四个选项是"Calculate metric relationships"和"Calculate angular relationships"，它们与线段模型的分析内容与方法类似，分别以物理距离和角度转向距离为成本进行最短路径计算（图4-16）。同样的，在视域关系分析中，Depthmap 也对实际角度进行了转换：0~360° 用 0~4 表示（即 90° 折算为 1）。米制关系分析（Calculate Metric Relationships）以物理距离为成本进行视域模型节点之间的最短路径计算，并生成三个变量：

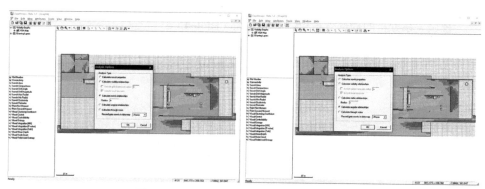

图4-16　视域关系分析选项之米制关系分析

米制最短路径平均转向角度（Metric Mean Shortest-Path Angle）：从一个网格节点到其他网格节点的最短米制距离路径上的平均转向角度。

米制最短路径平均路径距离（Metric Mean Shortest-Path Distance）：从一个网格节点到其他网格节点的最短米制距离路径上的平均米制距离。

米制平均直线距离（Metric Mean Straight-Line Distance）：从一个网格节点到其他网格节点的平均直线距离，与前面变量不同的是，这里完全不考虑空间布局中边界对路径的阻挡，而仅仅度量两点间的直线距离。

角度关系分析（Calculate Angular Relationships）以角度转向距离为成本进行视

域模型节点之间的最短路径计算，并生成三个变量：角度平均深度（Angular Mean Depth）、角度节点计数（Angular Node Count）和角度总深度（Angular Total Depth）。

视域关系分析的第五个选项是"Calculate through vision"，指一个节点被其他节点间的所有可见连线穿越的数量（图4-17）。

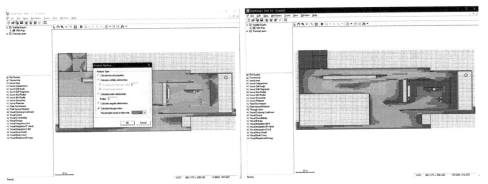

图4-17　视域关系分析选项之通过视线分析

（4）深度距离分析

深度距离（Step Depth）分析，也被称为点深度（Point Depth）分析，计算从起始网格节点到其他所有节点的最短路径上的距离深度。同前面的分析一样，Depthmap对分析单元之间的距离，也就是深度，有三种定义，分别是：视觉拓扑深度（Visual Depth）、米制深度（Metric Depth）和角度拓扑深度（Angular Depth）。

深度距离分析首先要选择网格节点作为深度度量的起始点。可以通过鼠标左键单击选中单个网格，也可以按住鼠标左键不放，然后拖动鼠标框选连续的多个网格，此外还可以通过按住Shift键来添加分布在不同位置的多个网格。选中的网格会以黄色高亮的状态显示，如果把鼠标指针放到其中的某个网格上，屏幕上会显示选择集的一些基本信息：包括选择集的元素数量以及当前显示参数的平均值（图4-18）。

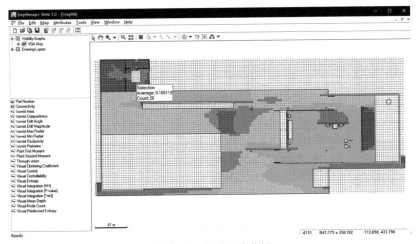

图4-18　深度距离分析

选择一个或多个网格节点后，点击工具栏上的深度距离分析（Step Depth）图标 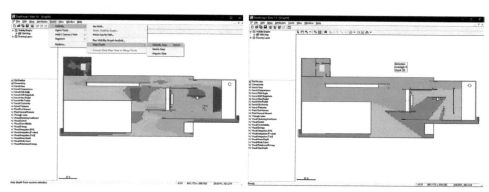，或者通过菜单命令："Tools" → "Visibility" → "Step Depth" → "Visibility Step"，来计算从所选择网格开始的视线拓扑深度；如果想计算米制或角度拓扑深度距离，则只能通过菜单命令执行，其路径为："Tools" → "Visibility" → "Step Depth" → "Metric Step / Angular Step"。无论是选择哪种方式来计算最短路径，Depthmap都会在软件界面左下角的参数属性列表窗口中添加带有 "Step" 字样的变量名。米制深度距离分析会产生三个变量，其中有一个并不带有 "Step"，为 Metric Straight-Line Distance（图 4-19、图 4-20）。

图 4-19　点拓扑深度距离分析

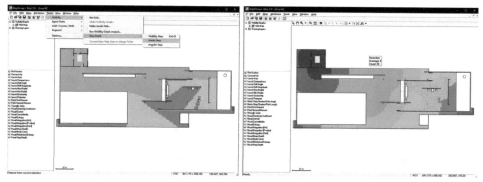

图 4-20　点米制距离分析

这里需要提示一下，选择了网格节点进行深度距离分析后，最好更改软件自动生成的变量名：用鼠标选中变量后点击右键，然后选择 "Rename"。这样，当我们再次选择其他网格节点进行深度距离分析的时候，就不会因同名的变量而覆盖之前的分析结果。

（5）目标可见性分析（Targeted Visibility）/ 共视性分析（Co-visibility）

一般来说，Depthmap的视域关系分析关注的是一种通用的可见性，即空间布局中所有网格节点之间的可见性。然而，在某些类型的建筑或某种情况下，我们往往更关心一些特殊位置或物体的可见性，例如，医院重症监护病房的病人相对护士站的可视程度，或者展品在展览空间中的可见程度等。陆毅在医院病房研究的基础上，提出了一种改进的可视性分析方法，称为"目标可见性分析"（Targeted Visibility Analysis）。该方法背后的理论思考是：对于给定的个体，某些环境属性在功能上比其他属性更为重要，并且这些属性可以被直接感知；对于不同的个人或群体，不同类型的环境要素在功能上的重要程度很可能不同，因此，可见性分析应该关注环境中与不同用户群密切相关的不同视觉特征集。总的来说，目标可见性分析将分析的重点放在预选的目标上，并计算空间布局中每个可占用位置有多少目标可见。

实现"目标可见性分析"有两种不同途径。一种是陆毅提出的，应用 Depthmap 软件的脚本语言进行半自动化分析[4]，另一种是手动方式。下面分别予以说明。

陆毅提出的方法步骤如下：

第一步，按照正常的视域关系分析的步骤进行，直至完成构建分析平面的可视关系图解（Make Visibility Graph）。

第二步，创建一个自定义变量，菜单命令的操作步骤为："Attributes"→"Add Column"，在弹出的窗口中将新的变量命名为"target"（图4-21）。

第三步，选择平面布局中的所有需要被关注的目标（网格节点），然后将这些点赋值为1，菜单命令的操作步骤为："Attributes"→"Edit Column"，在弹出的公式（Formula）窗口中输入"1"，切记勾选左下角的复选框"Apply formula to selected objects only"，然后点击"OK"（图4-22）。

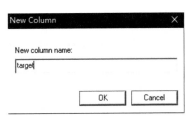

图4-21　创建自定义变量

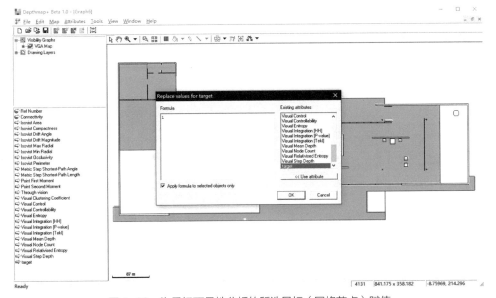

图4-22　为目标可见性分析的所选目标（网格节点）赋值

第四步，再创建一个新的变量："Attributes"→"Add Column"，在弹出的窗口中将新的变量命名为"targeted visibility"。然后，"Attributes"→"Edit Column"，在弹出的公式（Formula）窗口中输入下面的脚本代码。

```
x=0
l=this.connections（）
for i in l：
 if i.value（"target"）==1：
 x=x+1
else：
 x
x
```

同时切记勾选左下角的复选框"Apply formula to selected objects only"（图 4-23）。然后点击"OK"，运行代码后，将获得目标可见性的数值（图 4-24）。

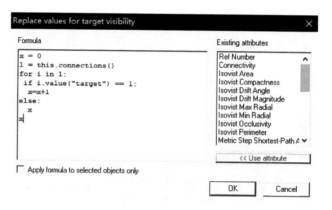

图 4-23　应用脚本语言计算目标可见性数值

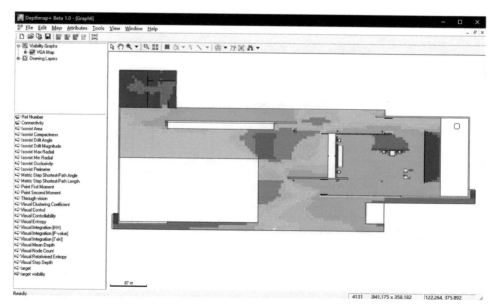

图 4-24　目标可见性分析结果的可视化示意

另一种手动进行"目标可见性分析"的方法如下：

第一步同陆毅的方法一样，按照正常的视域关系分析的步骤进行，直至完成构建分析平面的可视关系图解（Make Visibility Graph）。

第二步，绘制需要被关注的目标点（网格节点）的等视域图。方法如本章前文所示，选择工具栏中代表等视域图（Isovist）的图标 ，找到需要被关注的目标点位置逐个绘制其等视域图（图 4-25）。

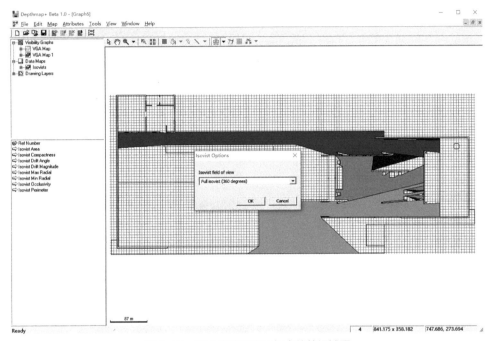

图 4-25　逐个生成所有目标点的等视域图

第三步，确保数据图层（Data Maps）的 Isovists 图层处于当前显示状态，点击工具栏的"推送数值"（Push Values）或通过菜单命令："Attributes"→"Push Values to Maps"；在弹出的窗口中勾选"Record object intersection count"，然后点击"OK"（图 4-26）。切换"VGA Map"为当前显示图层，我们会发现有个新的名为"Object Count"的变量，用来显示每个网格重叠到的等视域图的数量，即可见的目标点的数量（图 4-27、二维码 4-1）。

二维码 4-1
巴塞罗那德国馆的 VGA 分析 dxf 底图及 graph 文件

虽然第一种方法通过脚本语言计算，似乎效率更高，但 Depthmap 运行脚本时的稳定性不是太好，时不时会有程序出错而意外终止的情况发生。第二种方法则不会出现意外。此外，第二种方法在绘制等视域图的时候可以选择视角和方向性，通过生成部分等视域图从而将目标可视的方向性限制也纳入分析，因此应用起来也更全面、灵活。

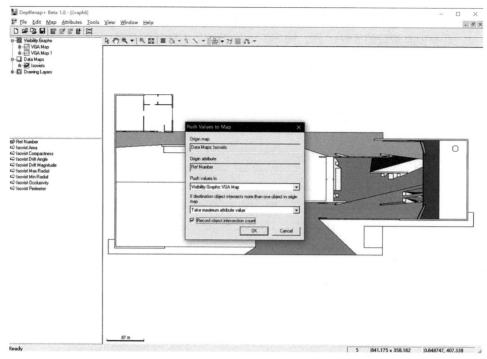

图 4-26　通过推送数值功能计算网格所重叠的目标点的等视域图数量

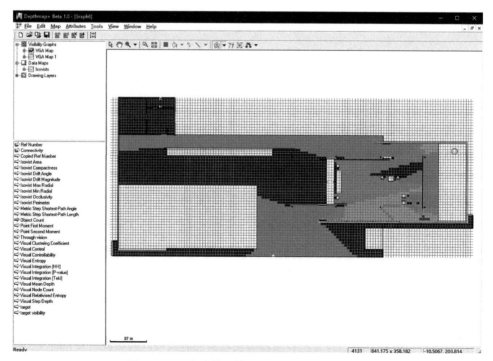

图 4-27　目标点等视域图数量计算结果的可视化

4.3 复杂建筑空间的建模方法

Depthmap 的视域关系分析仅支持二维平面，但我们遇到的建筑往往有好几层平面。一般而言，我们可以为每个楼层平面构建单独的视域模型并对各层的分析结果加以比较，但这种做法却难免将各层空间割裂开来，缺失了对建筑空间系统的连续性和整体性的把握。此外，现代建筑和某些传统建筑环境如苏州古典园林，空间形态往往比较复杂，包含了不同类型的上空空间（Void Space），如三维方向上贯通多个楼层高度的共享中庭，或者在二维平面上划分出来的水面、绿化等人们无法进入或占用的空间。对于这些复杂的空间系统，视域关系分析该如何建模？我们将通过下面两个例子分别说明多层空间和上空空间（Void Space）的建模方法。读者可以在此基础上，自行练习两种方法的应用及其组合，以应对不同类型的复杂空间系统的建模与分析。

4.3.1 多层空间系统的视域关系分析建模

多层建筑物通过垂直交通如楼梯、坡道、自动扶梯、电梯的联系将各层平面连接为一个整体，因此从方法上来说，构建多层空间的视域模型似乎很简单：我们只需为每层平面单独建模，然后利用 Depthmap 提供的"Join"工具将各层平面连接为一体再进行分析就万事大吉了。然而，在具体操作的时候我们首先会面临一个关键的问题：不同类型的垂直交通的建模是否要区别对待？直觉告诉我们需要区别对待，毕竟不难理解使用不同类型的垂直交通付出的空间成本不同；但如何区分又没有统一的答案或相关的研究成果可以参考。

因此，多层建筑的视域模型建模的关键是合理反映不同类型或形式的垂直交通联系带来的楼层间的拓扑深度变化特点。对此，无论是在空间句法研究的期刊文章或会议论文中，还是在其更为广泛的、有世界各地众多学者参与的英文邮件论坛中，都曾有过多次的深入讨论，并提出过相应的建模策略与方法。总的来说，这些建模策略与方法大多遵循着一些基本的空间句法原则，并通过与实际观测的行为活动数据的交叉检验而具有统计学意义上的显著性 [5, 6]。它们大致可以概括为以下几点。

（1）根据楼梯与上下楼层的剖面图所呈现的凸空间关系，将其表述为若干深度步数的拓扑连接。

（2）对于有门禁管理的出入口，可以视其增加了 1 个拓扑深度；对于电梯，我们可以视其为有门禁的空间，楼层每变化一层为 1 个拓扑深度。

（3）对于复杂的楼梯设置，需要考虑其平面特性，如"L"形楼梯、折返楼梯、螺旋楼梯等带来的拓扑深度变化。

（4）当楼层较多，或垂直交通数量较多的时候，为了便于管理或操作"Join"

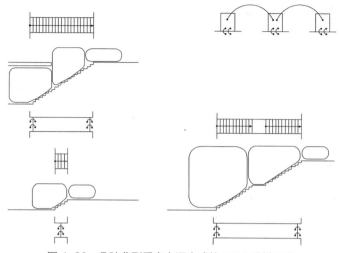

图4-28　几种典型垂直交通方式的 VGA 建模示意

工具的应用，我们可以将垂直交通要素设计为独立的小部件并置于视域模型的楼层平面之外。这时候需要注意尽量不要更改分析模型的空间量（即填充的网格数量）：小部件应该复制楼层平面中的楼梯区域，楼梯区域应再纳入楼层平面的建模范围。

　　图4-28 显示了几种典型垂直交通方式的视域关系分析的建模方法。左上图为直跑楼梯或自动扶梯的建模示意，通过两个链接将上下楼层联系起来，相应地增加了 2 个拓扑深度。右下图是一个较长的、中间有休息平台的直跑楼梯，对它的建模可以如前面较短的直跑楼梯的处理方式一样。左下图显示了半层高度的标高变化的楼梯建模示意，这种情况下我们不必如前两个例子那样将楼梯梯段与楼层平面分割开来，而仅需在梯段中间用一条分割线来表示所增加的 1 个拓扑深度。右上图显示了电梯的建模原理，每层电梯的轿厢与自己的楼层链接，然后逐层与相邻的楼层轿厢进行链接。

　　图4-29 则示意了将层数较多的"U"形折返楼梯作为一个独立部件进行建模的基本原理，以及如何在视域模型的二维深度图中体现楼梯的不同区域在三维方向上的空间关系。其中的右上图为楼梯的三维空间构成示意。左图为通过小部件和手动链接的二维方法表述的垂直方向的空间连接，所

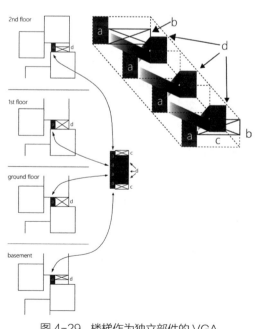

图4-29　楼梯作为独立部件的 VGA 建模方法示意

示为楼梯的各层平面以及表示梯段与休息平台的连接关系的小部件：（a）楼层平面和小部件之间的合并空间；（b）最下面一层的楼梯下部及最上面一层的楼梯顶部的空间，建模中不予考虑；（c）包括在楼层平面的建模但被排除在小部件建模的空间；（d）包括在小部件建模但被排除在楼层平面建模的空间（二维码4-2）。

二维码 4-2
深圳大学建筑与城市规划学院院馆 B 区 1~3 层平面 dxf 及 graph 文件

4.3.2　上空空间的视域模型建模

前文我们提到，对于有较多上空空间（Void Space）的建筑环境，如共享中庭、水面、绿化等，视域关系分析通常会在两个空间层面展开并进行对比：足部高度的可达层和眼睛高度的可视层。毫无疑问，针对可达图层建模的时候我们会将中庭、水面、绿化等无法进入或占用的空间排除在外；但在可视层建模的时候是否也将它们排除在外并如何具体操作，往往并不清楚。在很多案例中，上空空间也往往被"填充"（Fill）后进行视域关系的分析计算。这样虽然方便我们了解上空空间的可视程度，但可能会显著增加分析模型的空间量（填充网格数量），进而产生几个问题。

第一，由于整合度的计算受空间量的显著影响，因此可视层与可达层的数据难以直接比较，或者缺少了对比应有的意义。第二，空间量的不同会导致数据分布的偏斜，当我们试图通过数据的统计分析或分布图式来考察、解读空间布局所蕴含的意义时，有可能会产生一定程度的偏差。

因此，我们倾向视域模型在建模的时候将无法进入或被占用的空间排除在外。我们可以利用 Depthmap 视域关系分析的过程特点来实现这一目标，具体操作步骤如下。

第一步，在 CAD 或 Rhino 中绘制分析底图的时候，务必区分出两个图层：将上空空间的边界保存为可达图层，将阻挡视线的边界保存为可视层，如图 4-30 所示，文件保存为 dxf 格式。

第二步，参考前文导入 dxf 文件的步骤，将视域关系分析的底图导入 Depthmap；然后如同要进行可达层分析的那样设置网格尺寸并进行填充，务必确保只有可达空间被填充（图 4-31）；到此千万不要继续下一步，即不要生成视域关系图解，切记！

第三步，切换到绘图层（Drawing Layers）为当前工作图层，关闭可达层，确保仅可视层边界（即阻挡视线的线）处于显示状态。然后再通过菜单生成视域关系图解："Tools" → "Visibility" → "Make Visibility Graph"（图 4-32），随后按正常步骤进行视域关系分析的各种操作即可。

可以看出，在上面的操作步骤中，我们利用了 Depthmap 的算法允许填充网格之间存在空隙并根据网格之间是否可见来构建连接关系的特点，即网格之间是否可见的判断依据不是网格填充是否连续而是其间是否有可见边界的阻挡。因此，我们先以可达空间的边界为限制条件进行网格填充，然后再以可视空间的边界为限制条

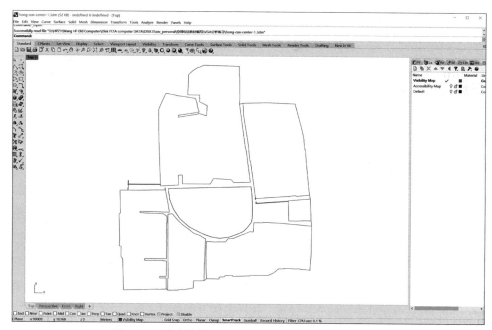

图 4-30　上空空间 VGA 分析的 dxf 底图绘制内容示意

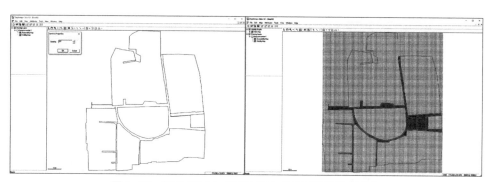

图 4-31　打开可达层，设定 VGA 分析网格并进行填充

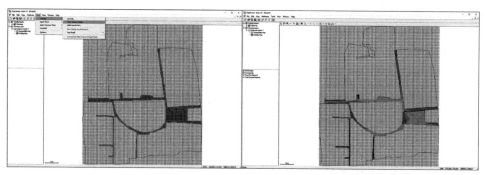

图 4-32　关闭可达层，同时打开可视层，生成视域关系图解

件生成视域模型的连接关系图解。这样一来，我们在将上空空间排除在建模之外的同时又保证了其周边的网格在模型中具有直接可见的连接关系，从而体现了眼睛高度的可视层的视域关系特点。

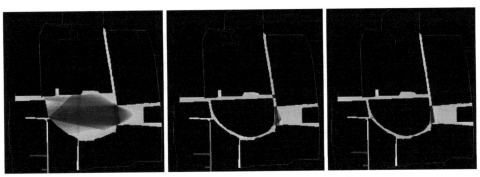

图 4-33　三种 VGA 建模方法的分析结果对比

图 4-33 显示了应用不同的建模方法进行视域关系分析得到的平均拓扑深度参数的对比情况。其中左图为包含了上空空间的可视层分析；中间图为足部高度的可达层分析；右图为仅填充了可达空间的可视层分析。可以看到，上空空间建模与否（左图与右图），在数据的分布图式上是有一定差别的，当然对于这些差别的解读就仁者见仁、智者见智了（二维码 4-3）。

二维码 4-3
安徽宏村的村落中心月沼区域 graph 文件

4.4　视域模型相关的行为数据收集方法

空间句法致力于探索空间布局模式和社会现象之间的交互作用，除提出了系统描述空间特性的量化方法之外，还在实践中发展了一套行为观察的方法用于测量人们在空间中的活动情况。空间句法的线性模型（轴线或线段模型）关注空间的一维线性连接所具有的运动潜力，因此大多采用观察点计数法（Gate Count）来收集数据并以街道上人车流量为行为数据的主要采集对象。视域模型则关注空间在二维的面域（等视域图）层面的连接潜力，除了动态的人车流量外，它还关注空间中的静态活动分布，如就座、站立或交谈等。因此，视域关系分析也往往会采用更丰富多样的方法收集各种动态和静态的行为数据。除了空间句法经典的观察点计数法（Gate Count），还包括快照法（Static Snapshots）、行人追踪（People Following）、运动轨迹法（Movement Traces）等方法 [7]。依据这些方法的设计要点操作而收集到的行为数据，可以和视域模型分析的结果相对照，进行数理统计的相关性分析，从而获取对空间模式和社会现象交互作用更细腻的理解。

在行为数据收集的方法上，空间句法与其他方法如环境行为学方法的主要不同在于活动状况记录的详细程度。多数空间句法研究对活动状况的记录并不十分详细，一般只区分使用者的姿势：行走、就座或者站立，而对具体活动内容并不关心。究其根本，空间句法主要是关于空间和功能的可供性（Affordance）理论。因此，它认为使用者的数量是空间活力与品质的指示器，由使用者形成的"共同在场"使不同的社会人群之间能够产生相互交流的界面（Interface），最终激发出场所的活力。而一个地点如果没有人活动绝不会是偶然的现象，应该首先从空间本身寻找问题的原因。

空间句法的行为调查关注活动类型与停留位置空间特性的规律，因此主要用图例和符号直接在地图上标记使用者的空间位置、社会性信息和活动状况，一般很少使用问卷和调查表。在整理数据的时候，现场调查收集的行为数据和每张图的记录时间信息会被一起输入电脑。条件允许的话，可以考虑使用 GIS 平台，这样同一批数据可以同时以图形的方式可视化和以表格的方式统计分析，将会极大地提高效率。

4.4.1　观察点计数法

观察点计数法（Gate Count）是空间句法理论研究和实践工作中最为常用的行为调查方法，它的应用在视域模型和线性模型（轴线或线段模型）中并无不同，甚至有时候我们会直接拿线性模型采集的流量数据和视域模型的空间数据进行相关性分析，以检验哪个模型可以更好地"解释"流量分布。因此，关于如何应用观察点计数法进行行为数据收集，请参阅前面的线性模型章节，这里不再赘述，仅强调一些分析时需特别注意的事项。由于视域模型是以密集的网格为基本的空间分析单元，因此观察计数点位置标注的准确性尤为重要。考虑到今后数据分析的方便，最好用闭合的多边形（如矩形）来表示观察计数点位置。同时，多边形的尺寸应适当大一些，以能够覆盖几个网格为好，这样在将视域模型的空间数据赋值给计数点的时候可以取几个网格的平均值以保证统计结果的稳健性。

4.4.2　静快态照法

静态快照法（Static Snapshots）是空间句法在活动注记法的基础上发展而来的一种行为观测方法，通常用于记录建筑尺度的空间布局或城市节点型公共空间如广场的使用模式。快照法顾名思义就是调查者想象自己对观察区域这一刻的使用者行为在脑海里拍下了照片，然后再把这些即时的信息用符号迅速记录下来。任何在"拍照"之后进入观测场地的人不应该被记录下来。这种方法能够避免由于调查人员记录速度不同所造成的误差。

快照法首先要在准备好的地图上预先定义易于观察的调研范围，通常将调研对象的空间布局按凸空间的定义分为若干个调研者在一瞥之间可以看到全貌的观察区域，并设计好观察位置和行走路线，确保调研者能最大限度看到观察区域并避免暴露自己，同时确保能走到所有的观察区域。

调查时，调查者通常会使用较大的平面图纸（如 1 : 50 或更小的比例尺），按照事先定义的路线依次走过每一部分观察区域，记录快照瞬间的活动情况。快照法常用

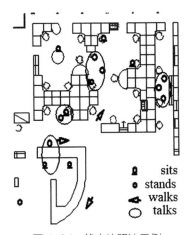

图 4-34　静态快照法示例

资料来源：Grajewski，Vaughan. 2001[7]

的记录符号如图 4-34 所示，区分出坐着的人、站立的人、行走的人，箭头还可以说明步行者行进的方向；用一个圆圈表示聚集在一起聊天的人：不论他们的姿势是闲坐、站立还是走动。如果还要记录使用者的性别和年龄就需要预先确定更多的符号，或者通过辅助表格来记录。

在某些使用率很高的空间，我们也许用一个关键的时间段（如午餐时间）的"快照"数据就足够说明问题了，但通常我们会像观察点计数法那样采集不同时间段的快照数据，如在一天中以固定的时间间隔记录 5 分钟内的类别和活动。

在非常繁忙的时段，某些被观察区域的活动或许非常多，有可能会来不及做准确的记录，对此现象我们大可不必过于担心。空间句法的研究经验告诉我们这点误差对结果的影响并不大 [7]。即使是在最忙的情况下，记下使用率频繁的空间里 75% 的活动是完全可能的，与使用率较低的空间相比较（那里往往可以做到 100% 的记录准确率），空间使用强度的差别还是可以在汇总的图纸上一目了然，因此遗漏掉一些活动并不影响调查的结论。

快照法的一个变体是直接采用高空鸟瞰摄像来记录行为活动。在某些情况下，如果能找到合适的高空拍摄场所，例如被观察广场旁边的高楼，使用照相机或摄像机进行拍摄可以真正做到无干扰地对自然情景下使用者行为的调查。另外，使用摄像技术还可以减少现场调查人员的数量。一个调查人员能够对好多处场景进行一定间隔时间的重复拍摄，当然过后还是需要人工将大量照片中的信息整理出来反映到表格和图纸中去，这个后期整理的时间是省不掉的。

无论是人工观察还是借助器材拍摄照片，快照法显示了映射到平面图上的一个瞬间的活动。它不仅可用于记录静态的活动，也可以用于记录移动的活动，尤其是当我们想对这两种空间使用方式进行直接比较时，其作用就更为重要。快照法通常在一天中以一致的时间间隔进行，它客观地反映了一天中哪些是不变的活动模式和哪些是不同或特殊的行为，其力量在于让我们能够立即看到空间布局中各区域的空间使用情况。通过及时跟踪和绘制这些活动的地图，我们可以勾勒出一个地区的空间使用模式，为今后从研究的角度对这些使用模式进行解释，或从设计的角度出发寻找空间中的潜在互动地点打下基础。

4.4.3　动线观察法

动线观察法（Trace Observation）指的是在平面图上记录个体的运动轨迹。空间句法中，这种方法被称为行人追踪法（People Following），用于观察从特定的人流集散点（如火车站、购物中心、建筑物入口）发散出来的人流轨迹特征。它既可用于城市环境，也可用于建筑单体。

动线观察法的具体操作方法是，调查者拿着研究对象的地图，从选定的地点跟踪行人并记录其步行轨迹。跟踪要小心谨慎，特别注意不能距离被跟踪者太近，不应该让其意识到有人在跟踪他们而感觉到不快。行人的选择是随机的，最好做到年龄、性别的均衡。跟踪一般会在行人离开研究关注的区域、到达预定义的目的地或在固定的时间段后停止。后者是因为有时候某些行人会一直行走不停留，因此最好设置一个时间限定，例如10分钟以后就不再跟踪。我们可以根据被跟踪者的某些社会属性如年龄、性别或其他感兴趣的类别来区别不同的轨迹记录；同时应尽量记录每个轨迹的细节，如运动中的停留点、寻路犹豫点等（图4-35）。

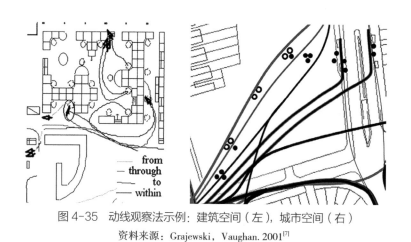

图4-35 动线观察法示例：建筑空间（左），城市空间（右）
资料来源：Grajewski，Vaughan. 2001[7]

该方法的一个主要操作难点在于调查者不太容易准备用于记录轨迹的地图。一般情况下，不同个体的活动轨迹千差万别，可长可短。如果使用比例小、精度高的图纸，观察对象很可能会走到地图之外；而如果使用比例大的图纸，那么又会精度不够，在记录时失去重要的信息细节，比如观察对象在运动中的停留位置，在寻路时迟疑、犹豫的地点等，从而难以进行更深入的数据挖掘与分析。针对这个问题，最好在使用者活动范围能够被预见的场地中采用这种方法做调查，例如公园、广场或者一个特定的功能片区。另外，对于城市环境，尽量以追踪的出发点为中心准备调研用的地图。

在空间句法研究中，行人追踪法可以用来探索三个不同的研究问题：其一，从一个特定地点出发的行人轨迹模式；其二，一条路线与其他路线的关系；其三，人们从一个地点出发的平均步行距离（如服务半径）。视域关系分析结合行人追踪法对于研究第一个问题的作用尤其突出：有时候仅通过直观的视觉比较，便可以发现空间的视觉关系图式和运动轨迹之间的耦合关系。

4.4.4　运动轨迹法

针对活动者的活动范围可能会超出地图无法记录的问题，空间句法还发展了一种动线观察法的变体，被称为运动轨迹法（Movement Traces）。与快照法类似，这种方法要求先把观察区域分为若干个凸空间平面以易于观察，调查者依次记录每个凸空间内的动态行为。以线条表示人们穿过空间的精确路径，在结束点使用一个箭头表示活动者离开了被观察区域。记录时间可以设定为每次 3~5 分钟，并在一天中的几个时间间隔中进行（图 4-36）。

尽管每次记录的是整个空间的一个片段，但在资料整理输入电脑之后，就可以显示出一张完整的运动轨迹画面。这种方法通常与快照法结合使用，通过记录行人在空间中所走的精确路线，显示行人停留点和行人穿越空间的轨迹规律。它有助于理解研究区域内人流的运动模式和人们可能从哪些位置进出该区域，也可以帮我们刻画出没有人流光顾的孤岛空间。此外，它还可以用于应对建筑和城市广场研究中由于平面布局非常复杂导致的计数观察点（Gate）数量太多而无法观察的情况。例如，在记录完行人运动轨迹后，可以根据图纸上画出的计数点位置统计经过各位置的轨迹数量，即得到了相应的人流量。

应用运动轨迹法收集的行为数据，可以和研究对象的视域模型分析的空间参数进行对比。两者之间存在的对应关系可以验证我们关于空间的可见性和可达性的假设，如某些空间特性不利于促进人们的互动交往。否则的话，如果两者较少对应，就需要我们进一步考察是否有非空间因素的其他吸引因子的影响。

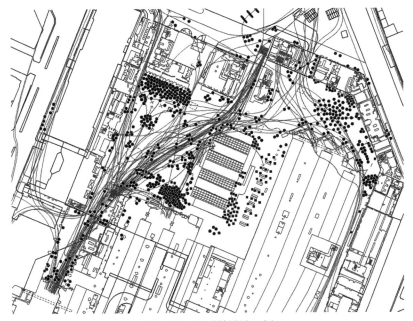

图 4-36　运动轨迹法示例

资料来源：Grajewski，Vaughan. 2001[7]

4.5 数据的处理与分析技术

数据分析的目的是考察视域关系分析的空间数据的分布特点及各参数之间的相关性，同时我们也可以将其他类型的数据如现场观测的行为数据输入 Depthmap 软件中，分析它们和空间数据之间的关联。无论是采用定量的数理统计方法还是定性的视觉图式分析，其目的是让我们了解到数值较高和较低的空间参数在整个布局中的分布模式与特点及其所具有的行为效应。

4.5.1 空间数据的查询、分析与可视化

Depthmap 软件提供了几种不同方法用来查询视域分析的数据。最直接的方法是将鼠标指向某个网格查询其属性，在这么做之前请先确定要查询的图层和参数处于当前活动（显示）状态，然后我们会看到鼠标指针下面出现一个小窗口，显示该网格（或其他图形元素）当前所显示参数的数值。如果我们选择多个网格（拖动鼠标指针框选连续多个网格，或按住 Shift 键选择位于不同地方的网格），并将光标放在它们之上，我们将能够看到这些选定网格的平均值和计数。

另一种查询数据的方法是通过菜单命令，步骤为："Attributes"→"Column Properties"；我们会看到一个窗口显示活动列的数据统计信息，包括平均值、最小值、最大值、标准差以及十分位数的数值区间和计数。

我们可以对一个图层中的数据进行一些基本的统计量查询。如通过菜单命令"View"→"Attribute Summary"，我们可以获得所有参数的汇总统计信息，包括参数的名字、最小值、平均值和最大值等属性数据。

此外，还可以通过菜单"Window"→"Table"，打开活动图层的数据表格，更全面地查看所有元素的全部参数的数值。表中的每一行对应了 Depthmap 主窗口中的每个元素，每个元素有个唯一的编号，每一列则表示了视域关系分析的某项空间参数的数值。如果之前在 Depthmap 主窗口中选择了图形元素，我们将看到表格最左边元素编号旁边的复选框被勾选用以表示这些元素被选中。我们可以通过菜单命令"Map"→"Export"，将数据表导出为 txt 或 csv 格式的文件，然后再将其导入专门的统计分析软件如 JMP 或 SPSS 做进一步的数据挖掘工作。

Depthmap 提供了查看视域关系分析数据的散点图和简单相关性分析的功能，操作方法与轴线模型或线段模型的散点图分析一样，通过菜单命令"Window"→"Scatter Plot"，调出散点图设置窗口。软件的默认设置是 X 轴和 Y 轴均为当前所显示的参数属性。我们可以通过散点图窗口顶部的下拉选择项更改 X、Y 轴显示的变量，也可以通过软件工具栏上的工具图标来切换显示或关闭散点图相关性分析的统计量，如线性回归的趋势线、回归方程及相关性判决系数 R^2 等。

我们可以通过菜单"Window"→"Color Range"对视域关系分析的数据进行可视化，选择不同的颜色模式及其所对应的数值区间获得不同的显示效果。数据可视化的时候，我们可以通过菜单"Window"→"Tile"来使用平铺窗口功能并列显示多个打开的文件窗口。如果在散点图中选择一些点，那么在视域模型相应的图形窗口中这些点所对应的网格（或其他图形元素）将被高亮显示，反之亦然（图 4-37）。我们可以通过散点图窗口工具栏上的"Toggle Color"来选择以彩色或黑白模式绘制散点图。在黑白模式下，所选内容将以更醒目的红色来高亮显示。

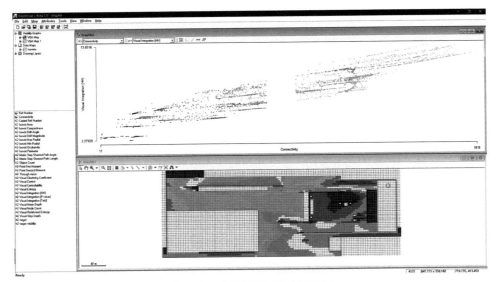

图 4-37　平铺窗口的散点图分析

我们可以使用"Ctrl–C"键或通过菜单命令"Edit"→"Copy Screen"对当前屏幕所显示的内容截图，并将其粘贴到文字处理或演示软件中进行加工处理。Depthmap软件的这种屏幕截图方式得到的是矢量图片，因此后期处理的时候得到的图片效果会更平滑，打印质量也更好。

4.5.2　创建复合参数

我们可以从视域模型分析得到的标准参数中派生出新的复合参数。在前面的视域关系分析章节，我们知道 Depthmap 可以分别以拓扑步数（Calculate Visibility Relationships）和米制距离（Calculate Metric Relationships）为成本来度量网格之间的最短路径距离。在这两个选项各自生成的参数的基础上，我们可以复合出一些新的参数，形成对一个建筑布局更为全面和综合的空间描述。根据派普尼斯（John Peponis）的研究，有两个复合变量对于我们理解建筑空间布局具有一定的意义，它们分别是"路径拉伸率"（Path Elongation）和"每次转向的米制距离"（Distance per Turn）[8]。

路径拉伸率指一个网格与其他网格之间的米制最短路径距离相对其直线距离所增加的比例，计算公式为：（Metric Mean Shortest-Path Distance-Metric Mean Straight-Line Distance）/ Metric Mean Straight-Line Distance。这个参数与城市空间研究中的"绕路系数"（Diversion Ratio）无论在计算公式和意义上几乎完全一致，都表示空间划分的边界阻隔所导致的实际路径距离的增加程度。"每次转向的米制距离"表示一个网格到其他网格的平均米制距离相对其平均转向次数的比值，计算公式为：Metric Mean Shortest-Path Distance/（Visual Mean Depth-1），分母中将平均拓扑深度减去 1 的原因在于 Depthmap 将直接可见（未发生视线方向改变）的连接计为 1 个拓扑深度。每次转向的米制距离数值最高的地方往往位于走廊或直路的端头，它们相对于走廊或路径的中点位置，有着相同的平均拓扑深度但却更远的平均米制距离。如果对布局中所有网格取平均值，该变量可以成为一个很好的指标来体现建筑空间组织的线性程度：沿着一个方向走下去，到下次改变方向之前平均能走的直线距离。这里需要提醒一点，对于很少或没有空间分割的平面，使用该指标要小心：由于平均拓扑深度很小，该变量的值会变得非常大，进而失去意义；而对于一个完全开放的由一个单独的凸空间构成的建筑布局，该变量将趋于无穷大。

视域关系分析的数据有的带有量纲，如等视域图的某些形态属性，包括面积、游离度、最大半径、最小半径、开放边界长度、周长等参数。它们的数值在不同规模的研究对象之间差异巨大。即便对于同一个研究对象，视域关系分析的参数中有的受网格尺寸的影响较大，如连接度、整合度等。因此，在对比分析中，往往需要对数据进行归一化处理，以便使对比具有合理性。

4.5.3 利用数据图层进行跨图层数据融合

在前面的章节中，我们介绍过 Depthmap 提供了一个名为"推送数值"（Push Values）的功能可以将一个图层的某项参数传递到另外一个图层，前提条件是两个图层的图形元素之间存在空间位置上的（全部或部分）重叠关系。例如，我们可以将导入到数据图层（Data Maps）的观察计数点数据通过计数点位置与轴线或线段的相交关系将行为数据传递给后者，或者反过来操作将后者的空间数据传递给数据图层的观察计数点。然而，在视域关系分析中利用推送数据功能进行跨图层数据融合，有些事项需要特别注意。虽然视域模型的数据以网格来显示，但却是以网格中心点来记录并存储的。由于无法保证点的坐标刚好落到线上（如轴线或线段，或者以短线标注的观察计数点），因此以点记录的视域模型数据无法与线性图形要素进行数据传递，而只能与面域类图形元素进行数据推送，如凸空间模型的凸空间单元（Convex Map），或以闭合多边形导入数据图层的观察计数点位置（Depthmap 会自动将导入的闭合多边形转换为面域元素）。

假定我们要将视域关系分析的空间数据推送给数据图层的观察计数点，操作步骤如下。

确保 VGA Map 图层和被推送的数据列处于当前显示状态。然后选择工具栏的"Push Values"，或通过菜单命令："Attributes"→"Push Values to Maps"；在弹出的窗口中，除了选择目标图层外，还为我们提供了推送数据时不同的取值方式：由于视域关系分析的数据以点来记录，因此目标图层的每个多边形可能会包含了若干个点，我们可以根据需要取这些点的最大值、最小值、平均值或总值。此外，我们还可以勾选"Record object intersection count"来统计有多少个点被用来传递数据。点击"OK"后，我们可以在数据图层中发现被推送过来的数据列，以及一个新的名为"Object Count"的数据列用来记录对象交叉计数（图 4-38）。

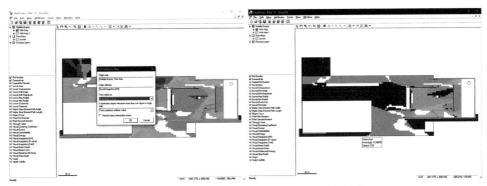

图 4-38　利用推送数值功能进行跨图层数据传递

我们可以用类似的方法，以数据图层为中介将一个建筑平面不同高度的视域关系分析数据融合起来。下面，我们以苏州园林的网师园为例，说明如何将同一个平面的可视层（Eye-level）和可达层（Knee-level）的分析数据整合到一起。

第一步，按照本章前文所述的方法在同一个 graph 文件中分别生成可视层和可达层的分析模型（建模填充网格时仅包括可达空间，两个模型设置同样尺寸的网格），并完成各自参数的计算。然后任意选择两个图层之一，将其数据表输出保存为 csv 文件。用 Excel 打开保存的 csv 文件，可以看到视域模型中每个网格点的 x、y 坐标数据。随便选择其中一个点并记录其坐标值（图 4-39）。

第二步，在绘图软件 CAD 或 Rhino 中，以上面记录的 x、y 坐标为中心点，以视域模型设定的网格尺寸（图例中网格尺寸为 0.6m×0.6m）为边长，绘制一个 0.6m×0.6m 的闭合正方形。然后通过阵列，将此正方形覆盖到网师园的全部范围，并将其保存为 dxf 文件。在 Depthmap 中打开之前保存的网师园视域模型的 graph 文件，导入前面的 dxf 文件并将其转换为数据图层，并将其命名为"Merged Data"。转换的时候请确保绘图图层没有显示其他底图（图 4-40）。

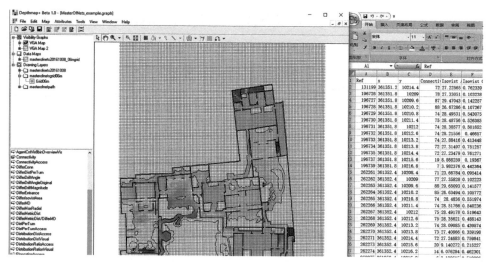

图 4-39　导出 VGA 分析数据表至 Excel 查找网格坐标值

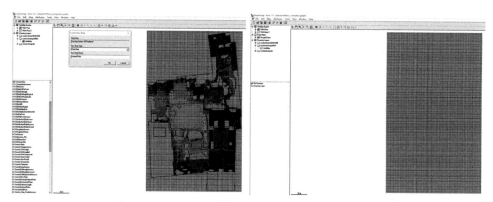

图 4-40　导入手工绘制的网格，并将其转换为数据图层

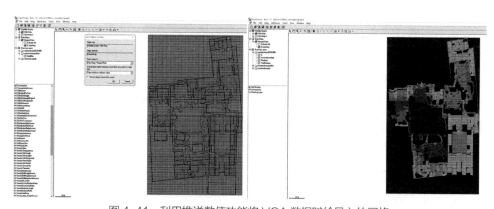

图 4-41　利用推送数值功能将 VGA 数据赋给导入的网格

　　第三步，应用本章前文介绍的推送数据的方法，将可视层（图中名为 "VGA Map" 的图层）的参数如连接度（Connectivity）数据推送到 "Merged Data" 图层。由于两个图层之间是一一对应关系（点对方格），因此推送数据时选择取最大、最小或平均值没有任何区别（图 4-41）。然后我们将没有被赋值的方格删除：在数据图层

"Merged Data"处于可编辑状态下（Editable On），通过菜单命令"Edit"→"Select by Query"，在弹出的窗口中输入连接度小于 0 的方格（Depthmap 默认以"–2"表示未被赋值的网格）。这时我们会看到没有被赋值的网格处于高亮选中状态，通过菜单命令"Edit"→"Clear"，将其删除，这样我们便得到一个和视域模型完全对应的数据图层（图 4–42）。

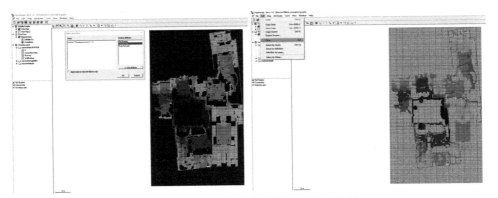

图 4-42　应用数据查询功能清理导入的网格

我们可以重复上面的步骤，将可达层的连接度参数或可视层的其他参数逐个合并进 Merged Data 图层。为了避免同名变量出现混乱，在推送其他变量过来之前最好先将已经推送过来的变量重新命名，如将可视层的连接度命名为"Connectivity_Visibility"，然后推送可达层的连接度数据并将其命名为"Connectivity_Accessibility"。可以通过菜单"Window"→"Color Range"，在弹出的色彩设置窗口中取消勾选"Show polygon edges"，可以隐藏正方形的边线，获得与

二维码 4-4
苏州园林网师园的视域分析 dxf 底图及 graph 文件

VGA Map 相同的可视化效果。另一方面，我们可以应用 4.5.2 节介绍的方法，创建一个新的复合变量用于计算同一个参数如连接度在可视层与可达层之间的数值差别（图 4–43、二维码 4-4）。

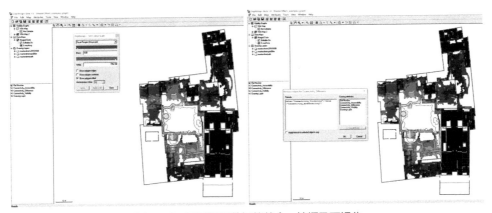

图 4-43　不同图层数据的整合、挖掘及可视化

4.5.4 空间分析结果的解读

视域关系分析的参数包括两部分，分别度量等视域的几何形态属性和等视域的拓扑连接关系。它们在不同程度上与空间感知的方式特点有关。等视域的几何形态属性如面积可以表征观察点的视野范围大小和空间感觉的开阔程度。等视域图的轮廓由两类性质的边界构成，一类是实体边界；另一类是虚边，形成于视线遮挡和未被遮挡的临界处。这些虚边的长度之和定义了视域的边界开放长度（Isovist Occlusivity），它们产生于看到的和看不到的空间部分的过渡之处，暗示了视野之外其他空间的存在。虚边长度之和越大，意味着未被感知的空间越多，空间的神秘性也越高。最大半径（Max Radial）指观察点到视域边界的最大距离，表征视野的景深和空间感知的强度。

我们可以通过一些基本图式来了解等视域的几何形态与人的空间感知之间的关系特点。如图 4-44 所示，视域的泄露程度，远处可见的墙和墙相交顶点的数量，体现了空间单元的整体性或流动性变化，以及视域的神秘性和空间单元之间的融合程度。随着空间单元之间分割程度不同带来的这些关系变化，单一整体性并有一定神秘性的空间单元逐渐与相邻的空间单元融合为一个整体。

我们可以应用上述视域形态与空间感知特点的基本关系来解读更为复杂的空间形态，如园林空间。图 4-45 显示了网师园不同位置的等视域图。它们虽然看起来各不相同，但在形态上却呈现两大趋势。在园林的居住部分如万卷堂，视域的形态非常紧凑、规整并呈现一定的对称性。视域的边界主要由实体墙构成，大致包括两部分：一个近处的由墙体界定的紧凑的凸空间形状，和一条从其中延伸出去的狭窄的远景视线。这样的视域形态暗示了相对完整但却单一的空间和强烈的方向性的视线引导，体现了居住部分的厅堂空间对视觉的控制及其礼仪性和正式性特征。

与之相对，园林居住部分以外的其他空间的视域不仅面积更大，形态也更不规则。它们普遍显示处多方向的放射性远景视野，有的甚至触及园林的外墙。墙体、

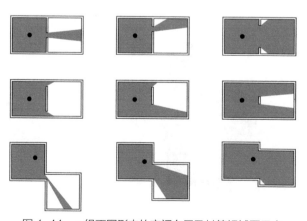

图 4-44　一组不同形态的空间布局及其等视域图示意

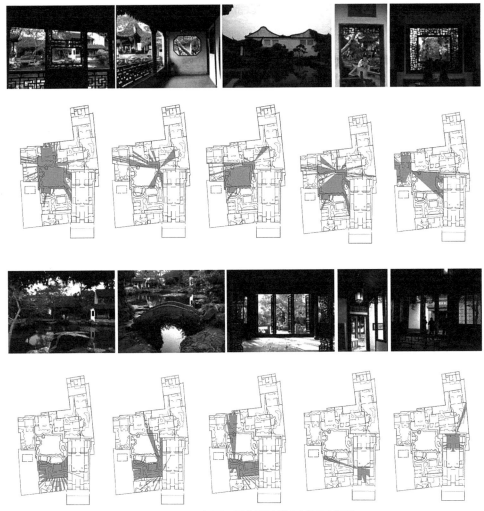

图 4-45 网师园不同位置的等视域图及照片

假山构成的多重复合边界形成了视域极其丰富的景深变化和大量的开放边界。大量的墙体边界和交角或被墙体自身，或被植物或山石遮挡，在远处和近处层层叠叠，似乎漂浮于眼前，不知在哪里结束。这些不规则、多方向放射的视域形态带来了较低的聚合系数。如果一个人置身其中，一个轻微的移动也会导致视野所见的迅速变化，多少体现了中国古典园林"步移景异"的空间体验特点。上述的视域形态特征体现了园林空间的透明性、神秘性的知觉特点。

如果居住部分的视域形成了某种具有明确导向性的视野框架，那么园中其他部分的视域则试图以多方向放射状的视野尽可能地在自己与周边可见空间之间建立一种共时性。前者通过明确的视线方向性为不可见空间的探索提供指引，后者则暗示了视觉探索的选择性。而这两部分的视域之间也较少产生重叠，彼此之间似乎在刻意回避视觉的重叠。这些视觉信息的对比体现了园林不同部分功能的空间特质及其社会内涵。

度量等视域的拓扑连接的变量包括以下几个。连接度（Connectivity）指 VGA 分析中，某个点（栅格中心点）直接连接的其他点的数量。对于被边界遮挡住的其他点，意味着必须经过中介的等视域图才能看到。这种间接连接关系通过平均深度（Isovist Mean Depth）来表示。它度量某个点到其他所有点之间最短拓扑路径上等视域连接的平均次数，描述了每个空间对布局的整体连接的贡献。此外，聚合系数（Clustering Coefficient）指某个点的视域中相互可见的（栅格中心点）连接数量与所有可能的连接数量的比值。数值介于 0~1 之间，当视域形状为凸空间时，其中的所有点相互可见，其数值为 1。该变量不仅表征了视域的凸空间性，同时还可以揭示当观察者移动时，视域变化的速率或视觉信息的稳定程度。例如在建筑走道交叉口处，视域的形态呈多方向的放射状，聚合系数较小，微小的移动也会带来视觉信息的剧烈变化。

4.6 智能体分析

智能体分析（Agent Analysis）与空间句法的其他分析方法不同，它不是对空间的描述分析，而是对智能体在空间的适应性行为的探索。它由 Depthmap 软件的作者特纳等人在等视域图和视域关系分析的基础上发展而来，是一种类似元胞自动机的形象化模拟工具。智能体分析通过一系列参数和空间适应规则的设置，让智能体根据他们在环境中所处的位置对视觉的感知来行动，生成个体或群体智能体的行走轨迹，用来模拟人群在建筑物中的行走模式。我们可以将模拟的智能体行走轨迹与空间中真实观测到的人类行为活动或视域关系分析的空间数据进行比较，更好地理解人类自然运动与寻路的空间认知特点，并将其用于指导具体的设计实践，如建筑物的动线设计等。

4.6.1 智能体分析原理

智能体分析旨在通过运动的视觉动力学模拟，来理解和再现人类占用空间的过程特点。其背后的理论依据是，在实际生活之中，个人与环境之间有着自然视觉互动，我们对空间结构感知、认知和理解，将会指引我们行为，如散步或开车等，这些活动都具有社会经济涵义。智能体分析应用了空间布局的视域模型数据来引导智能体行走，由于这些感知的信息位于个体智能体之外，因此空间句法的智能体分析也被称为"外生视觉体系结构"（Exosomatic Visual Architecture–EVA）模拟。

在视域关系分析的基础上，每个网格的等视域之间的复杂关系可以输入到智能体之中，用于表示虚拟的人所感知到的一组空间组织结构。当智能体在空间中行走时，随着位置变化等视域之间的关系也将发生变化，这将辅助智能体根据新的空间关系，做出相应的行为决定，如前进、后退、转弯等。智能体分析正是基于如下的假设：在自然状态下，人类倾向于朝向视野中看到的可占用空间行走。这个假设条件还有个好处，就是可以在"外生视觉体系结构"下，以非常简洁的方法实现智能体的自然运动模拟：随机选取任意目的地，然后向那个目的地走去。在这个随机过程中，智能体的行走基于迁移概率（Transition Probability），它结合了目的地的随机选择与目的地的重新评估进行模拟：智能体随机选择了一处目的地后，在行走过程中将考虑空间信息的变化并重新做出新的目的地选择。空间句法的智能体算法，有两个参数对模拟结果至关重要：智能体的视角，和再次选择目的地之前所走的步数。对比实验和实证数据显示，170°视角和三步之后再次选择目的地得到的智能体模拟效果最好，即：智能体从行走方向的170°视域内随机选择一处位置（网格）为目标向其走去，每走三步，就重新考虑空间关系的变化情况，指导第四步从新位置的视域内随机选择一处新的目的地。

　　通过视域面积大小引导智能体行走的模拟方法也被称为标准运动模式的智能体。这种简单的运动规则虽然在一般情况下有效，但也有一些明显的不足。特别是当建筑平面中有少数面积很大的凸空间时，智能体会被强烈地"吸引"到那里；同时智能体的行走轨迹也可能会显得反复无常，甚至在某个地方循环往复，与人们行走时呈现的线性形态大相径庭。为了应对这些问题，特纳曾经尝试着增加一些更高层次的认知功能来引导智能体的行走，以试图用更有说服力的导航规则改善智能体的行为反应。这些新的规则随后被写入了 Depthmap 软件。因此，空间句法的智能体分析除了包括标准的智能体之外还包括其他类型的智能体。它们使用等视域图的开放边界（Occlusion Edges）、视线长度（Length of Line of Sight）或通过视线（Through Vision）等不同参数来引导智能体的行走[9-11]。可以发现，这些新的运动规则及其变体主要利用了等视域图的某些形态属性来生成特征向量并为智能体提供导航。在这里我们必须提醒大家一点，尽管 Depthmap 的作者（特纳）试图通过让智能体对环境视觉特征做出选择来迭代行走模拟技术的演进，甚至在后来尝试让智能体获得学习环境和利用记忆的能力，但这些尝试基本都停留在初步的实验性阶段，并未经过真实环境的实证数据检验。因此，在应用中，我们建议在设置智能体运动模式的时候（下文将讲到具体的操作步骤），优先选择标准模式；对于其他模式的应用务必小心谨慎。

4.6.2　智能体分析的参数设置

　　智能体分析需要绘制一张类似视域关系分析的底图。从绘制分析底图开始直到创建网格并在填充它之后生成视域关系图（Make Visibility Graph），操作步骤和一般的视域关系分析完全一样。在生成视域关系图之后，我们便可以进行智能体分析了，并不需要进一步计算网格之间的视域拓扑连接。填充的区域标识了智能体可以行走的空间范围，有可能的话，网格尺寸尽量设置为 0.6 或 0.7 米，如此刚好和人的步距相当。

用鼠标在填充网格中选择想要释放智能体的位置，然后通过菜单命令："Tools"→"Agent Tools"→"Run Agent Analysis"，随后将会弹出智能体分析的参数设置窗口，如图 4-46 所示。

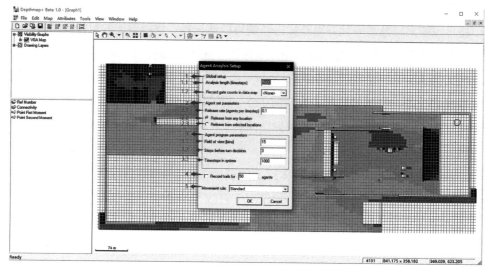

图 4-46　智能体分析的参数设置

智能体分析的参数设置包括以下几个部分。

（1）全局性参数设置

全局性参数设置（Global Setup）用来控制智能体行走模拟中的某些系统性的参数设置，包括：

分析时长（Analysis Length）：设置以时间步长（Timesteps）为计量单位的时间周期长度；智能体每走一步为一个时间步长。

在数据图层进行观察点计数（Record Gate Counts in Data Map）：生成一个新的数据列（变量）用来记录有多少个智能体通过了预先选定的观察计数点位置，所记录的数据存储在数据图层中。我们可以将这些位置的模拟流量与真实环境中观测到的实际流量数据进行比较，来检验智能体模拟的有效性。一般来说，我们会用一到两列数据保存所记录的智能体数量，因为这些数据往往呈指数的非正态分布，为了进行数理统计的相关性分析，我们需要将它们进行变换以使其呈正态分布。为此，可以用数据列编辑工具对该列数据进行取对数变换，具体操作步骤为：先创建一个新的数据列（变量）用于保存取对数变换的数据，通过菜单命令"Attributes"→"Add Column"，在弹出的窗口中将新的数据列命名为"Log Count"。然后，通过菜单命令"Attributes"→"Edit Column"，在弹出的公式（Formula）窗口中，输入"log（）"，将鼠标光标移动到小括号之中，双击右侧要进行对数变换的数据列，点击"OK"完成操作。

（2）智能体集合参数设置

智能体集合参数设置（Agent Set Parameters）用来控制软件模拟系统释放智能体的机制特征，包括：

释放速度（Release Rate）：用于控制系统释放智能体的速度，参数的设置单位为每个时间步长的智能体数量（Agents per Timestep）。

在任意位置释放（Release From Any Location）：勾选复选框程序将会从填充的网格中随机选择位置释放智能体。

在选定位置释放（Release From Selected Locations）：从预先选定的位置处释放智能体。如勾选了此选择项，在运行智能体分析之前，必须选择要释放智能体的位置。例如，我们通常会模拟从布局中的某处入口（如主入口、楼梯或电梯）开始的人流。或者我们也可能会将某个入口处观测到的真实行人轨迹和同一地点留下的智能体模拟运动轨迹进行对比。如果要选择智能体释放的位置，按住鼠标左键不放拖动可以一次窗选多个网格位置，或者在一次选择后按住 Shift 添加新的选择。

（3）智能体程序参数

智能体程序参数（Agent Program Parameters）包括以下几个设置。

视角（Field of View）：此参数定义智能体在行走时视野所及的水平视角范围。缺省设置为 15 个扇区，大约等于 170°。Depthmap 的算法将 360° 的圆周划分为 32 个扇区（bins），15 个扇区、大约 170° 的视角接近人在自然运动状态下的水平视野范围，实证数据也验证了这一角度是最有效的。当然了，是否改变系统缺省的参数设置而采用其他角度的视野，需要研究者根据所选案例或研究问题的特点做出决定。

决定转向前的步数（Steps Before Turn Decision）：智能体在选择随机改变方向之前所行走的步数（即网格数）。对于标准运动模式的智能体来说，Depthmap 软件默认的步数为 3 步。这一参数已经为一些建筑案例的实证研究所验证，模拟出来的流量与实际观测的人流量具有很高的相关性，显示出它与自然运动的人流模拟关系密切。当然了，这些规则都还是属于实验性质的。它们也仅在有限类型和有限数量的建筑中接受过实证测试，未来尚需进一步的实验和观察研究，以找到不同建筑或空间布局的最佳模拟规则。

在系统中的时间步长（Timesteps in System）：智能体结束行走模拟之前在系统中运动的时间步长。该参数如何设置与另外两个因素有关，一个是视域模型的网格尺寸大小，另外是行人在特定城市或建筑环境中可能的步行距离。

（4）记录智能体行走轨迹

选择记录智能体行走轨迹（Record Trials for）将把智能体的轨迹数据存储为以"trails"命名的文件。该文件保存于视域模型所在的文件夹中。我们可以在完成智能体分析后将该文件导回至 Depthmap 以便查看智能体的详细运动轨迹，导入的轨迹文件位于绘图图层。

（5）运动模式

运动模式（Movement Rule）用于控制智能体行走的引导规则。Depthmap 提供了几种不同的运动模式。如前文所述，我们建议使用系统默认选择的标准运动模式，其他的运动模式还正初步的研究探索之中，在将它们发展为自然运动模式之前尚需进一步测试。需要提醒的是，如果选择其他的运动模式来运行智能体分析，必须至少先计算空间布局的等视域图属性（Isovist Properties），否则这些模式将不起作用。计算等视域图属性的菜单操作步骤为："Tools"→"Visibility"→"Run Visibility Graph Ananlysis"→"Calculate Isovist Properties"。

4.6.3　智能体分析的三维可视化

我们可以在三维视图中可视化智能体的个体行走，从而考察智能体的个体情景行为及寻路决策过程特点；由于这种可视化提供了智能体行走轨迹的局部细节特征，因此也有助于我们根据案例特点设计出新的引导智能体行走的方法。需要注意的是，3D 可视化智能体行走，引导智能体运动的模式必须选择标准（Standard）模式，选择其他模式会导致三维可视化不可用。具体操作步骤如下。第一步是从 Depthmap 软件的菜单打开三维视图："Window"→"3D View"。随后视域模型的工作区将切换为三维视图，并在其上方出现一个如图 4-47 所示的工具栏，包括了一系列工具图标，用于创建、控制、可视化和查看智能体的行走。

图 4-47　智能体分析的三维可视化设置

智能体行走三维可视化的工具栏从左至右的功能依次为：导入智能体行走轨迹；在场景中放置新的智能体；重启被人为停止的智能体的运动；暂停智能体的运动；停止智能体的运动；跟踪智能体并绘制其运动轨迹；三维视图的动态观察缩放；平移视图；放大视图；连续缩放视图；查看观察计数点（网格）所记录的智能体流量数据，并即时可视化智能体行走时经过每个网格次数的数据变化。

4.7　视域关系分析的研究案例

4.7.1　商业综合体空间的可视性与运行效率

视域关系分析技术如何应用于建筑设计的研究之中？下面我们以杭州武林广场商业综合体的研究为例，来说明视域关系分析作为一种量化分析方法的应用[12]。商业综合体是较为常见的建筑类型之一，其主要目的之一是吸引人气，增加商业价值，包括商品销售和店铺出租等。传统的行为调查为商业建筑设计提供了大量关于功能的实证支撑，不过对于形态方面，往往采用类型学的方法，将建筑空间形式分门别类，缺乏对实际空间形态的理性分析。然而，实际方案之中，即使相同类型的商业建筑也有可能具有不同的空间形态和布局，这些差异常常会影响到商业行为模式，导致不同的商业效益。

杭州武林广场项目有新旧两个方案，如图 4-48 所示，均为英国 Haskoll 公司作品。左图为旧方案，右图为新方案。它们的空间格局较为相似，从西北主入口到东南次入口为一条斜向的室内商业街，两侧布置商铺。它们的主要差别是：旧方案室内商业街的中段有个较大的椭圆上空，两侧的店铺较大；而新方案采用了更为线性的室内商业街模式，中央是窄长形的连续上空，两侧的店铺缩小。在该项目中，视域关系分析的目标是：通过比较这两个方案的空间结构，预判它们吸引人气的能力，从这个角度评估新方案是否能带来更多的租金价值。因此，武林广场商业综合体内部的动线组织是方案评估的重点考虑内容。

对于室内商业街两侧的店铺，存在两种动线方式对店铺的人气产生影响：一个是到达型动线，即以某个店铺为目的地的动线；另一个是路过型动线，即路过某个店铺的动线。然而，这两种动线没有明确的区分界线，彼此交织，或发生转换。这是由于到达某个店铺的行为对于另外一个店铺可能是路过的行为；而路过某个店铺的行为有可能变成进入某个店铺的行为，如果路人对店铺橱窗内的商品或广告感兴

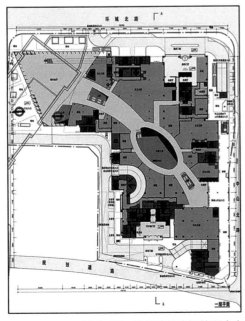
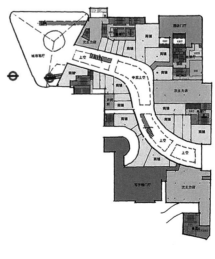

图 4-48　杭州武林广场的两个方案，左为旧方案，右为新方案

趣。当这两种动线有机地融合在一起，互动起来，就能最大限度地聚集人气，达到提高商业价值的目标。因此，商业建筑设计不能偏废任何一种方式的动线组织。

方案评估对新旧两个布局中的空间视觉关系进行了对比研究，应用视域模型分析平面中每个 1m×1m 方格点的等视域（Isovist）之间的相互关系，即每个方格点与其他所有方格点的视觉深度，从而评估各个场所的可视性。平均而言，新方案的视觉整合度提高了 24%，说明了其各个空间场所更容易被顾客看到。一般而言，越容易被顾客看到的场所，越具备潜力成为热闹的场所，越有可能增加其租金价值。

图 4-49 显示了新旧两个方案中左右两侧的视觉整合度（Integration）的图示对比。为直观起见，两张图的灰度等级所代表的数值区间完全相同。从视觉整合度的分布来看，老方案中最吸引顾客目光的场所位于椭圆上空的北端（黑色部分），不过该场所与西北主入口大堂（含地铁出入口）的视觉关系较弱；而新方案在室内商业街中段，形成了倒"丁"字形的视觉焦点区，并强化了与西北主入大堂的视觉关系，这使得从地铁中出来的顾客更容易发现倒"丁"字形的视觉焦点区。

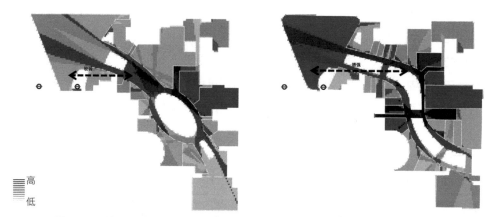

图 4-49　杭州武林广场两个方案的视域关系分析对比，左为旧方案，右为新方案
（深灰色表示视觉整合度高，浅灰色表示视觉整合度低）

因此，从空间可视性的角度而言，新方案通过微调室内中轴商业街的空间形态，改善了中轴商业街与西北主入口大堂以及周边店铺之间的空间关系，使得各个店铺更容易被顾客看到。一般而言，这样的空间微调往往依赖于建筑师的经验，难以精确言表，也难以让非专业人士信服。通过空间句法的定量分析，这种微调的效果，则可以更为明确地被揭示出来，便于促进建筑师与甲方的沟通。

方案评估进一步将 1000 个智能体分别放入两个方案之中，让他们在其中反复走动，从而模拟出室内的人流模式（图 4-50）。整体而言，相对于老方案，新方案中最大的顾客流量大约增加了 16%。这说明了新方案的空间布局能吸引更多的客流量。

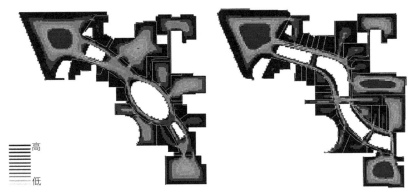

图4-50 智能体分析对比，左为旧方案，右为新方案
（浅灰色表示虚拟人流量高，深灰色表示虚拟人流量低）

从虚拟人流的分布来看，旧方案中浅灰色的聚集区在西北主入口大堂，其他三个主力店或次主力店也聚集了较多的智能体（浅灰色）；而新方案中浅灰色的聚集区除了出现在西北主入口大堂之外，还位于中部和东南角的主力店。虽然新方案中较小店铺都是深灰色，而其外侧的走廊都具备较多的智能体。这说明新方案强化了线形商业街的模式。

综合上述分析，可以看到智能体所代表的虚拟人流在新方案分布得更为均匀，也更充分地使用了主力店。这些都说明了新方案的空间布局更为优化，有潜力创造更多的商业价值。杭州武林广场的案例分析，不仅说明了视觉图示和智能体的句法分析方法，揭示了案例的空间可达性、视觉整合性以及虚拟人流动线等方面的规律性特征，可用于比较和评估不同建筑方案的商业价值潜力；而且表明了细微的空间布局调整有可能会带来明显不同的商业行为模式。而这样的分析，除了依靠建筑师丰富的实践经验，往往只有通过精准的空间分析，才能更为清晰地展示出来。

4.7.2 古典园林空间的视觉关系结构及其体验特点

以苏州园林为代表的中国古典园林以有限的空间创造了无限的空间体验，使得其空间布局特点成为建筑学研究的经典话题。由于形态的复杂性，场地的不规则，景物的多元性，园林的空间充满着含混性、复杂性和矛盾性，其内在秩序的组织规律和结构并非一目了然。大多研究对园林的空间体验特点和整体结构特征往往难以言表，通常借助文学性的语言如曲径通幽、步移景异、循环往复等进行较为感性的概括性描述。空间句法的视域关系分析技术是否可以帮助我们分析苏州园林空间的复杂性和矛盾性，并对那些难以言表的空间体验进行定量分析和可视化？这里我们以苏州网师园为例，来说明如何应用视域关系分析的方法从空间体验和空间认知的角度来解读园林复杂的空间形态及其蕴含的意义。

由于园林包含了大量的可以看到但不能直达的空间，因此视域关系的分析在两个层面展开：眼睛高度、遮挡视线的边界形成的可视层模型，和足部高度、阻挡身体移动的边界形成的可达层模型。前者反应空间的视觉感知特点，后者反应空间的运动（身体经历）感知特点。视域关系分析的网格尺寸设为 0.6m，大约等于普通人的步距，一定程度上体现行走时园林空间的视觉信息变化。出于简化目的，两个分析模型都省略了树木和家具陈设，同时分析仅覆盖了人可以进入的空间范围，而将水面、绿化、山石等不可进入的空间排除在外。

视域关系分析的结果显示网师园可达和可视两个系统的空间结构差异显著。可视层的平均连接度是可达层的 3 倍。即使如此，可视层直接看到的空间范围也不大，平均仅占全部空间的 7% 左右，这说明大量的空间在视线所及之外，需要通过身体运动才能看到。另一方面，可视层的平均深度要浅的多，仅为 2.91；而可达层的平均深度则大许多，为 6.41。这表明园林空间的视觉关系结构相对比较简单，平均经过两次视线转折便可以从一个地方阅遍整个园子。而在园中行走，空间要复杂得多，平均至少要 5 次以上的路径转向才能走遍整个园子。

我们应用本章 4.5.2 节介绍的度量概念"每次转向的米制距离"，即一个网格到其他网格的平均米制距离相对其平均转向次数的比值，分别计算了可视和可达两个图层平均每次拓扑连接的直线距离，即每看出去或走多远就需要改变一次方向。分析显示，网师园平均一次视线转折的距离大约为 23m，这个指标接近心理学研究提出的人眼 20~25m 的明视距。这表明网师园的视线距离较为宜人，适合观景，一定程度上可以保证景物细节和人物活动的观看。园中平均发生一次路径转折的距离仅为 9.5m，这意味着平均每走大约十五六步的直线距离，行进方向就会改变一次，说明园路相当的曲折，如同博尔赫斯（Borges）笔下的"小径分岔的花园"[13]，身体在其中的运动体验似乎是个不断转折的过程。

图 4-51 对比了网师园可达和可视两个图层的连接度和平均深度两个参数的数据分布，其中深—浅的灰度表示数值由高到低的连续变化。从中可以看出，两个参数的数据分布图示完全不同。可达层连接度最高的区域集中于园子居住部分的几处主要庭院和厅堂；而可视层连接度最高的区域则分布在中心景观湖面的沿岸及其毗邻空间。网师园可达层的平均深度呈现典型的向心性特点，其核心（深度较浅的前 10% 部分空间）基本与园林的几何中心重合，形状紧凑。可视层的核心，即空间的视觉焦点，则呈现散布式的分布特点，以园林的中心部分为核心呈放射状发散至园中各处，甚至延伸至园林的外墙边界。另一方面，可视层的空间结构不仅有更广阔的覆盖范围，同时与可达层的空间结构有着明显的错位关系：两者很少重合，前者形成的多条线状结构以斜向角度穿越后者，几乎贯穿了整个园子。而可达层则几乎没有这样的斜向结构。这种结构性的对比说明，园林的视觉关系结构与身体运动结构之间存在着某种张力：身体运动将园林的空间重心拉向中心部分；而视觉关系则

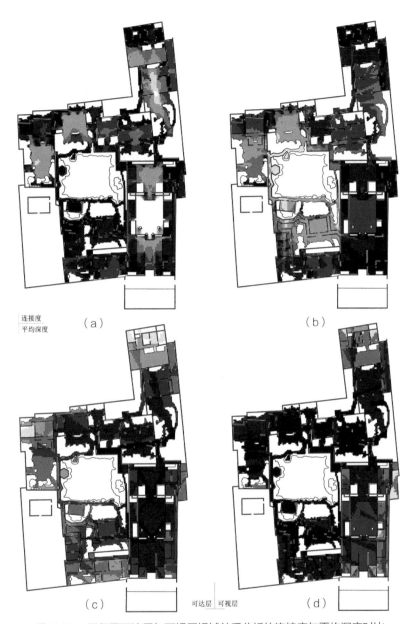

图 4-51　网师园可达层与可视层视域关系分析的连接度与平均深度对比

（a）（c）为可达层分析,（b）（d）为可视层分析。其中（a）（b）为连接度,（c）（d）为平均深度,

平均深度越小，整合度越高。

通过交错重叠的视线编织出一个从园林的中心发散出去的网络化结构。空间的这种张力带来的体验是观看并不严格受到身体运动方向的控制或引导，参观者的注意力并不仅仅集中在他们可以直接进入的空间，而是经常被远处看到的景物分散注意力。

　　参观者的身体运动无疑会使这种视觉体验形成"步移景异""曲径通幽"的效果。图 4-52 应用本章 4.2.1 节介绍的路径等视域图分析方法，以网师园的主要观赏线路为路径，沿着路径方向绘制了各处转折点的等视域图；并应用本章 4.2.2 节介绍的共视性（Co–visibility）分析方法计算了路径等视域图的重叠程度。图中由深到浅的灰度变化显示了路径上方向转折点的视域之间的重叠程度。在这条路径上，我们可以透过层叠墙体上的洞口瞥见网师园除了居住生活区之外的几乎所有空间。同时，我们发现共视性较强的区域散布在网师园中心湖面及其周边的其他空间内。这样的视觉关系图式似乎说明当参观者在园中漫步时，他们的注意力或者有节奏地被多个方向的景物吸引，或者随着景物在视野中的不断变化而逐渐聚焦于少量的吸引点上。路径和视线的交互作用使得人与景物的关系不断在运动中被调整，而这种关系的连续转化是形成"沉浸式"体验的重要条件。

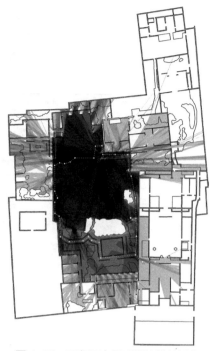

图4-52　网师园主要观赏流线转折点（白色圆点）的视域叠加分析，颜色越深表示视域重叠度越高

　　上面的分析主要从体验的角度分析了空间的两种连接方式：可达与可视，在园林中的分离错位形成的复杂空间结构及其认知特点。相比感性的描述和概化的抽象，空间句法的视域关系分析方法可以把难以言说的园林空间特点及其复杂结构进行系统的量化和可视化。空间结构的复杂性和矛盾性反映了园林拒绝作为一个共时性的空间场所，而是要求必须通过历时性的身体运动去了解其全貌。可达与可视结构之间的张力将空间的视觉焦点折叠隐藏于园中各处，并让它们在身体运动的过程中不断被展开，由此构造了园林曲折而深远的视觉体验模式。可以说，园林的空间结构是关于空间的编排，它将身体感知经验嵌于其中，让参观者不断用眼睛和身体去发现园林的意趣之美。

参考文献

[1]　BENEDIKT M L. To take hold of space：isovists and isovist fields[J]. Environment and Planning B.1979（6）：47–65.

[2]　TURNER A. Analysing the visual dynamics of spatial morphology[J]. Environment and Planning B：Planning and Design，2003，30（5）：657–676.

[3]　TURNER A，PENN A. Encoding natural movement as an agent–based system：an investigation into human pedestrian behaviour in the built environment[J]. Environment and Planning B：Planning and Design，2002，29（4）：473–490.

[4]　LU Y，ZIMRING C. Can intensive care staff see their patients? An improved visibility analysis methodology[J]. Environment and Behavior，2012，44（6）：861–876.

[5]　KOCH D. Architectural fashion magazines[C]// Proceedings of the 7th International Symposium of Space Syntax，June 8–11 2009，KTH，Stockholm：057（1–14）.

[6]　BRÖSAMLE M，HÖLSCHER C，VRACHLIOTIS G. Multi–level complexity in terms of space syntax：a case study[C]// Proceedings of the 6th International Symposium of Space Syntax，June 12–15 2007，Istanbul Technical University，Istanbul：044（1–12）.

[7]　GRAJEWSKI T，VAUGHAN L. Observation Manual[Z]. UCL，2001（内部资料）.

[8]　PEPONIS J. Building layout as cognitive data：purview and purview interface[J]. Cognitive Critique. 2012，6：11–52.

[9]　TURNER A，MOTTRAM C，PENN A. An ecological approach to generative design[M]// Springer，Dordrecht：Design Computing and Cognition'04，2004：259–274.

[10]　TURNER A. The ingredients of an exosomatic cognitive map：isovists，agents and axial lines[C]// Proceedings of the Workshop on Space Syntax and Spatial Cognition，September 24 2006，Bremen：163–180.

[11]　TURNER A. To move through space：lines of vision and movement[C]// Proceedings of the 6th International Symposium on Space Syntax，June 12–15 2007，Istanbul Technical University，Istanbul：037（1–12）.

[12]　杨滔，盛强，刘宁. 无之以为用—论空间句法在商业建筑设计中的应用 [J]. 世界建筑，2015（4）：118–122.

[13]　博尔赫斯. 小径分岔的花园 [M]. 王永年，译. 杭州：浙江文艺出版社，2009.

第五章

新数据环境下的
空间句法拓展

第五章
新数据环境下的空间句法拓展

近年来，网络信息技术和大数据的发展为空间句法在城市规划与建筑学科中的应用带来了新的机遇，而随着行业实践对理性量化的空间分析工具的需求，空间句法的软件工具也在不断完善和发展。如何在研究和设计中使用这些新数据新方法？空间句法对实现数据化的城市与建筑设计有何价值？本章将基于近年来在相关领域的探索，5.2 节结合研究案例介绍兴趣点、大众点评、街景图片等网络开放数据在空间句法商业分布研究和交通流量分析中的一些应用。5.3 节介绍近期线段模型和视域关系分析模型的进展，特别是在城市尺度处理复杂地形和建筑尺度处理 3D 立体空间方面。

5.1 信息时代新数据对空间句法的价值

随着互联网与智能手机等信息技术的迅猛发展，大数据已经成为近年来规划行业的热词，循证设计的理念也在我国城市建设转向存量开发和品质提升阶段深入人心。但是，如何有效综合应用数据时代的这些新数据源，使之真正服务于规划和建筑设计工作则是摆在从业者和教师面前的重要问题。在此背景下，空间句法作为一种发展了 30 余年的建筑和城市学理论及方法，有效的结合研究阶段对数据的分析与设计阶段对方案比选、优化等环节，改进规划设计的工作流程，建立以数据驱动、空间模型为基础的工作方法。简言之，信息时代大数据与空间句法的结合能够带来的是一种双赢的格局。

一方面，信息时代产生了各种类型的海量的数据源，这有助于在短期内弥补我国城市基础数据欠缺的现状。兴趣点 POI、点评数据、手机信令、街景时光机等新数据源也开启了一系列传统数据和调研难以触及的方向，为进一步推进空间句法的基础研究和实践应用提供了新的机会。以 POI 和点评数据为例，它们提供了细分的商业数据业态类型和较为精准的空间定位信息，同时，评论数和人均消费等反映使用状况的数据通过传统的数据收集手段很难获得，而现在则是免费开放的。并且，随着这些网络平台的发展，在中小城市的数据覆盖程度也逐年提高。为城市中商业中心的识别和多维度评价提供了研究的基础。

另一方面，空间句法为大数据的分析提供了有预测能力的空间模型。目前大数据或新数据在城市规划设计和研究领域的应用尚多停留在数据可视化阶段，往往局限于进行用地功能或特定使用行为的识别，而识别出的现象无论与日常经验接近或相悖，展示的均已经是某种"既成事实"。然而，规划和设计工作的本质则是创造未来，或者说需要的是对理想中未来的科学评估，以预测理想是否能实现，能在多大程度上实现。从这个角度来看，空间句法立足近 40 年的大量实证研究积累，已经形成了一套相对比较成熟的理论和模型方法，可以充分利用这些新数据，建立以具有预测能力的空间模型，真正帮助我们实现数据化设计或精准城市设计的理想。

在此背景下，本章将分两个方面介绍新数据环境下空间句法的拓展。首先，本书将展示一些近年来使用新数据的空间句法基础实证研究。此外，空间句法软件自身也在不断发展完善之中，本书将介绍一些近年来涌现出新的空间句法软件。

5.2　网络开放数据在空间句法研究中的应用

5.2.1　兴趣点数据在商业分布分析中的应用

百度和高德等网络开放地图中的兴趣点数据具有数据代表性和覆盖性好、空间落位相对精确、业态划分细致、获取成本低廉等综合优势，在近年来广泛应用于空间句法研究领域中。本节将以北京为例 [1]，基于 2012 年百度地图中的兴趣点（POI）和道路网络，综合运用空间句法、GIS 及统计分析方法，介绍如商业、公共服务、行政机构、停车场、高速服务等功能在空间区位及分布规律，验证空间句法模型的分析效果，并以此为基础分析这些功能的聚集、混合、分离等现象。本节将分为三个部分：首先，应用 GIS 求取 POI 数据的分布密度，探讨各类城市功能的空间分布特征；其次，基于标准化角度选择度参数，分析北京的道路网形态特征及其与功能的关系；最后，基于统计方法，分析不同类型功能的空间区位选择以及不同尺度的空间构成对那些功能的影响作用。

（1）从兴趣点看城市功能的空间分布模式

百度的兴趣点数据（POI）细分为了不同的类型，例如商业、公共服务、行政机构、停车场、旅游景点、工业、餐饮、娱乐、中小学、文化设施、商务办公、高速服务设施等；这里我们采用 300 米 × 300 米为单元的网格覆盖在北京城上，计算每个单元内不同类型的兴趣点的数量，并将这些数值赋给这些单元，以计算某种类型的兴趣点密度；最后，根据其密度的高低，将这些单元赋予从深到浅的灰度，表示该功能分布密度由高到低的变化（图 5-1）。

大体来看，大部分类型功能从城市中心向边缘密度逐渐降低，这是城市功能分布的一般规律。其中，工业、高速服务设施（包括高速出入口等）和旅游景点则呈现出不同的模式：工业在四环之外的密度更高，且较多聚集在南四环和东四环，这和工业园区分布有关，体现了近年来工业外迁的影响；高速服务设施主要沿环路和

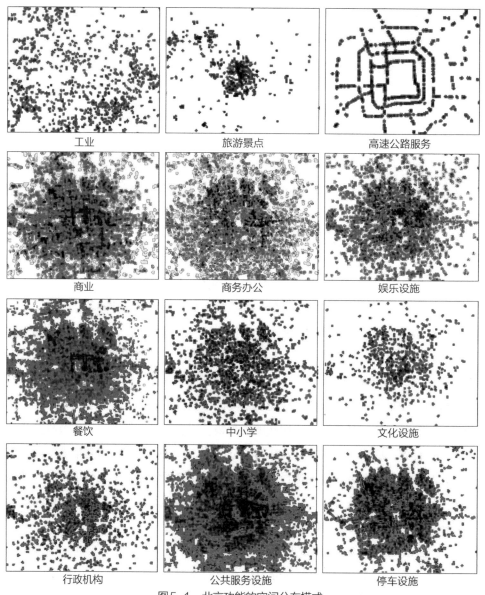

图5-1　北京功能的空间分布模式

放射状高速分布，且二、三、四环密度更高；旅游景点则几乎集中在二环以内，除了西北角的颐和园、圆明园、西山，这表明了北京的旅游景点还是以历史景点为主，二环到五环之间还有待开发。当然，以上三种功能相对较特殊。

对于其他大部分城市功能，除总体上体现出的"中心—边缘"模式之外，其空间分布各不相同，且聚集或离散程度不一。商业、商务办公、娱乐、餐饮表现出更明显的非均质性分布，在某些地段高密度地聚集；而公共服务、中小学、行政机构、文化设施、停车则分布得相对均匀。这说明了营利型的功能更依赖聚集效应，而偏公共服务型的功能则更强调其均好性效应。

然而，这两大类功能的空间分布有更为精细的特征：对于偏营利型的商业、餐饮、娱乐在旧城的密度较高，且聚集等级层次丰富，多体现为从高密集聚集区逐步过渡到低密度区；而商务办公并未聚集在旧城，却在 CBD、使馆区、望京、中关村等地，且缺少等级层次，体现为商业办公尽可能地较高密度地聚集，其周边的商务办公密度则突然降低。对于偏公共服务型的功能，公共服务和停车场在四环以内的区域都有较高的密度，聚集等级层次也较为丰富，不过北城的密度高于南城，且停车场在 CBD 和城市边缘的密度偏低；行政机构和文化设施则偏向聚集在三环之内，平均密度明显低于公共服务，且聚集等级层次较为单一；中小学则分布得最为离散、且均匀，不过在四环之外的密度偏低，聚集等级层次也较单一。这表明在很大程度上：越偏向公共服务型的功能，其分布越离散而均质，且聚集等级层次越单一；越偏向营利型的功能，其分布越非均质，且聚集等级层次越丰富。

对功能的进一步细分有助于发现更为精巧的空间分布特征。商业这一大类中，可提取商店、便利店、贸易市场这三小类（图 5-2）。这三小类的空间分布差异显著。首先，商店非均质的聚集现象很突出，且进一步向旧城中聚集，其中西单和王府井形成了明显的聚集；除此之外，CBD、中关村、亮马桥、六里桥、大红门等也聚集了较多商店；相对商业这大类，聚集等级层次有所降低。其次，便利店的分布则较为均质，虽然旧城以北、北三环以南地区的密度较高；且聚集等级层次仍较丰富，体现了生活服务的多元化。最后，贸易市场则更多地聚集在四环之外，且南城的密

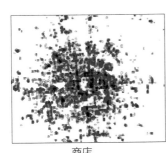
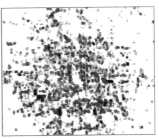

商店　　　　　　　　　　便利店　　　　　　　　　　贸易市场

图 5-2　商店、便利店、贸易市场的空间分布模式

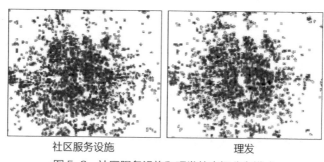

社区服务设施　　　　　　　　　　理发

图 5-3　社区服务设施和理发的空间分布模式

度高于北城，聚集等级层次急剧减少。因此，规模越大的商业设施，其空间非均质聚集度越高；带有部分社区服务性质的中小型商业设施，其空间分布越均质。

在公共服务这一大类中，提取了社区服务设施和理发两小类功能（图 5-3）。虽然四环之外社会服务设施的密度明显降低，然而四环之内社区服务设施分布大体均质，且聚集等级层次仍较丰富，折射出丰富的社区需求。相对而言，理发则表现出一定程度的非均质分布，在 CBD 及其周边的密度相对较高，且聚集等级层次较为单一。这也说明，公共服务设施中偏营利型的部分也有非均质聚集的倾向。

除了餐饮与理发的相关性超过了 0.5（表 5-1），以上各类功能的空间分布彼此之间的相关性都不强。在很大程度上，这说明了这些功能的空间聚集或离散方式并不相同。然而，如果认为相关度 0.3 以上就表示功能分布模式之间有一定的联系，那么可发现餐饮与理发这两项功能比较有代表性。餐饮与娱乐、停车场、公共服务、商业、便利店、商店、社区服务等诸多功能都有一定相关度；同时，理发则与社区服务、便利店、娱乐、停车场等功能也都有一定关联度。这表明了这两项功能在空间上与其他一些功能存在某种非密切性的互动关系；特别是餐饮与某些营利型和公共型的功能都有相关性。在很大程度上，这说明了餐饮业对于促进北京城市功能混合和多元化起到了一定的黏合作用。此外，商业与公共服务、社区服务与便利店、公共服务与停车场都有一定的相关性。这也暗示了某些营利型和公共型的功能彼此之间也存在空间互动关系，虽然这种关系并不明显；这两类功能出现在同一场所之中，也能增加城市活力。

（2）空间形态与中心功能区位特征

本部分研究用空间句法标准角度选择度（1 千米和 50 千米半径）的计算结果，分别代表了局部和全局的空间构成效率。本研究以五环为研究边界；同样以 300 米为网格进行统计各空间参数的均值，其中深灰色表示标准化角度选择度数值（即空间效率）较高，而浅灰色表示标准化角度选择度较低（图 5-4（a）和（b））。首先，这两种空间构成效率的模式差异明显：局部空间构成效率高的场所（深灰色点）呈散点状分布，并未形成某种特殊的模式（图 5-4（a））；而全局空间效率高的地方基本

各种功能的空间分布模式的相关性

（浅灰色标明较高的相关性；深灰表示中等程度的相关性；* 代表某些功能及其细分功能之间的相关度）　表5-1

各种功能及其细分功能之间的相关度

	商业	公共服务	行政机构	停车场	餐饮	娱乐	中小学	文化设施	商务办公	便利店	商店	贸易市场	社区服务	理发
商业	1.000													
公共服务	0.392	1.000												
行政机构	0.088	0.144	1.000											
停车场	0.216	0.316	0.085	1.000										
餐饮	0.393	0.404	0.145	0.449	1.000									
娱乐	0.194	0.227	0.130	0.226	0.457	1.000								
中小学	0.116	0.176	0.181	0.154	0.219	0.162	1.000							
文化设施	0.092	0.090	0.062	0.134	0.162	0.093	0.072	1.000						
商务办公	0.114	0.174	0.038	0.266	0.289	0.100	0.077	0.071	1.000					
便利店	*	0.262	0.157	0.181	0.339	0.226	0.212	0.029	0.072	1.000				
商店	*	0.177	0.050	0.196	0.383	0.158	0.069	0.101	0.134	0.135	1.000			
贸易市场	*	0.062	0.026	0.049	0.077	0.045	0.036	0.012	0.021	0.124	0.069	1.000		
社区服务	0.280	*	0.228	0.229	0.352	0.249	0.237	0.094	0.138	0.358	0.146	0.125	1.000	
理发	0.163	*	0.148	0.303	0.540	0.305	0.220	0.102	0.220	0.339	0.256	0.075	0.388	1.000

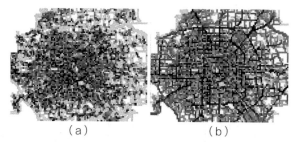

（a）　　　　　　　　　　（b）

图 5-4　北京局部空间构成效率模式和全局空间构成效率模式
（a）北京局部空间构成效率模式；（b）全局空间构成效率模式

上构成了某种"环状"模式，并带有放射状的通道，基本符合我们对北京"环＋放射"整体骨架的常识性认知（图 5-4（b））。在一定程度上，这说明了两种空间区位模式：局部中心呈离散型且较为随机；而全局中心则较为连续，形成了城市的整体骨架。

其次，城市中心区具有更多局部空间效率高的场所。三环以内，浅灰色的空间较少，且从深灰色过渡到浅灰色的中间色彩较为丰富。相对于城市边缘，不仅城市中心的局部空间构成效率偏高，且其聚集等级层次变化丰富。这表明，中心区各个局部中心之间连通性更好，彼此交织成为局部效率更高的众多"子网络"。从局部空间构成效率角度，这解释了为什么北京三环以内富有更多且连续的活力中心，它们体现了其局部空间区位价值较高。

最后，全局空间构成效率高的地区则较为均匀，且环形结构强于放射状模式，构成了联系整个城市的骨架。此外，在这个骨架中，东侧的环状结构更为明显；从数值上看，东三环的全局空间构成效率最高，东四环次之，这与北京 CBD 的位置有一定的契合性，说明了 CBD 在全城的空间区位价值较高。

（3）空间形态与各类功能的互动关系

本部分研究进一步计算了每个功能兴趣点周边 60 米以内空间构成效率的均值，包括 1 千米和 50 千米的数值，作为局部和全局的效率，并将计算结果赋给该兴趣点。以此为基础来分析这些功能如何选择整体和局部空间中的区位。对于每类功能，计算其局部和全局的平均效率，然后绘制坐标图，横轴为全局空间构成效率（即 50 千米标准化角度选择度均值），纵轴为局部空间构成效率（即 1 千米穿行度均值），以此去研究每类功能在两种不同尺度下的空间区位特征。

初步分析表明：各功能具备不同效率的空间构成，每种功能对应于不同尺度的空间区位（图 5-5）。工业、旅游景点、高速公路服务仍然与其他功能有较大的差别：它们的局部空间效率都较低，即局部空间形态都未形成良好的结构；高速公路服务具备最高的全局空间效率，旅游景点次之，这说明了它们在城市整体骨架之中有较好的区位；而工业则具有最低的全局空间效率，这表明工业游离在城市整体骨架之外，空间上相对独立。

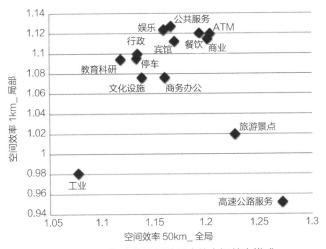

图 5-5 一般功能的两种尺度的空间效率模式

对于其他主要功能，大致分为两组：首先是商业、餐饮、ATM 机、娱乐、宾馆和公共服务设施；然后是行政机构、停车场、教育科研、商务办公和文化设施。第一组功能具有较高的全局和局部空间构成效率，且除了公共服务设施绝大部分属于营利型的；其中 ATM 机、商业、餐饮具有更高的全局效率，意味这些功能更接近北京的整体空间骨架；而公共服务设施具有最高的局部效率，表明该功能更偏向局部的空间中心。这也说明了营利型的功能出现在全局和局部区位良好的场所，且公共服务设施也靠近局部和全局性的中心地段。

第二组功能则具有相对较低全局和局部空间效率，且大部分属于公共服务型的，除了商务办公和部分商业停车场；在该组中，商务办公具有最高的全局效率和最低的局部效率，而教育科研具有最低的全局效率。在一定程度上，这说明了公共型的功能可以偏离城市的整体空间骨架；而商务办公需要考虑适当地靠近城市的整体区位格局，且不必靠近局部区位好的地段。

这些大类功能还可细分为次一级的功能类型，研究其更为精细的空间构成规律，这将进一步阐明每类次级功能都对应不同尺度的空间区位组合方式，而非某种统一的组合方式。这些组合方式也对应于某些非空间的影响因素。

首先，规模大小影响空间区位的组合。图 5-6（a）显示了各种商业类型的全局和局部构成效率：中小型规模的商业设施，如典当行、摊贩、百货店、中小商铺都具有较高的全局效率，同时也具有较高的局部效率；服务于社区的商业设施，如蔬菜市场、便利店、社区点虽然全局效率不是很高，然而其局部效率较高，表明其位于局部的空间形态中心；商业街的局部和全局效率都适中，并不很高，也非很低；规模庞大的商业设施，如大型超市、农贸市场、批发市场的局部和全局效率都较低。这说明了以下几点共性的规律：越小规模的商业设施，越需要占据区位较好的地段，至少需要占据局部区位较好的地方；越大规模的商业设施，越不需要依赖较好的区

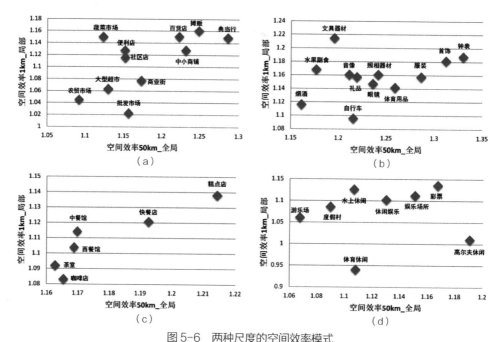

图5-6 两种尺度的空间效率模式
（a）各种商业类型；（b）中小型商铺类型；（c）各种餐饮类型；（d）各种娱乐设施

位，而越依赖其规模效益；一般性的商业设施依赖于全局和局部区位都好的地段。

其次，消费或服务人群影响区位的空间组合，这同时体现在营利型和公共服务型的功能之中。图5-6（b）进一步展示了中小型商铺类型的全局和局部构成效率。钟表、首饰、服装具有较高的全局构成效率，偏向于城市整体骨架；文具器材、水果副食具有较高的局部构成效率，而全局构成效率较低，它们更趋向局部中心；烟酒和自行车则具有较低的全局和局部构成效率，对整体或局部区位要求相对低些。相对于钟表、首饰和服装，文具器材和水果副食更贴近社区人群，因此后者也更靠近局部中心；而烟酒和自行车则更贴近固定消费人群，因此空间区位对它们影响小。

图5-6（c）表示了各类餐饮的分析结果：糕点店的全局和局部构成效率最高；快餐店也具有较高的全局和局部构成效率，也表明它往往位于城市整体和局部中心的结合部，贴近上班族；中餐馆比西餐馆的构成效率高，而茶室和咖啡店又比中西餐馆的构成效率低，这说明了西餐馆比中餐馆贴近固定人群，而茶室和咖啡店又属较安静的餐饮方式。当然，总体来说，餐饮业对空间的依赖性整体较高，各细分类型之间的高低都只是相对而言，即便是茶室，其50千米标准化角度选择度均值仍高于1.16。图5-6（d）展示的是各类娱乐设施。大部分娱乐场所的局部效率都较高，靠近城市局部中心，面向当地消费；而高尔夫休闲则靠近全局效率较高的地方，体现出对城市骨架的依赖，而体育休闲则对空间区位的要求不高，这都也许与它们面向特定消费人群有关。

虽然公共服务设施的全局空间构成效率整体上低于商业或餐饮类，然而它们的区位组合也受服务人群的影响而有所不同。如图5-7（a）所示，邮局、医院、公厕、停车、便民服务、理发美容都位于全局和局部效率相对较高的场所，靠近城市整体骨架和局部中心的结合地带，服务于社区内外的人群；洗衣店和卫生院则远离城市整体骨架，而靠近诸如社区中心的地方，更多服务于各社区的内部；汽车修理和公园则靠近城市整体骨架，而不靠近局部中心，服务于向外出行的人群；物流快递和体育设置则位于整体骨架和局部中心之间的地方，且书店则对空间构成效率的高低不敏感，它们都服务于特定人群。

再次，文化或品牌影响区位的空间组合。图 5-7（b）表达了不同类型的旅游景点：自然风景位于全局构成效率较高、而局部效率低的地方；寺庙和教堂则体现了东西方空间文化的差异，前者隐、后者显。图 5-7（c）也显示了各类中餐馆的情形：北京餐馆的局部效率最高，与其当地文化有关；更多的全局构成效率高的餐馆看似都较为高档，而更多的局部构成效率高的餐馆则看似更早进入北京人的饮食文化之中。图 5-7（d）是不同类型的宾馆。高档宾馆占据的全局区位较好，而低档宾馆占据的局部区位较好，反映了两种宾馆品牌的空间效益；连锁经济型的宾馆则位于全局和局部区位都不好的地段，说明这类宾馆不完全依赖空间区位，而靠其连锁效应。

最后，运作方式影响区位的空间组合。图 5-7（e）是各类商务办公和行政机构。不同的办公场所对全局和局部的构成效率要求差异较大。银行和证券占据了全局和局部效率最高的地方；医药、新闻媒体、保险、出版所占据的地方也具有较高的构成效率；知名公司、建筑、化工则对两种尺度的构成效率要求不高；国家机关和地方机关具有类似的局部效率，都较高，而国家机关的全局效率更高，这也许与地方机构包括部分面向街道的机构有关。图 5-7（f）显示了各类文化设施。电影院的局部和全局构成效率都最高，这与其市场经营有关；文化馆、剧场、博物馆、音乐厅的局部和全局构成效率都适中；展览馆则略微远离局部中心，而美术馆和图书馆则稍微远离城市整体骨架。这也体现了越偏市场运作的功能，越需要占据全局和局部区位较好的地段。图 5-7（g）是各类教育科研设施。高校位于全局和局部效率都较低的地段；中小学、中专、培训机构、幼儿园、成人教育的局部效率都较高，表明它们靠近邻里社区中心；而科研机构的局部效率偏低，且全局效率最高。图 5-7（h）显示了各类高速公路服务设施。虽然它们都有较高的全局空间效率（都大于 1.15），然而高速收费站和高速出入口占据了更为全局的咽喉要道，且高速出入口还重视其局部空间区位；加油站和加气站也较为重视局部空间区位，靠近局部中心。

（4）空间形态与各类功能分布的相关度分析

以上述各类功能占据位置的平均值来评价空间区位的影响并不意味着空间形态对功能的微观分布（如聚集或离散）有直接影响，因此，本部分将分析每类功能在300 米网格内的分布密度与该网格内空间句法参数均值的相关度，从统计的角度去探索空间形态是否直接作用于哪些类型的功能：当相关度高于 0.5，可认为两者之间

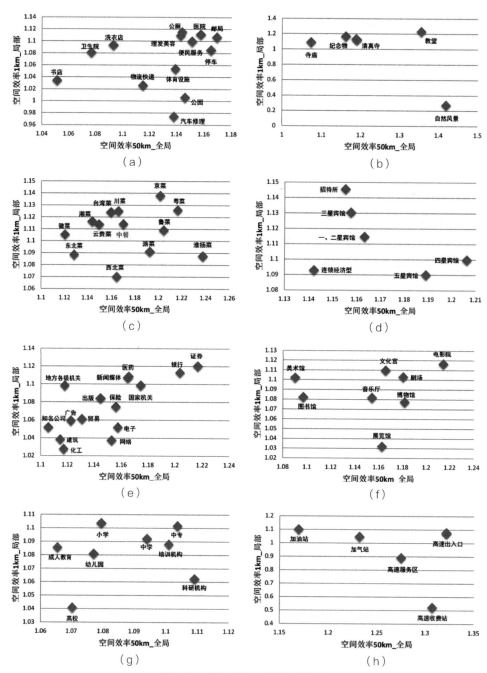

图5-7 两种尺度的空间效率模式

（a）各类公共服务设施；（b）各类旅游景点；（c）各类中餐馆；（d）各类宾馆；
（e）各类商务办公；（f）各类文化设施；（g）各类教育科研设施；（h）各类高速公路服务设施

存在统计意义上的关联性。

从前面小节的分析可以看出，空间形态对于营利型的功能分布的确有明显的影响，同时也对某些公共服务型的功能有显著影响。图5-8（上）显示了各类功能与全局和局部空间构成效率的相关度。餐饮、商业、行政机构的分布模式同时受到了全局和局部空间构成的较大影响，其中餐饮的聚集更加受到局部空间构成影响，而商业的聚集则更加受全局空间构成的影响。娱乐、宾馆、停车设施、公共服务设施的分布模式则主要受到局部空间构成的影响，意味着这些功能的聚集与局部空间布局更为相关。工业、ATM、高速服务设施、商务办公的分布模式则主要受到全局空间构成的影响，这些功能的聚集与城市整体骨架更为相关。然而，全局和局部的空间构成对文化设施、教育科研、旅游景点的分布影响不显著，特别是对于后两者。这表示教育科研和旅游景点的聚集更多依赖于其本身品牌的吸引力等，而非空间形态的影响。

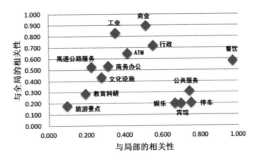

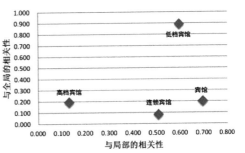

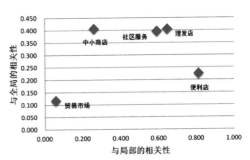

图 5-8　各类功能（上）、各类宾馆（中）、某些商业/公共类（下）分别与两种尺度的空间效率的相关度

　　空间形态对于每种细分功能类型的影响也有所不同。例如，图 5-8（中）显示了不同类型的宾馆。低档宾馆同时受到局部和全局空间构成的影响，即这类宾馆的聚集取决于整体和局部空间布局的好坏情况；连锁宾馆更多地受到全局空间构成的影响；而高档宾馆则受空间构成的影响较弱，主要依靠品牌来吸引客户。图 5-8（下）显示了一些商业类和公共类的功能。较小的商业设施，如便利店，主要受到局部空间构成的影响，说明它们周边空间结构对于它们的成功更为关键；较小的公共服务设施，如社区服务和理发店，则同时受到了全局和局部空间构成的影响，不过显著程度一般；一般性的商业设施，如中小商店，主要受到全局空间构成的影响，城市整体空间骨架对它们来说更为重要；而大型商业设施，如贸易市场，则基本上不受空间构成的影响。

　　（5）小结：从 POI 数据看空间区位与形态结构对功能分布的影响

　　对北京 POI 数据的分析发现不同的功能根据其规模大小、消费或服务人群、文化或品牌、运作方式等方面，采取不同的空间构成方式，并选择了不同的空间区位。这个现象体现在不同的尺度上，各功能形成了各具特色的中心，称之为北京的"形态—功能性"中心体系（图 5-9）。例如，小型偏营利型的设施（如中小型商业和餐饮等）往往高度集中在不同尺度空间构成都良好的地段，且其空间分布模式较明显

图 5-9　北京的"形态—功能性"中心体系

地受到空间布局形态的影响,称之为"活力中心";普通中型偏营利型的设施(如连锁酒店等)所占据的空间区位往往不太好,然而其空间分布模式仍然受到空间布局形态深远影响,称之为"一般中心";而品牌型的偏营利型的设施(如高档酒店等)则占据较好的空间区位,然而其分布模式与空间布局形态关系不大,称之为"品牌中心";大型偏营利型的设施(如贸易市场)不仅占据的空间区位不佳,且其分布不受空间形态的影响,称之为"特殊中心",这种中心的形成依赖于其巨大的规模效应。此外,北京的行政机构占据了较好的区位,且其分布也受到空间形态的一定影响。从空间的角度,这充分体现了北京作为行政中心的特色。

在一定程度上,这导致了不同类型的功能形成了不同的聚集或离散模式。首先,营利型的非均质聚集:较大规模的偏向更为非均质;而较小规模的则偏均质,聚集等级层次较为丰富。其次,公共型的偏均质离散;而其中偏营利型的则又呈现非均质聚集;较小规模的其聚集等级层次也较为丰富。不过,营利型的与公共型的是相互交织,推动了空间上的功能混合。在北京案例中,餐饮和理发是实现这种功能混合的媒介。在这种意义上,可认为不同的功能聚集、离散,或混合模式源于城市及其局部不同的空间构成方式。而大数据为我们提供了更为细致的分析工具,使得合适的功能有可能更为精巧地编织在合适的空间形态之中,有助于实现精细化设计和管理。

5.2.2　点评数据在商业使用状况分析中的应用

与兴趣点数据不同,点评数据除提供了较为精确的位置信息及细分业态类型信息之外,还包括了反映各功能使用状况的数据,如评论数、人均消费和评价星级等,这些数据难以通过传统的调研方式获得,对分析各功能的使用状况有直接的作用。点评数据中比较有代表性的数据源为大众点评网,本部分将基于大众点评网的餐饮数据,以北京和吉林两个城市为例,分别在城市宏观尺度和街区微观尺度分析各类商业空间分布规律,展示该类数据在近期空间句法实证中的应用。

（1）城市尺度餐饮业分布及使用状况规律

城市尺度点评数据的收集时间为 2013 年 5 月,具体范围包括东城、西城、朝阳、丰田、海淀等五个主要的行政区。数据收集的具体内容包括大众点评网北京站餐饮业中各个地理分区内默认排名在前 15 名的餐馆,剔除数据中重复出现的餐馆,实际有效的餐馆数为 1123 个。选择默认排名是由于该方式能够即时动态的反应顾客对该区域内餐馆的评价,与其他设定的排名方式相比(如按照人均消费或评论数等)也可以保持一定的随机性。另外，选择 15 个是由于这是在默认的列表方式中每页显示的餐馆数量，而从实际使用习惯来考虑第一页的可见度是最高的。本研究针对每家餐馆记录的数据为该餐馆的人均消费、评论数和星级。其中评论数为顾客就餐后对该餐馆的网上评论，在横向比较中可以近似认为与实际到访量成正比（这个假设将在后面通过王府井街区及案例建筑分析验证）。而星级则为顾客对该餐馆的性价比、菜品、环境和服务等因素的综合主观评价。人均消费则体现出餐馆的等级，即目标客户的消费水平。一般来说，价格昂贵的餐馆往往服务于更大范围的人群。上述数据均被落位到地图上（图 5-10）。

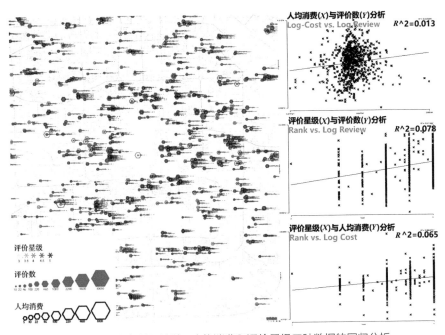

图 5-10　各餐馆评论数、人均消费和评价星级三种数据的回归分析

　　从对这三组数据之间的回归分析来看，其相关程度均比较低。从对这些数据的直观印象来说，获得 5 星好评的餐馆大都评论数不会超过 1000 个。事实证明即便是对"网红店"来说，众口也实在难调。另外，很廉价的餐馆（人均消费 20 元以下）几乎没有获得超过 3.5 星的评论。而价格很高的餐馆（人均消费超过 800 元）则几乎一致为 5 星评价，但这些餐馆的评论数目不高，仅面向少数高端消费人群。从回归分析的结果来看，人均消费与评价数的相关性也很低。

　　针对大众点评网上获得的每个餐馆评价数、人均消费和评价星级这三组数据，本研究分别选取半径 1 千米、2 千米、5 千米、10 千米、20 千米和 50 千米的标准化选择度和整合度进行了计算，考虑到建模的尺度范围，半径 50 千米的计算可以被视为对整体分析范围进行的计算结果。对评价数、人均消费和评价星级这三组数据按

对各个采样餐馆评价数、人均消费、评价星级的空间句法穿行度与整合度分析　表5-2

评价数 Review	NodeCount	NACH1km	NACH2km	NACH5km	NACH10km	NACH20km	NACH50km	INT1km	INT2km	INT5km	INT10km	INT20km	INT50km
		0.892106	0.891377	0.87704	0.863679	0.848731	0.820673	69.3338	209.023	1049.41	3530.9	9851.6	16258.2
评价数最高的20%餐馆	77	1.10456	1.18803	1.22583	1.22733	1.21205	1.1974	134.976	442.461	2136.34	6889.58	16857.8	21674.8
		123.81%	133.28%	139.77%	142.10%	142.81%	145.90%	194.68%	211.68%	203.58%	195.12%	171.12%	133.32%
评价数排位20%-40%餐馆	219	1.16499	1.21273	1.22063	1.20463	1.18478	1.17624	131.28	416.673	2010.06	6351.53	15713.5	21087
		130.59%	136.05%	139.13%	139.42%	139.5%	143.33%	189.34%	199.34%	191.64%	179.88%	159.50%	129.70%
评价数排位40%-60%餐馆	316	1.13333	1.18467	1.18753	1.17254	1.14927	1.13302	121.907	391.501	1898.49	6051.23	15175.9	20612.6
		127.04%	132.90%	135.40%	135.76%	135.44%	138.06%	175.83%	187.30%	180.91%	171.40%	154.05%	126.78%
评价数排位60%-80%餐馆	147	1.10623	1.15365	1.15105	1.12795	1.10383	1.08311	108.515	338.519	1603.55	5268.17	13766.9	19648.9
		124.00%	129.42%	131.24%	130.60%	130.06%	131.98%	156.51%	161.95%	152.80%	149.20%	139.74%	120.86%
评价数最低的20%餐馆	53	1.06994	1.11407	1.10267	1.08068	1.06247	1.04644	95.9451	274.991	1322.26	4429.57	12220.8	18746.7
		119.93%	124.98%	125.73%	125.13%	125.18%	127.51%	138.38%	131.56%	126.00%	125.45%	124.05%	115.31%

人均消费 Cost	NodeCount	NACH1km	NACH2km	NACH5km	NACH10km	NACH20km	NACH50km	INT1km	INT2km	INT5km	INT10km	INT20km	INT50km
		0.892106	0.891377	0.87704	0.863679	0.848731	0.820673	69.3338	209.023	1049.41	3530.9	9851.6	16258.2
人均消费最高的20%餐馆	87	1.13807	1.18952	1.19334	1.17532	1.15475	1.13932	121.086	395.721	1922.75	6248.63	15558	20825.4
		127.57%	133.45%	136.05%	136.08%	136.03%	138.83%	174.64%	189.32%	183.22%	176.97%	157.92%	128.09%
人均消费排位20%-40%餐馆	190	1.13084	1.17367	1.17241	1.15312	1.13143	1.11359	123.689	388.308	1860.93	6048.71	15183.3	20578.2
		126.76%	131.67%	133.69%	133.51%	133.28%	135.69%	178.40%	185.7%	177.33%	171.34%	154.12%	126.57%
人均消费排位40%-60%餐馆	286	1.11632	1.17745	1.18954	1.17882	1.15764	1.14475	121.557	384.625	1864.44	5855.76	14770.2	20599.3
		125.13%	132.09%	135.63%	136.49%	136.40%	139.49%	175.37%	184.01%	177.67%	165.84%	149.93%	126.70%
人均消费排位60%-80%餐馆	122	1.11252	1.1637	1.16416	1.14765	1.12522	1.10806	108.799	349.417	1749.42	5632.29	14422.6	20063.3
		124.71%	130.55%	132.74%	132.88%	132.58%	135.02%	156.92%	167.17%	166.71%	159.51%	146.40%	123.40%
人均消费最低的20%餐馆	53	1.19496	1.22514	1.21626	1.19091	1.16778	1.15707	125.159	388.924	1808.02	5873.82	14963.6	20101.7
		133.95%	137.44%	138.68%	137.89%	137.60%	140.99%	180.52%	186.07%	172.29%	166.35%	151.89%	123.64%

评价星级 Rank	NodeCount	NACH1km	NACH2km	NACH5km	NACH10km	NACH20km	NACH50km	INT1km	INT2km	INT5km	INT10km	INT20km	INT50km
		0.892106	0.891377	0.87704	0.863679	0.848731	0.820673	69.3338	209.023	1049.41	3530.9	9851.6	16258.2
评价星级5	233	1.14196	1.18134	1.1774	1.15875	1.13108	1.11352	128.573	409.383	1995.86	6550.92	16218.1	20713.2
		128.01%	132.53%	134.25%	134.16%	133.26%	135.68%	185.44%	195.86%	190.19%	185.53%	164.62%	127.40%
评价星级4.5~4.9	227	1.14723	1.19838	1.2092	1.19603	1.17791	1.16652	126.005	408.463	1984.12	6271.66	15517.3	20982.8
		128.60%	134.44%	137.87%	138.48%	138.73%	142.14%	181.74%	195.42%	189.07%	177.62%	157.51%	129.06%
评价星级4.0~4.4	286	1.14353	1.19618	1.20021	1.18027	1.15899	1.14578	115.71	359.569	1700.64	5373.02	13916.6	20127.2
		128.18%	134.19%	136.85%	136.66%	136.56%	139.61%	166.89%	172.02%	162.06%	152.17%	141.26%	123.80%
评价星级3.5~3.9	52	1.00467	1.08023	1.07827	1.05859	1.0449		100.15	316.594	1604.39	5142.9	13388.4	19940.7
		112.62%	121.19%	122.94%	124.49%	124.73%	127.32%	144.45%	151.46%	152.88%	145.65%	135.90%	122.65%
评价星级0~3.4	39	1.05988	1.13117	1.14442	1.12318	1.10549	1.07509	102.563	300.742	1364.96	4459.79	12274.8	19111.5
		118.81%	126.90%	130.49%	130.05%	130.26%	131.00%	147.93%	143.88%	130.07%	126.31%	124.60%	117.55%

照其排序划分了五个等级，表5-2的表格中分别列出了各个等级对应的餐馆面向的城市街道相应的空间句法参数，以及该数值高出平均值的百分比，其中高出平均值较高的数字被以较深的背景色突出。

从表5-2的分析结果来看，评价数体现出较其他两组数据最为明显的空间规律。评价数最高的（20%），即人气旺的餐馆对大尺度范围（50千米半径）的标准化选择度和2千米半径的整合度有明显的依赖作用，而这种依赖作用也随着其评价数的降低而降低。需要说明的是，大尺度范围标准化选择度较高的空间往往是城市主干路系统，而2千米半径高整合度的空间则接近较小尺度范围的副中心地区，这些空间往往有较为细密且连续性较好的中小等级路网。

人均消费对各个空间参数的依赖最不明显，但同样体现出相似的趋势，即大尺度范围标准化选择度和2千米半径整合度数值较高的空间对这些餐馆有一定的汇聚作用。有趣的是，从分析结果来看人均消费最低的餐馆对空间的依赖程度最高。这意味着那些便宜的餐馆比中高档餐馆更加依赖空间的可达性，这与上一节中对北京POI数据的分析结果类似。

评价星级从分析结果看对空间的依赖度介于前两组数据之间，同样大尺度范围标准化选择度和2千米半径整合度的汇聚作用更强。如前文中提到过的"众口难调"效应，评价星级在4.5~4.9反而往往拥有更多的评论数，这些餐馆对空间的依赖性更为明显。

在当代，以任何方式忽视或低估网络对我们生活的影响似乎都是无力的。诚然，如果没有大众点评网的平台，很难想象可以依靠传统收集数据的方式来获得本研究所需的全城尺度范围的数据。网络时代信息的透明性为我们的生活和研究工作提供了极大的便利。互联网，特别是这种用户评论平台的建立已经在很大程度上消除了地理空间因素对获得信息的限制作用。然而另一方面我们也必须认识到商业交易过程的复杂性，网络仅仅解决了信息获得和即时反馈的问题，但仍有很多如餐饮业这样需要实地体验的商业类型。对于这类商业来说，空间选址的问题仍然非常重要。好的选址是客流量的保证，也是网上评论量，即其在虚拟空间中的可见度的基础。

因此，本部分对城市尺度大众点评数据餐饮业分布的结论大概可以归结为以下几点：

在全城尺度范围受益于网络平台宣传的商业同样体现出对地理空间可达可视性的依赖。这些餐馆更多的聚集于靠近大都市级别道路、在全城范围便于到达的区域（大尺度标准化选择度高）。且这些区域往往既有很好的城市尺度空间连接，也与当地的小尺度范围路网有较好的连接（2千米半径整合度高）。由此可见，就如同真实空间中的现代交通网络一样，虚拟空间也是作为一种解决问题的基础设施（解决信息可达性的问题），或者说是赚取更多利润的工具被开发出来，往往在空间条件较好，发展较成熟的区位上优先"设置"。因此，从城市尺度餐饮业的空间分布来看，网络信息平台并没有导致空间可达性规律的失效，相反，网络信息平台中信息的导向性和不平衡性，与真实空间中可达性差异导致的补平衡性反而是匹配的。

（2）街区尺度餐饮业分布及使用状况规律

（a）各项大众点评数据之间的分析效果对比

在空间句法研究中，大众点评网和百度POI往往存在功能空间落位的精度问题。近年来百度街景地图的普及化使得异地调研变为可能。应用街景地图可以对大部分街道的POI分布进行校验和修正，为应用空间句法模型在以街道为单位的高精度分析提供数据准备。由于目前基于图片识别商铺等功能尚无有效的自动化工具，相关的研究往往仅在数个街区的小范围内进行。即便如此，对大部分的城市更新与设计来说，这个尺度的数据采集范围已经具有很强的实用价值了。本部分内容选取了北京和吉林的一些街区[2, 3]，展示了点评数据在街区尺度高精度分析中的应用潜力。

图5-11为该街区内大众点评网上列出的所有餐馆数据（2015年），图中直观地表达了评论数、人均消费和评价星级三种属性。本地区内共有423家餐馆被大众点评收录，其中61家缺人均消费数据，30家缺评论数。总计21.5%的餐馆没有完整的分项数据，而这些数据残缺的餐馆绝大部分为分布于胡同中或南池子大街这类相对僻静街道中。需要说明的是，由于本研究的尺度为街区尺度，对东方新天地、新东安APM等大型购物中心内部大量餐馆的数据均被加总或取平均值处理为一个代表

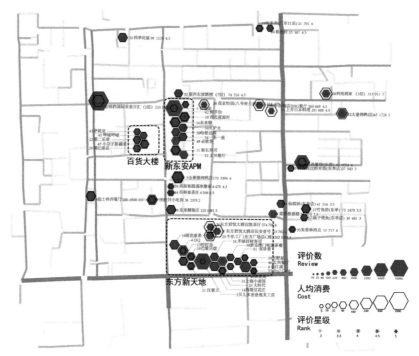

图5-11　王府井地区大众点评网数据三类数据的可视化

该建筑的数据表示。观察图 5-11 中人均消费和评价星级数据的空间分布：相对于评论数而言人均消费较高的餐馆六边形黑色框在灰色六边形之外，多分布在街区内部，对外的空间连接较差。评价星级较高的餐馆则多分布在王府井大街末端的东华门——金鱼胡同一线，总之上述两类餐馆均聚集在并非人流量最大的王府井步行街上。这个结果意味着"酒香不怕巷子深"在这个时代恐怕不过是少数案例带给我们的印象。那些深入街区内部的价格较贵的餐馆数量稀少，评价星级也不高，而其评论数更是普遍较低。相反，空间连接较好，人流量大的街道空间则体现出很高的承载力，能够支持各种类型的餐馆，稳定的收入也可以进一步使得其中的部分餐馆投入更大的资金聘请更好的厨师经营其品牌，从而获得更高的网络评论。

　　图 5-12 的地图显示了王府井地区商业分布，其中以深灰色标注了餐饮业功能，并以黑色标注了未被大众点评列入的餐馆。除在大型购物中心内部不直接临街的餐厅之外，该地区还有 43 家（9%）的餐馆未被大众点评网收录，它们绝大多数位于胡同小巷之中，仅有 6 家位于大街之上（图中以黑色虚线圈出）。从这个结果来看，大众点评网在大城市繁华商圈的数据覆盖率相当高，很多胡同中非常小的餐馆都有列入，说明该数据有很好的代表性。

　　与 POI 数据类似，点评数据也属于静态数据，因此需对数据进行均匀化处理方能进行回归分析。由于北京的路网形态为正交网络，很少有斜向的路网，这里采用了相对简单的数据处理方法。具体操作可分为将每个空间单元（街道段）临

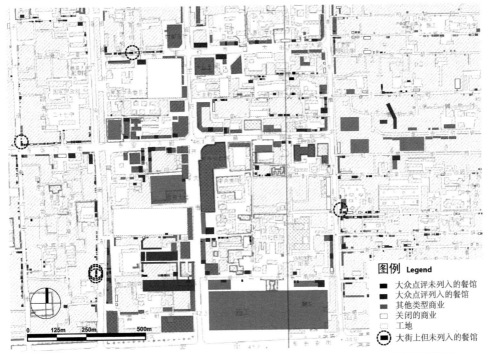

图例 Legend

■ 大众点评未列入的餐馆
■ 大众点评列入的餐馆
■ 其他类型商业
□ 关闭的商业
□ 工地
◉ 大街上但未列入的餐馆

图 5-12　王府井商圈中餐饮业功能分布，其中黑色标出的是未被列入大众点评的餐馆

近的其他街道段上的数据在 300 米直线距离内按平方反比的衰减系数修正后累加
（约 0~100 米内 100% 累加，100~200 米内 25% 累加，200~300 米内 11% 累加）。按
上述方式将王府井地区各餐馆评论数和人均消费数进行均匀化处理后，重新录入
Depthmap 各线段。与流量分析类似，自然状态下的餐馆评论数也非正态分布，这里
采用以 10 为底对数的方式将这组数据做正态化处理，然后与 500 米到 5000 米共计
八个尺度半径的穿行度与整合度值进行回归分析。图 5-13 中展示的是各餐馆评论数
均匀化并取对数后与 1.5 千米穿行度和 3 千米整合度的回归分析散点图。在穿行度
分析中明显的一个特异点是竹鱼坊（东单店）：该店 2015 年在大众点评网上的人均
消费 72 元、点评数 1479 条、评价星级 3.5，位于北极阁三条，一条非常偏僻的小胡
同内。这个位置的穿行度数值非常低，大幅拉低了各半径穿行度的决定系数，是这
个地区 400 多个餐馆中的酒香不怕巷子深的个例。在排除了这个特异点后，1.5 千米
穿行度的决定系数 R^2 值由 0.5249 提升至 0.6024。这类位置对整合度影响较弱，排除
这个特异点可微弱提升 3 千米整合度的决定系数（R^2 值从 0.6905 到 0.6974）。

图 5-14 显示的是不同尺度半径的穿行度（左）和整合度（右）参数与三类大众
点评数据的回归分析结果。这三类大众点评参数包括各餐馆评论数和人均消费这两
个基本数据，以及这两个数据的乘积。这个乘积暂被命名为"虚拟营利"：如果评论
数可以理解为通过虚拟空间反映该餐馆被光顾的次数，与人均消费的乘积则在一定
程度上可以反映餐馆的营利状况。图 5-14 中同样列出了未进行均匀化处理的评论数

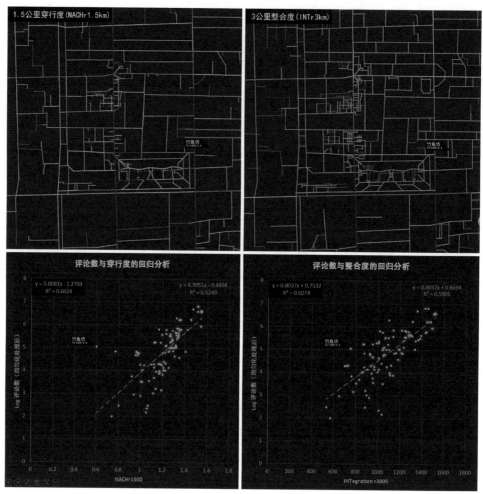

图 5-13　王府井商圈中各餐馆评论数与穿行度和整合度参数的回归分析（街区尺度的空间句法模型范围与城市尺度研究相同，竹鱼坊被单独标出）

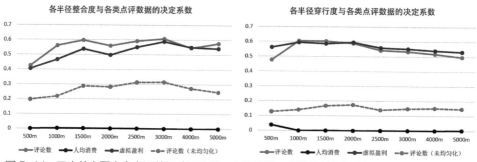

图 5-14　王府井商圈大众点评数据（评论数、人均消费、虚拟营利）与空间句法各个半径整合度和穿行度的回归分析

数据与各空间句法参数的决定系数（浅灰色虚线）。对比分析结果，评论数和虚拟营利均体现出了与空间句法参数较好的相关性，而人均消费则最差。未均匀化处理的点评数数据与整合度的决定系数在 0.2~0.3 左右，与穿行度的决定系数在 0.1~0.2。而处

理之后各个半径均有明显的提升。整合度的峰值出现在 3 千米半径（R^2 值 0.607418），另在 1.5 千米有一个稍低的峰值（R^2 值 0.607418），穿行度出现在 1.5 千米半径（R^2 值 0.602404）。虚拟营利的决定系数在各个半径的分布状况与评论数高度接近。

这个结果说明在街区尺度上，评论数体现出的空间规律相对于人均消费要明显，虚拟营利反映出空间规律与评论数非常接近。此外，根据对王府井地区步行流量的实地调研和空间句法分析，与各街道段步行流量分布吻合最高的空间参数也是 3 千米半径整合度。换言之，3 千米整合度对该地区的步行人流量和餐馆评论数（也包括虚拟营利）均有超过 60% 的解释能力，真实的步行流、餐馆的数量分布与使用状况这些现象均可以被同一个空间句法参数解释。

与城市尺度的分析对比，从王府井这个街区尺度的案例来看，虚拟空间中的信息可达性仍然没有取代真实空间的可达性。信息可达性影响了个体是否出行的决定，但当身处真实的城市场所时，仍然以空间认知和行为规律来使用街道空间：趋向于让个体有更大的几率选择长且直的街道。大量个体的选择能够体现出很强的空间逻辑，并进一步影响着该区域商业功能的使用状况。

（b）点评数据与 POI 数据分析效果对比

为了充分说明点评数据相对于 POI 数据在分析效果上的差别，我们选取了吉林市的中心区及副中心区各一个案例进行对比分析。图 5-15 为副中心龙潭区和繁华的城市中心解放中路周边地区的 POI 和点评数据经过街景进行空间落位修正后的结果（图 5-15）。

首先对不细分业态类型的商业大类 POI 总量进行回归分析。图 5-16 为经过数据均匀化方式（采用公式）处理后的龙潭区 POI 总数与各半径空间句法参数进行回归分析的结果。2.4 千米半径的整合度指标与功能分布的决定系数 R^2 值最高可达 0.71，而在大尺度半径中，与 25 千米整合度的决定系数也高达 0.61，显示出这些商铺的数量在街区尺度的分布具有很强的空间规律。

与 POI 数据相比，大众点评数据餐馆评论数在一定程度上反映了该功能的使用频次。而从其数据自身的特点来看，列入的往往为中高档或具有特色的餐馆。因此，本研究将大众点评餐饮业的点评数据与百度 POI 中餐饮业数量分别进行空间分析，从而体现出不同档次商业的对不同类型街道空间连接性需求的差异。

图 5-17 对比了龙潭区百度餐饮 POI 数量与大众点评网各餐馆评论数的分析结果。一般来说，由于各个业态空间竞争的效应，单独对某个特定业态进行分析体现出的空间规律性往往低于对不区分业态对各功能总体的分析。龙潭区的百度 POI 餐饮分布体现出了与总体业态分布相近的规律：在局域尺度 2.4 千米整合度达峰值（决定系数 0.51），城市尺度 25 千米整合度也明显攀升。与之相比，评论数体现出的空间规律性要略强，特别是 25 千米整合度的峰值甚至超越了局域尺度 2.4 千米整合度

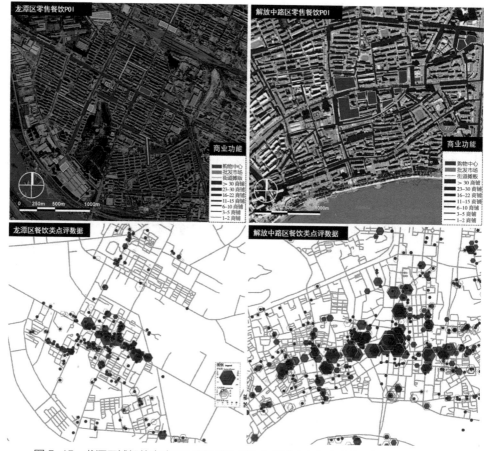

图 5-15　龙潭区域解放中路区百度零售与餐饮 POI（上）及大众点评餐饮业数据（下）

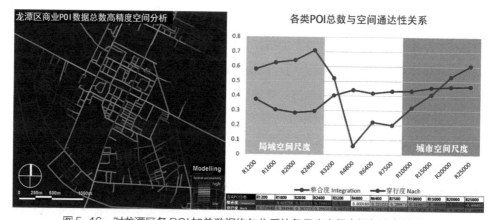

图 5-16　对龙潭区各 POI 加总数据均匀化后的各尺度半径空间句法参数分析

的效果。这意味着对比餐饮业 POI 数量和评论数，其中评论数等同于给各 POI 增加了个反映其使用状况的权重系数，结果显示在龙潭区这个副中心区中分析效果比较接近，但中高档的餐饮业明显表现出对大尺度范围整合度的依赖，而这对忽略使用状况等级的 POI 数据分析中不明显，仅表现出小尺度半径整合度的一般规律。

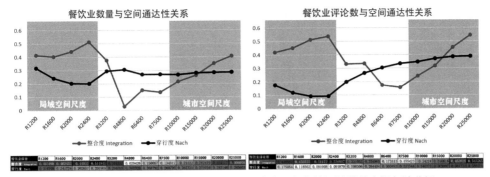

图 5-17　龙潭区百度餐饮 POI 数量与大众点评各餐馆评论数的空间句法分析

图 5-18 对比了两者与局域尺度 2.4 千米整合度的回归分析图，其斜率相差两倍以上。这从另一个方面说明中高档的餐馆即便是对局域尺度街道空间的连接性也更为敏感。信息时代中高档餐馆在虚拟空间的人气提升相对于普通餐饮业的数量更加依赖真实街道空间的联系。

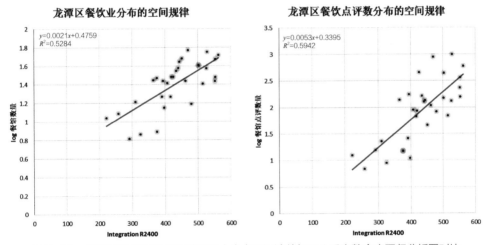

图 5-18　龙潭区百度 POI 餐饮数量和大众点评评论数与 2.4 千米整合度回归分析图对比

解放中路地区作为吉林市城市商业中心聚集了大量商业建筑，沿街商铺分布密度也很高。对各类 POI 总数与空间通达性关系的分析结果与龙潭区相比体现出两个明显的差别（图 5-19）：第一，解放中路地区的路网形态层级分布完整，整合度曲线并未出现中间尺度半径的骤降，甚至在 6.4 千米半径小幅反弹。这个现象说明副中心的道路等级差异往往比较极端化，大路能够延伸较远的距离，但绝大部分路网仅仅在小范围内有较好的连续性。相反，繁华的城市中心区除了在小范围和大范围均有连续性好的道路之外，还具有比较发达的中尺度连续路网，各个尺度之间的连续性分布比较均匀。第二，对各类 POI 总数分析的决定系数峰值出现在 2 千米半径，且在数值上明显低于龙潭区，仅为 0.491。繁华的中心区往往功能分布密度很高，各个街道分布比较均匀，因此忽略了各功能使用状况，仅考虑数量的 POI 数据分析效果会打折。

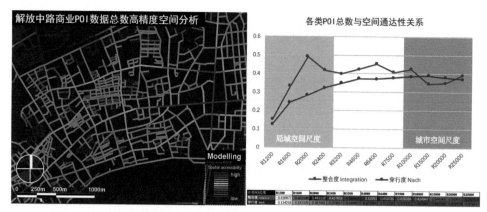

图 5-19　对解放中路区各 POI 加总数据均匀化后的各尺度半径空间句法参数分析

对比解放中路地区百度 POI 餐馆数与大众点评评论数对比分析的结果（图 5-20），评论数体现出的空间规律明确强于对餐馆数量的分析，但在局域尺度 2.4 千米整合度的决定系数更高，并未出线类似龙潭区在城市尺度整合度明显的上扬趋势。这个结果表明在城市级别繁华的中心区餐饮业分布更趋向于局域范围街道连接的中心区段，即更趋向于步行可达性高的街道，而非车流量较高的城市道路。一般来说，繁华的城市中心区形成有其历史原因，往往在低速交通技术背景下形成的小街区密路网，商业的分布也更倾向于局部的可达性差异，小尺度半径整合度往往效果较好。简单来说，历史中心区商业分布就是"下了车慢慢逛街"的逻辑。而郊区的副中心的形成则往往已经是快速交通技术时代的产物，其街区较大，路网连续性较弱，商业的分布更倾向于从大尺度高级别道路向小街渗透的模式，所有大尺度整合度参数往往效果较好。简单来说，郊区副中心就是"尽可能下车就到"的逻辑。

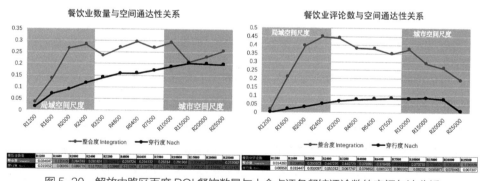

图 5-20　解放中路区百度 POI 餐饮数量与大众点评各餐馆评论数的空间句法分析

图 5-21 对比了解放中路区百度 POI 餐馆分布和大众点评评论数与局域尺度2.4 千米整合度的回归分析图，评论数的斜率是餐馆数量分布的三倍以上，比龙潭区的差距更大，即在解放中路区中高档餐馆之间使用状况受街道空间连接的影响比龙潭区更高。

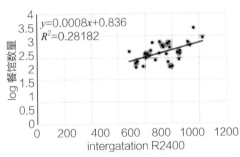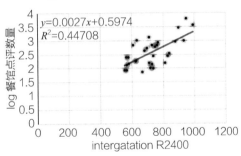

图 5-21　解放中路区百度 POI 餐饮数量和大众点评评论数与 2.4 千米整合度回归分析图对比

　　因此，总结解放中路区与龙潭区的对比分析结果，造成中心区和副中心区差异的原因可以归纳为空间结构形态与商业分布密度两方面：首先，城市中心商业区往往路网密度高，街区网格尺度小，且街道联系形成了较好的中尺度网格。而作为郊区副中心的龙潭区则呈现出明显的两极结构，大量的小街巷与穿过此区域的十字街形成了鲜明的对比。

　　另外，从商业分布密度来看，城市中心各主要街道均有大量商铺聚集，因此仅从数量上难以体现各街道之间的等级差异。相反，在这种条件下反映各餐馆使用状况的点评数据却可以充分发挥优势，将各街道之间的差异体现得更加充分，相对于餐馆数量其空间规律也更明显。

5.2.3　图片数据在流量与功能分析中的应用

（1）图片数据的实用价值

　　在网络信息时代，对规划与建筑行业来说比较常用的图片类数据主要包括街景图片和航拍图。图片类数据的实用价值包括以下几点：

　　①信息精准：俗话说眼见为实，与兴趣点和点评数据相比，街景地图等连续拍摄的图片数据几乎不受业态有偏性的影响，能够完整地记录街道上各类功能的类型、使用者的活动或其他景观及道路设计要素。

　　②覆盖范围广：随着百度等网络开放地图服务的迅速发展，航拍图和街景地图的覆盖范围也与日俱增，近期绝大部分中型城市均被数据覆盖。

　　③历史数据积累：街景时光机在北京等大城市中基本实现了 1~2 年一更新的速度，形成了 5 年跨度的数据链，对城市空间形态与功能演变等相关方向的研究有巨大的支持。

　　图片数据的上述优势，空间句法对功能数据的分析往往离不开应用街景地图进行高精度的功能落位校验。为避免内容重复，本部分我们将主要介绍图片类数据在空间句法研究和教学中的其他 / 另类应用方式。

（2）基于航拍图和街景图分析机动车流量分布分析

对机动车流量的分析能够精准评价一个城市的城市尺度交通可达性。在近年来以空间句法为核心技术的城市设计课程教学中，对机动车流量的获取方式往往采用实地调研拍摄视频的方法。尽管此方法能够在局部获得高精度的数据，但其缺点也非常明显。对人员数量要求较高，且研究范围往往限于街区尺度[4]。

近年来百度地图大部分城市均有航拍图，尽管受到植被和建筑阴影遮挡、季节和拍摄时间的影响，但在城市尺度范围它往往能够给出该城市在一个时间点上的切片，并能有相当多的路段可以数出机动车。因此，如能基于航拍图获取行驶中机动车分布情况，则可以大幅降低时间和人员成本，使该项技术更接近实用。

图 5-22 展示了基于张家口航拍图，结合街景地图校验行驶区的方法获取车流数据的案例，其具体步骤和要点如下：

①航拍图上的车流量分布受交通信号灯的影响非常明显，因此建议选取"测点"前后 600 米以上的长度加总处理车流量数据，且不能选择等级很低的道路作为"测点"。

②由于部分路段路边多临时停车，因此需结合街景地图判断"测点"所在路段的实际行驶区，仅记录实际行驶区上的车辆数。

③航拍图数车实际获取的数据为车流量线密度而非车流量，因此在模型中"测点"所在路段位置需录入除以加总区长度后的线密度数据。

基于百度航拍图按上述方法获得了该市 75 条街道的车辆线密度（图 5-23）。将该数据与各半径不同类型的空间句法参数进行回归分析后，发现 7.5 千米穿行度与车辆线密度的 R^2 值达到 0.516。与张家口市中心和郊区三个街区的实测流量数据分析对比，该方法与实测流量数据分析指向的空间句法参数是高度接近的。

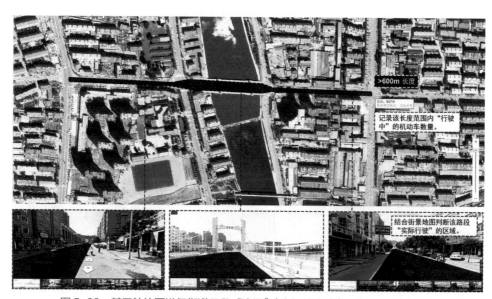

图 5-22　基于航拍图进行街道区段"流量"（车辆线密度）的工作方法示意图

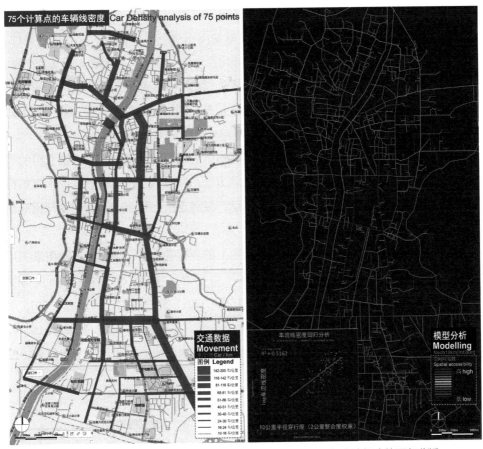

图 5-23 对张家口市主要城区 75 个道路 10 千米标准化角度选择度的回归分析

　　需要说明的是，由于机动车行驶速度较快，即使在 600 米长度甚至更长的街道段上加总处理机动车数据，也仅能接近 1 分钟实测流量的效果，数据受偶然因素影响的不稳定性较大。因此，这种分析方式找的空间参数仅能在一定程度上表现车流强度分布规律，并不能用于量化预测流量。但是，考虑到空间句法参数本身对车流量分析较稳定，它仍可以用于不同方案之间的对比来评价其城市尺度的可达性，相对于纯粹依赖经验（如直接采用 10 千米半径选择度系的空间句法参数），该方法特别有助于分析不同城市规模的影响，一般来说，较小的城市，对外区域联系较弱的城市，其机动车流量分布与 5~7.5 千米的选择度系参数更为相关，而基于航拍图车流线密度数据的分析方法能够为基于经验的参数选择提供佐证，帮助在缺乏实测数据和调研预算的情况下进行更接近现实的分析。

　　（3）基于街景图分析步行量

　　与机动车相比，步行速度较慢，基于街景地图获取步行者数量理论上与实测步行流量更接近。实际上，在部分空间句法实证研究中，也采用观测者步行走过街道记录过程中遇到步行者数量的调研方法[5]。因此，如能有效利用街景地图进行步行流量的分析同样具有很强的现实意义。

然而，该方法面临的主要问题是：街景地图拍摄时间往往具有较大的偶然性。街景调研车往往在一个片区内进行拍摄，移动至下一个片区时可能过去了几个小时，因此在研究范围内的数据可能在时间上是不连续的，而步行者的数量受时间影响较大，容易造成偏差。因此，我们建议的方法是充分利用街景时光机中不同年代的数据进行分析，尽可能消除偶然性的影响。

本部分以北京雍和宫、虎坊桥和西二旗地区为例，对比实地调研方法获得的步行流量数据与街景获得的流量数据，测试该方法的可靠性[6]。实测数据以手机拍摄视频为方式获取，具体方法参见本书第三章，各测点所在街道 1 小时的步行流量如图 5-24 所示。

在百度街景地图上统计各测点所在街道上的步行者数量，注意需排除街景图片中非步行中的、在街头交流或等候的人数（图 5-25）。截至 2019 年初，百度街景地图在北京地区有 2013 年、2015 年、2016 年、2017 年的数据，2013 年、2015 年以及 2017 年拍摄的季节均为夏季，2016 年为冬季，为排除季节对人们出行的影响，仅选取 2013 年、2015 年及 2017 年的数据，并将获取三年数据相加取平均值来尽可能减少偶然性因素的干扰（图 5-26）。

图 5-24　三个案例街区的实测步行流量

图 5-25　三个案例街区的街景步行流量

图 5-26　三个案例街区中不同年代的街景地图覆盖范围示意图

直接使用原始数据和实地调研数据进行相关性分析，方家胡同区域决定系数 R^2 为 0.49，虎坊桥区域决定系数 R^2 为 0.47，西二旗区域决定系数 R^2 为 0.20,西二旗区域相关性一般，方家胡同区域和虎坊桥区域相关性较好，但不属于强烈相关，原始数据不能直接替代实地调研数据。

对上述三个地区三年（局部为两年）街景步行者数量均值采用第三章中的公式法进行数据均匀化。

均匀化后三个区域街景数据与实测数据的相关性都提高了，方家胡同区域决定系数 R^2 提高至 0.63（图 5-27 上），虎坊桥区域决定系数 R^2 提高至 0.67（图 5-27 中），西二旗区域决定系数 R^2 提高至 0.28（图 5-27 下）。方家胡同区域和虎坊桥区域决定系数 R^2 超过 0.6，为强烈相关，街景地图的步行流量数据在均匀化后在一定程度上可以替代实测的步行流量数据。西二旗区域相关性仍然一般，说明西二旗区域的街景数据不能替代实测数据。

方家胡同区域街景均匀化数据与实测数据回归分析

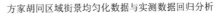

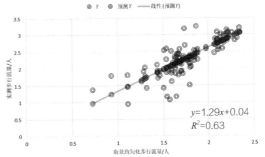

$y=1.29x+0.04$
$R^2=0.63$

虎坊桥区域街景均匀化数据与实测数据回归分析

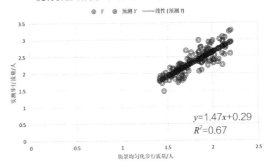

$y=1.47x+0.29$
$R^2=0.67$

西二旗区域街景均匀化数据与实测数据回归分析

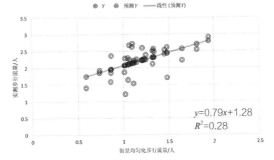

$y=0.79x+1.28$
$R^2=0.28$

图 5-27　三个案例街区采用公式均匀化处理街景地图步行数据后与实测步行流量的回归分析

检验该方法获取的数据有效性仅仅是解决了基本可行性问题，本案例将进一步探究街景数据在使用上对实测数据的替代性。基于空间句法研究两种数据对城市街道空间解读的效果，重点研究街景均匀化数据与空间参数整合度和穿行度的相关性，在不同半径相关系数的变化趋势以及峰值。

图 5-28 为方家胡同区域流量数据与整合度和穿行度的关系图，街景均匀化数据和实测数据在两张关系图中表现的变化趋势一致，在中尺度上相关性最高，大尺度稍微降低，表现的峰值也一致，整合度的峰值位于半径 1 千米至 3 千米范围内，穿行度的峰值则不显著。

图 5-29（左）为虎坊桥区域流量数据与整合度的关系图，两者的变化趋势基本一致，在中尺度上相关性较高，大尺度上逐渐降低，但在 5 千米处出现小的波峰，之后逐渐降低，峰值位于 1 千米和 5 千米。图 5-29（右）为虎坊桥区域流量数据和穿行度的关系图，两者的变化趋势基本一致，在中尺度上相关性较高，大尺度稍微降低，峰值在 1.5 千米。行人的活动整体呈由外向内的大尺度的渗透现象，即人流由大尺度城市道路向街区内部道路渗透。

图 5-30（左）为西二旗区域流量数据与整合度的关系图，两者的变化趋势相似，0.5 千米至 1 千米街景均匀化数据缓慢上升，实测数据则急速上升，在 1 千米至 3 千米两类数据都急速下降后缓慢上升，峰值均位于 1 千米，但相关性只在 0.3 左右，相关程度一般。图 5-30（右）为西二旗区域流量数据和穿行度的关系图，两者的变化趋势相似，在中尺度上相关性较高，大尺度稍微降低。两者的相关性峰值 1.5 千米至 2 千米之间。说明行人在此地的出行并不是由外向内渗透的。在小尺度

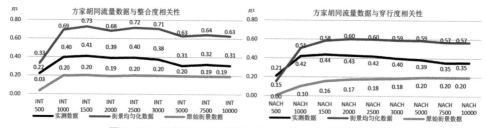

图 5-28　方家胡同流量数据与整合度和穿行度的关系图

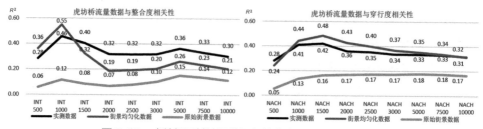

图 5-29　虎坊桥区域流量数据与整合度和穿行度的关系图

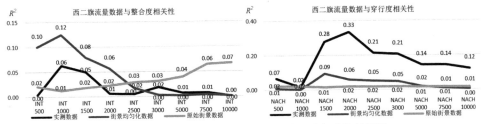

图 5-30　西二旗区域流量数据与整合度和穿行度的关系图

和大尺度上都呈现出几乎不相关，推测与此地小尺度出行多在街区内部，大尺度采取驾车出行。

　　方家胡同区域、虎坊桥区域以及西二旗区域街景均匀化数据和实测步行流量数据两者对于空间参数的相关性随距离改变的变化趋势基本一致，峰值所对应的距离参数也大致相同，在空间分析中不同类型的街区街景均匀化数据可以一定程度替代实测步行流量数据。

　　研究结果表明西二旗区域街景原始数据均匀化后与实测数据的相关性提高，但提高幅度小，相关性仍然一般，其主要原因为：网络街景数据覆盖角度来看，方家胡同区域和虎坊桥区域 2013 年、2015 年、2017 年数据覆盖较全，西二旗区域缺少 2015 年数据，主要街道 2013 年和 2017 年数据都有，次要道路多是只有 2013 年数据或者 2017 年数据，且 2013 年的区域建设情况和 2017 年差距较大，影响数据的时效性，不利于对街景数据和实测数据展开量化比较。从步行流量大小来看，虎坊桥区域和方家胡同区域街道上商业店铺数量较多，有利于产生步行流量且流量在一天中相对稳定。而西二旗区域多是封闭式的居住小区、学校和仓库，外部的城市道路多是服务于车辆的高等级主次干道，支路较少，主次干道上的步行流量小且偶然性大，影响研究的准确性，使得街景的原始数据和实测数据的相关性低。从道路构成角度来看，虎坊桥区域和方家胡同区域既有高等级大尺度主次干道，又有低等级小尺度的胡同可供通行，行人可达性高。而西二旗区域的城市道路多为主次干道，小尺度道路基本都是居住小区的内部道路，行人不能自由进出，可达性低，因此在对原始数据均匀化处理后，与实测数据的相关性并没有得到大幅度的提高。

　　从百度街景地图获取的原始数据无法直接替代实测数据，对原始数据进行均匀化处理后，方家胡同区域和虎坊桥区域街景数据和实测数据决定系数 R^2 超过 0.6，两者具有强烈相关；在空间句法分析中，街景均匀化数据和实测数据与空间参数的相关系数变化趋势一致且峰值指向的距离参数基本一致。因此方家胡同区域和虎坊桥区域这类街道的街景均匀化数据在一定程度上可以替代实测的步行流量数据，是因为其具有以下特点：街景数据覆盖全面；街道步行流量大；街道可达性高。西二旗区域在均匀化处理后相关系数无明显提升，但在空间句法分析中相关系数趋势和峰值指向的距离参数相似，因此西二旗区域这类以封闭式居住小区为主的区域暂时还无法用街景数据替代实测的步行流量数据，但在空间分析中有参考价值，能够帮助选取适当的空间句法参数进行分析。

（4）基于街景图片分析街道绿化品质

近年来，机器学习技术的飞速发展为准确、自动化分析大量的街景图片提供了可能性，以 SegNet 等为代表的机器学习算法运用深度卷积神经网络构架能准确实现街景图片信息的深度处理，有效识别图片中的天空、人行道、车道、建筑、绿化等多种要素。而以支持向量机等为代表的机器学习算法则能根据图片特征对于街景数据进行高效清洗和特征识别。这类技术能够实现对于多类、多色绿化要素（如灰色树干、红色花朵等）的整体提取和测度，不再局限于以往类似研究中所使用的色彩区间提取法易被干扰的问题，提升了绿化品质感受测量的准确度。在此基础上，空间句法为街道绿化提供了有效的可接触度的度量方式，为评价街道绿化品质提供了有效的工具。同济大学的叶宇近年来在这个方向上进行了探索，本节将援引叶老师的研究成果展示相关研究领域的进展 [7]。

既有研究通常将绿化的可接触度简化成为服务半径分析，忽视了对于市民日常生活中散步、通勤等典型行为的考量。换言之，市民往往在通行过程中感受街道绿化品质的影响，这是相对于到访公园更为高频的体验。

基于百度地图数据来获取上海中心城区（中环以内）道路网络数据，并基于百度街景 API 协助下等间距抓取了近 7 万个采样点：中心城区范围内共有 13672 条街道段，总长 2611079 米，平均采样间距约为 40 米。街景视图获取是通过 HTTP URL 来调用百度街景的 API 查询获得。通过输入视线水平和垂直方向的角度以及视点位置数据，可以抓取每一个样本点的街景视图，每张图片包含了位置点唯一标示符、经纬度、视线的水平角度和垂直角度等信息。为了获取贴近人本视角的绿化可见度，每一个样本点的视线垂直角度统一设置为 0° 平视。在视线水平角度方面，先根据每一个采样点位置及街道路网形态计算平行和垂直于道路方向的视角，然后根据计算所得的特定视角分别抓取平行于道路（前、后）和垂直于道路方向（左、右）共 4 张街景视图，每个视线方向的视角为 90°。这样的采集形式正好可以对视点周围的环境接近全面覆盖，每张图片大小为 480 像素 ×360 像素（图 5-31）。

该研究所中街景数据的抓取在 2017 年春季开展。在百度地图 API 所提供的时间戳（Timestamp）的协助下，采集的街景数据基本集中在 4~10 月以削弱季节变化的影响。

对街景视图绿化可见度的解析采用基于机器学习算法的卷积神经网络工具（SegNet）提取图像特征（图 5-32），将图片中的像素点识别为天空、人行道、车道、建筑、绿化等要素类型。本研究直接沿用了 SegNet 提出机构（剑桥大学）的识别模

平行街道（前

垂直街道左

街景

垂直街道右

平行街道（后

| 左景 | 前景 | 右景 | 后景 |

图5-31　街景绿化可见度提取示例

采用 SegNet 机器学习算法提取街景图片信息

图 5-32　街景绿化可见度提取示例

型和训练图片库。在此基础上可计算每张图片中绿化要素所占的比例，即拍摄的图片中绿化要素像素点的数量与图片中所有像素点的总数量的比值。

图 5-33 为中心城区每个采样点的绿化可见度，以及整合了样本点数据的每条街道的绿化可见度值。将各个采样点的数值赋给其最邻近的各个街道段，以平均值计算各街道段的绿化可见度值。根据计算结果（表 5-3），中心城区所有街段的平均绿化可见度为 20.8%，其中，绿化可见度值最大的为 63.1%。核心城区（内环以内）的街道长度占总街道长度的 45.9%，绿化可见度比例占总数的 55.8%，内环与中环之间街段的绿化可见度相对较差（街道长度占 54.1%，绿化可见度比例为 45.2%）。

上海中心城区街景绿化可见度　　　　　　　　　　表 5-3

范围	街段总长度（m） （占总数的比例）	绿化可见度 （占总数的比例）	绿化可见度 平均值	绿化可见度 最大值
中心城区（内环＋中环）	2 159 128 （100%）	100%	20.8%	63.1%
内环以内	991 613 （45.9%）	55.8%	21.03%	63.1%
内环与中环之间	1 167 515 （54.1%）	45.2%	20.2%	61.08%

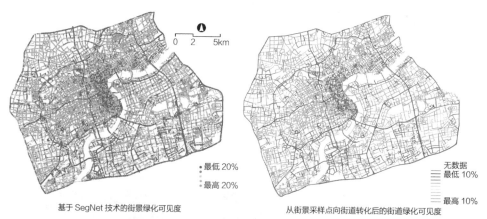

基于 SegNet 技术的街景绿化可见度　　　　从街景采样点向街道转化后的街道绿化可见度

图 5-33　上海中心城区街景绿化可见度分析

日常步行出行更多地选择道路密集区域，与较小分析半径结果接近，而通勤出行则首选城市快速路，与较大分析半径结果接近。在上海，500~600 米常被认为是步行舒适距离；根据最新的城市出行半径大数据报告，上海市平均工作日出行半径的中位数是 6.2 千米；因此选用适合日常步行与通勤行为的分析半径分别为 500 米与 6 千米的选择度参数（图 5-34）。当分析半径为 500 米时，可达性较高的道路大多集中在核心城区街道较短、交叉点较多的区域；当分析半径为 6 千米时，可达性

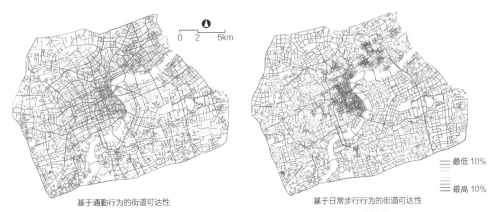

基于通勤行为的街道可达性　　　　　　　基于日常步行行为的街道可达性

最低 10%

最高 10%

图 5-34　上海中心城区街道可达性（采用 sDNA 计算）

较高的道路在整个范围内分布较为均匀，主要为贯穿各区的城市主干道与次干道。两种分析半径结果可大致反映不同出行距离时的道路流量潜力分布：短距离出行往往选择密集的街区，以日常步行行为为主；远距离出行往往选择主要道路，以通勤行为为主。

根据街景绿化可见度以及可达性的不同可将街道分别等分为高中低三类，对街景绿化度最优或最劣的 1/3 街道与步行/通勤可达性最高或最低的 1/3 街道进行叠合分析，可以得到"步行绿化可接触度"及"通勤绿化可接触度"等概念的直观展现，例如步行可达性高且街景绿化度高、步行可达性高但街景绿化度低、通勤可达性高且街景绿化度高、通勤可达性高但街景绿化度低等系列类型（图 5-35）。其中比较值得注意的是两类情况：一类是将绿化可见度最低与可达性最高的街道进行叠合从而得到出行行为中具有高选择度、但缺乏绿化可见度的街道，这是绿化规划亟待改善的重点区域。

（第一类：低可达，高绿度）绿化可见度　（第二类：高可达，高绿度）

步行可达性

（第三类：低可达，低绿度）　　　　　（第四类：高可达，低绿度）

（第一类：低可达，高绿度）绿化可见度　（第二类：高可达，高绿度）

通勤可达性

（第三类：低可达，低绿度）　　　　　（第四类：高可达，低绿度）

图 5-35　上海中心城区街景绿色可达类型

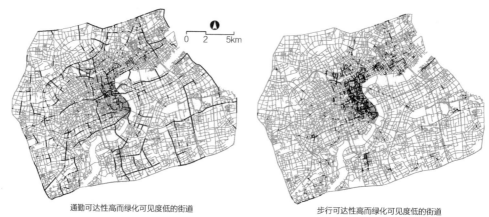

通勤可达性高而绿化可见度低的街道   步行可达性高而绿化可见度低的街道

图 5-36　上海中心城区街道可达性与绿化可见度叠合分析

反之将绿化可见度最高与可达性最低的街道进行叠合则代表了人们出行行为中具有高选择度，且有较好绿化可见度的街道。基于此，图 5-36 的黑色加粗线段代表了具备进一步发展潜力的街道，这些街道具备较高的步行或通勤可达性，但同时缺乏绿化可见度。

利用卫星遥感影像数据收集位于中心城区的 96 个街道办的绿化覆盖率指标，可将其与相应街道办的街景绿化可见度指标进行比较（表 5-4 第 1 列），结果显示二者相关关系较弱（$r=0.492$，$n=96$）。计算各片区内"通勤绿化可接触度"和"步行绿化可接触度"高的街道数量或长度与区域内街道总数量或总长度的比值，将其和片区的绿化覆盖率进行相关性分析，发现它们之间并不存在相关关系（表 5-4 第 2~5 列）。换而言之，卫星影像绿化率的增减不一定意味着"通勤绿化可接触度"和"步行绿化可接触度"的协同增减。这意味着以往传统上单纯依赖卫星影像绿化率作为核心考核指标的做法存在一定不足，不论对于日常步行还是通勤行为，基于卫星遥感影像的绿化率提升，不一定会带来绿化可接触度高的街道数量增加（图 5-37）。

上海中心城区片区绿化率与街道绿化品质的相关性（以街道办为单位）　　表 5-4

—	—	街景绿化可见度（平均）	通勤绿化可接触度高（数量比值）	日常步行绿化可接触度高（数量比值）	通勤绿化可接触度高（长度比值）	日常步行绿化可接触度高（长度比值）
NDVI	Pearson 相关性 显著性（双侧）N	0.492** 0.000 96	0.144 0.162 96	0.038 0.712 96	0.141 0.169 96	−0.012 0.906 96

注：* 在 0.1 水平上显著相关；** 在 0.05 水平上显著相关。

综上所述，尽管核心城区（内环以内）的平均街景绿化可见度（21.03%）要略高于非核心城区（20.22%），但从绿化可接触度的分布情况来看：步行行为中具有高

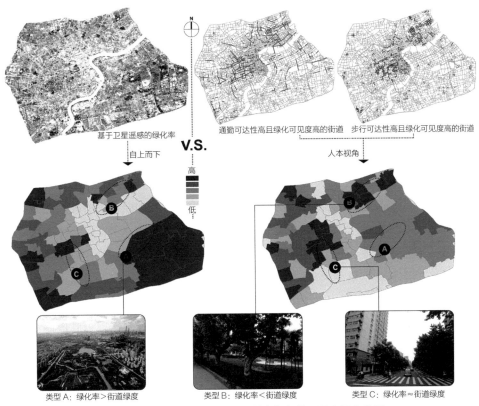

类型A：绿化率＞街道绿度   类型B：绿化率＜街道绿度   类型C：绿化率≈街道绿度

图 5-37　上海中心城区绿化覆盖率与绿化可见度叠合分析

可接触度而低绿化可见度的街道有 82% 分布在核心城区，仅有 18% 分布在非核心城区；相比较而言，通勤行为中具有高可接触度而低绿化可见度的街道有 68% 位于核心城区，32% 位于非核心城区。可见上海中心城区的街景绿化分布在人本视角下并不均衡，其中核心城区由于高密度开发对绿化种植面积的限制，使得其绿化可接触度的提升显得尤为迫切。因此，在空间资源有限的城市区域，应考虑积极采用其他形式在潜力街道上提升街景绿化可见度。空间句法的分析方法在对这个问题的分析中，充分发挥了对不同类型出行行为分析的作用，用于建立与使用者行为体验相关的绿化评价指标，更精准地发现存在问题和潜力的街道段，为改造提升空间品质提供技术支持。

5.3　空间句法软件的新发展

5.3.1　可达量分析（Reach Analysis）

美国佐治亚理工学院（Georgia Institute of Technology）的约翰·派普尼斯（John Peponis）教授及其同事在 2008 年发表论文提出了"可达量（Reach）"和"转向可达距离（Directional Distance）"的概念[8]，用来度量街道网络的密度和结构。

（1）可达量参数的含义

可达量（Reach，也译作触及度 [9]）度量的是从街道网络的某一点出发，在指定距离范围内所能到达的道路总长度。常用的参数包括：①指定米制距离内可达量（Metric Reach）；②指定转向距离内可达量（Directional Reach）。顾名思义，街网中某一点的"Metric Reach"所度量的就是从该点向任意方向出发，在不超过一定的米制距离条件下所能到达的街道长度总和。例如，街网内某一点的"500米可达量（500m-reach）"所度量的就是从这一点出发向任意方向行进不超过500米的前提下，所能到达的街道总长度。街网内某一点的"Directional Reach"的定义与之类似，度量的是从该点向任意方向出发，在不超过一定的拐弯次数的条件下所能到达的街道长度总和。当然，在计算Directional Reach时，需要定义如何才算是"拐了一次弯"，或者说，路径中出现了一次转折（Direction Change）。这可以通过设定一个角度阈值来解决，当路径转折角度大于该值时，即计为一次转折，否则不计。从出发点到目的地之间所需拐弯的最少次数即为这两点之间的"转向距离"。通过计算从街网内某一点到所有其他点的转向距离，可以进一步计算出"从该点到街网内其他任意一点所需经历的平均转折次数（Directional Distance per Length，简称为DDL）"，具体分析如图5-38所示。

基于可达量的概念可以衍生出更多的参数，比如街网中某一点的"指定米制和转向距离内可达量（Directional-Metric Reach）"度量的就是从该点向任意方向出发，在既不超过指定步行距离范围内，又不超过指定转折（拐弯）次数条件下所能到达的街道长度总和。封晨和张闻闻2019年发表的论文中详述了Metricr Each，Directional Reach，Directional-Metric Reach以及一个新的参数Intersection Reach的算法 [10]，并且开发了用于Reach Analysis的工具，可以通过以下链接下载：

https：//github.com/sjtufeng/Spatialist_ReachAnalysis（Python脚本）；

https：//www.food4rhino.com/resource/grasshopper-reach-analysis-toolkit（Rhino Grasshopper插件）。

（2）可达量参数的价值

相对空间句法研究中常用的轴线或线段模型来说，可达量分析具有如下优势：

①从算法含义来看，较之Depthmap中常用的参数，可达量的计算结果有明确的单位（总长度），直观、容易被建筑师理解，且便于比较。

②从在实证研究中的作用来看，Depthmap各半径的选择度与整合度参数虽提供了大量选项，但不够稳定；可达量的参数构成简单，彼此之间自相关性较弱，效果比较稳定且易于解释。

③此外，Depthmap中的参数（平均深度、整合度、选择度等）侧重对距离的度量（米制距离、角度距离，或者拓扑距离），并不能直观的表达街网的密度。可达量

案例地图

0　　100　　200m

米制距离内可达量分析（以单个线段为起点）

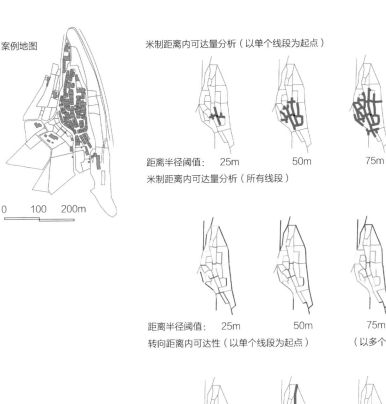

距离半径阈值：　　25m　　　　　　50m　　　　　　75m　　　　　　100m

米制距离内可达量分析（所有线段）

距离半径阈值：　　25m　　　　　　50m　　　　　　75m　　　　　　100m

转向距离内可达性（以单个线段为起点）　　　（以多个线段为起点）

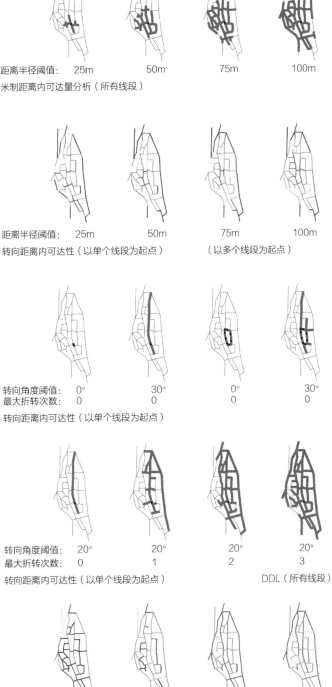

转向角度阈值：　　0°　　　　　　30°　　　　　　0°　　　　　　30°
最大折转次数：　　0　　　　　　0　　　　　　0　　　　　　0

转向距离内可达性（以单个线段为起点）

转向角度阈值：　　20°　　　　　　20°　　　　　　20°　　　　　　20°
最大折转次数：　　0　　　　　　1　　　　　　2　　　　　　3

转向距离内可达性（以单个线段为起点）　　　DDL（所有线段）

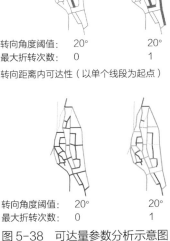

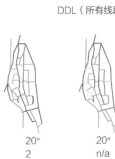

转向角度阈值：　　20°　　　　　　20°　　　　　　20°　　　　　　20°
最大折转次数：　　0　　　　　　1　　　　　　2　　　　　　n/a

图 5-38　可达量参数分析示意图

则能够清晰的体现街道网络密度和结构两方面的影响（参见下文对 Metric Reach 和 Directional Teach 的解释）。

（3）可达量参数的应用案例

可达量分析已被应用到一系列有关城市形态和功能的实证研究和理论研究中。Ozbil，Peponis，和 Stone 基于亚特兰大的研究发现，即使在考虑土地利用和开发强度的情况下，街道上步行活动的密度与街道本身的连接度（通过 Metric Reach 和 Directional Teach 度量）仍然呈现显著相关[5]。

该研究在亚特兰大选取了下城区（Downtown）、中城区（Midtown）和郊区（Virginia Highland）共三个案例区域，并在各案例区内实地调研每条街上 100 米内步行者的数量（图 5-39）。

当把这三个案例放在一个模型中总体分析时，1 英里距离可达量和非住宅功能（商业、办公等）与各街道段 100 米内步行者数量

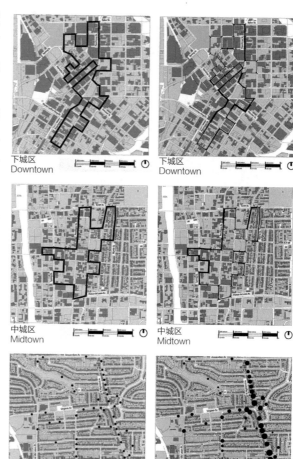

图 5-39　亚特兰大下城区、中城区和郊区三个案例区域每条街道 100 米内步行者数量

（a）三个区域步行量测点设置；（b）步行流量可视化

资料来源：Ozbil, A., Peponis, J., & Stone, B. 2011[5]

明显正相关，而与住宅面积负相关，这些参数分析效果均在 0.81 以上。从图 5-40 的散点图来看，三个案例形成了明显的聚集，说明各案例间的步行量差异较大，下城中比较僻静街道的步行量，也与郊区中比较繁华的街道相当。这应该与该城市清晰的功能分区有关，中心区的建筑量大，非住宅类功能多，能够聚集较大的人流量，而郊区总体上明显偏少。

而当把这三个案例分别进行分析时，在 1 英里可达范围内将非住宅类功能与住宅类功能分开处理，进行多元回归分析的效果最为稳定。下城、中城和郊区的调整 R^2 值分别为 0.29、0.34 和 0.60。

在对商业功能分布的研究领域，斯科帕（Scoppa）和派普尼斯（Peponis）对阿

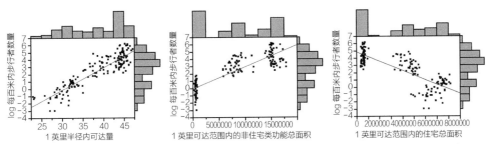

图 5-40　1 英里距离可达量（左）、1 英里范围内非住宅功能总面积（中）、1 英里范围内住宅面积
（右）三项指标与三个案例区所有街道 100 米内步行者数量对数值的回归分析

资料来源：Ozbil，A.，Peponis，J.，& Stone，B. 2011[5]

根廷首都布宜诺斯艾利斯的研究发现[11]（图 5-41），商业活动的空间分布呈现出两
个趋势：一方面，中心地等经典城市模型对城市总体尺度上商业功能密度由城市中
心向边缘递减的规律仍是有效的；另一方面，考虑街道与市中心距离因素的影响后，
商业密度与街道的可达性（通过 Directional Reach 度量）仍然呈现出显著的相关性。
换句话说，街道的可达性越高，商业活动也越密集。这表明城市对特定活动的吸引
力不仅来源于传统意义上的中心，也来源于城市街道网络结构自身，是不同尺度不
同类型可达性综合作用的结果。

5.3.2　空间设计网络分析（sDNA）

空间设计网络分析（Spatial Design Network Analysis，缩写为 sDNA）由英国卡迪
夫大学晴安蓝（Alain Chiaradia）、斯特克里斯·伟伯（Chris Webster）教授、克里斯
平·库珀（Crispin Cooper）博士共同开发，是一款基于 ArcGIS 和 QGIS 平台应用的空
间设计网络分析工具，它能让建筑师和城市设计师结合 Autocad 进行分析，也有为码
农提供的 Python API。sDNA 在轨道交通、城市道路、步行网络等多种尺度的空间环
境中均有所应用，可为土地价值、城市中心活力、社区凝聚力、事故和犯罪等研究
提供分析模型。与传统的空间分析方法相比较，sDNA 的优势主要体现在以下两个方
面：一方面，采用标准路径中心线方法建构网络，与目前能获取的大多数地图（如
OSM）兼容，亦呼应了新数据环境下与大数据结合应用的可能性；另一大创新则是
提供了三维空间网络分析的新方法，论证了空间网络在 Z 轴方向高度变化的敏感性，
提升了空间分析的可视化，有助于城市设计师更精确地解读建筑与城市空间。

sDNA 的道路网络采用连线作为计算单元，与目前能获取的大多数地图有较好
的兼容性。在数据共享的时代，很多城市的路网数据可以直接获取，因此可以使用
GIS 平台大大简化路网的绘制与可达性的计算分析工作。再者，sDNA 可以与 GIS 的
网络分析、叠加分析、数据连接等功能无缝连接，在数据修改、整理与成图等方面
均有较大优势。

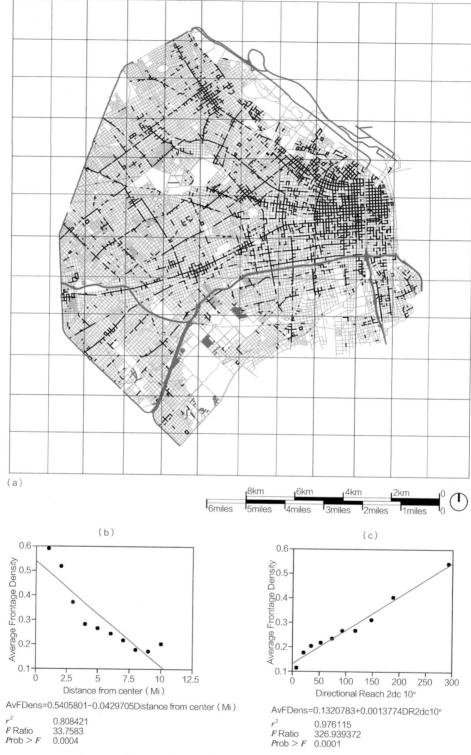

（a）

8km 6km 4km 2km 0

6miles 5miles 4miles 3miles 2miles 1miles 0

（b）

AvFDens=0.5405801−0.0429705Distance from center（Mi）

r^2	0.808421
F Ratio	33.7583
$Prob > F$	0.0004

（c）

AvFDens=0.1320783+0.0013774DR2dc10°

r^2	0.976115
F Ratio	326.939372
$Prob > F$	0.0001

图5-41 斯科帕和派普尼斯对布宜诺斯艾利斯的商业功能分布研究

（a）布宜诺斯艾利斯的商业分布；（b）各街道段平均商业界面密度与中心距离衰减的回归分析；

（c）各街道段平均商业界面密度与两步折转可达量的回归分析

资料来源：Scoppa，M.，&Peponis，J. 2015 [11]

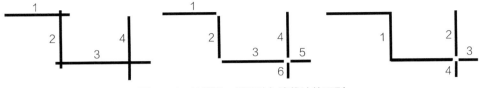

图 5-42　轴线法、线段法与连线法的区别

（1）连线——sDNA 的空间分析单元

在现有的空间句法分析工具中，线性空间的表达方式主要有轴线（Axial）法、线段（Segment）法，以及连线（Link）法三种（图 5-42）。其中，轴线法以人的视线是否可达为依据绘制，这种方法能在较大程度上表现认知距离，但轴线图的画法比较复杂，在分析大尺度空间网络的时候工作量巨大。线段法与连线法均可以采用道路中心线，前者的街道单元在线段交叉处断开；后者以两个交叉节点之间或一个交叉节点与街段终点之间的折线作为街道单元。线段法和连线法的角度距离计算结果无太大差别，但现有的大多数交通网络数据采用的是连线法制图，而且连线法也更符合人们的择路决策习惯，比如，当连接两个交叉点之间的折线中间没有任何打断时，人们在行进过程中不需要做出决策，会将其视为一条路径。

（2）复合距离——sDNA 的空间计算方法

在认知领域，现有的研究发现欧几里得距离（米制距离）、方向转换次数（拓扑距离）和角度变化（角度距离）等均与人的寻路行为有着极大的关系。但三种方式各有其特点：米制距离可以准确表达城市道路网络中路径的实际长短，却缺乏对折转次数或折转角度变化等拓扑几何因素的考虑；角度加权法可以描述城市网络中路径转弯的几何特点，但忽略了实际米制距离；拓扑距离可以度量方向变化的次数，但在距离长短与角度大小的度量方面有局限性。

现有的 Depthmap 中的线段分析，特别是最常使用的算法对距离与角度变化有一定的综合考虑：其分析方式可以简述为通过限定特定的分析半径（以距离为基础）来考虑距离因素的影响，进而在该范围内以角度为基础定义最短路径进行空间计算。但是，sDNA 的分析引入了不同的解决方案：复合距离（Hybrid Distance）度量法，即在计算时综合考虑最小的角度变化（Angular Distance）与最短的米制距离（Euclidean Distance）。这个算法的核心可以简述为，将角度变化与距离变化按一定权重组合起来，默认的设置为折转 1° 等效于 1 米的距离，在专业版中，研究者也可以自行设置距离与角度的权重比例。

（3）三维街道网络空间的建模方式

尽管空间句法 Depthmap 软件的线段分析方法也能在一定程度上考虑三维立体空间，但却无法提供多层面网络的直观图示，仅能通过"打断"或"不打断"交叉点来区分不同层面的线段。特别是当楼层数较多时，采用 Depthmap 中 Unlink 工具

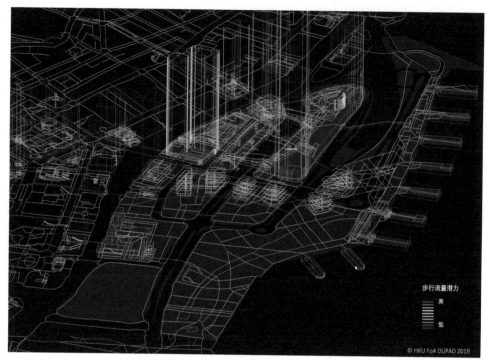

图 5-43　香港中环滨水地区（规划方案）- 步行流量潜力

资料来源：sDNA3D HKU

进行建模的过程非常复杂，最终成图亦无法精确体现各线段所处的空间位置。

　　针对上述问题，sDNA 的另一改进是基于三维视角建模，可以将分析空间立体化，提升模型的可视化效果。在如何处理各层平面内角度折转变化与跨层坡度变化的问题上，sDNA 赋予了坡度变化与角度变化相同的权重。模型可在 AutoCAD 内建立多层道路网络后进行分析，其结果可采用 ArcGIS 的三维扩展模块 ArcScene 进行可视化表达，图 5-43 为三维分析半径示意。

　　近期国内应用 sDNA 比较有代表性的如香港大学张灵珠博士香港高密度城市中心区步行系统的研究[12]，以香港中环地区的多层面步行体系为例，测度高密度多层面建成环境空间和人的活动分布之间的关系，并建立了完整的"室内 + 室外"三维步行网络模型（图 5-44）。作为空间句法线段地图的拓展，sDNA 提供了三维空间网络分析的新方法，有助于城市设计师更精确地解读建筑与城市空间中的认知行为。

5.3.3　三维可视图论分析

　　空间句法视域分析作为一种基于可视性图论的分析方法，现有的工具往往存在下述问题：首先，Depthmap 不能直接处理三维环境信息。一些研究人员尝试通过应用 "link" 工具手动链接不同平面上的垂直联系（如楼梯或电梯）来突破这个限制，

© HKU FoA DUPAD 2017

图 5-44　易行香港 -3D sDNA 模拟步行流量潜力
资料来源：张灵珠，Alain Chiaradia. 2019[12]

然而，这种解决方案在分析中庭等不同楼层间充分可视的环境时是无效的。近年来，多项研究已经进行了有关三维等视域的有关围合空间、可视天空、城市环境中行人视觉体验等主题的探讨。然而在三维等视域分析中，基于图论的可视性分析尚未得到直接的探索。

其次，大多数可视性分析侧重于通用可视性，即不考虑视觉吸引点的影响而仅关注所有开放空间的可视性。越来越多的实证研究已证实，对某些特定元素的可视性研究可以更好地解释不同认知过程和行为。例如，博物馆展品的可视性会影响游客的移动行为、参与度和空间体验；常用目标间的互视可视性影响乘客在航站楼的寻路能力；建筑中的走廊交汇点或城市地标的可视性则会影响人们的寻路行为。

针对上述问题，香港城市大学的陆毅近年来基于地理信息系统（GIS）平台，提出了三维空间环境的通用可视性图论和目标可视性图论的分析方法，本节将简要介绍该方法的原理及效果 [13]。

（1）三维可视图论分析的原理

建立三维空间可视性图论分析模型对空间的抽象包括以下两步骤：首先，须在适当范围内生成需要分析的空间点阵；其二，需在分析范围内区分人可达和可视的空间。可视空间是人们肉眼可视但未必可达的空间，例如中庭等高于人的大型开放空间。可占据和可视空间可以由等距离的密布三维点阵表示，分别表示为可达点和可视点，两者共同构成图论中的节点。

而后，需要明确的是如何定义模型中可达和可视点之间的关系。借用图论中的"连接"来定义空间分析单元（图 5-45）。图中存在三种可视性关系：两个可视点之

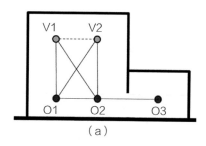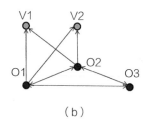

图5-45 借用图论中的"连接"定义空间分析单元

（a）如建筑剖面示意图所示，空间系统包含可达空间（细分为点O1、O2和O3）和可视空间（细
分为点V1、V2）。在图论模型空间中，所有点被视为节点；只有可达点之间的可视性，以及可达
点和可视点之间的可视性才被视作图论中的连接。在图论模型中不包含可视点之间的可视性（如
V1-V2间虚线所示的可视性）；（b）表示对该空间系统抽象后的图论模型空间

间的连接（如图5-45（a）中的V1和V2），两个可达点之间的连接（如O1和O2）
以及一个可视点和一个可达点之间的连接（如O1和V1）。人们可以到达可占据
空间，但却不一定是可视空间；因此，只有O1-O2和O1-V1可视性关系被认为是
模型中的连接。在这个系统中，仅仅是彼此可视而不可达的两点之间的连接被忽略。
此外，一个可达点与一个可视点（如O1到V1）之间的可视性被认为是该模型中的
单向连接（由O1到V1）。

区分可达与可视空间，对视线观察点和目标点进行不同的可视性分析是至关重
要的。基于特定目标的三维可视性图论的定义，可视空间中的所有点（如点O1、O2
和O3）都可视为目标点的特定形式。例如在博物馆中，展品可以被看作是目标点
（O1、O2、O3代表三个展品）；在城市环境中，地标可被看作是目标点；在购物中
心则是店招。目标可视性分析强调可能影响人们认知过程和行为的显著目标的作用。

在构建目标三维可视性图论后，可以获得三个变量：目标连通性、目标连接度
指数和目标整合度。目标连接度表示了从节点直接连接的目标点数量或空间系统中
直接可视目标点的数量。目标连接度指数则表示可视目标点数量与目标点总数的比
值。这一指数可用于比较包含不同目标点的空间系统中的点的属性。

$$Targeted\_Connectivity\_Index_x = \frac{Number\_of\_visible\_targets_x}{M}$$

公式中的 M 表示图论中目标点的总数。

整合度是图论中从一个节点到所有其他目标点的最短图论路径距离之和的标准
化值，可以用公式表示为：

$$Targeted\_Integration_x = \frac{M}{\sum_t^M Distance(t,x)}$$

公式中的 M 是图论中目标点的总数，Distance 是图论中节点 x 与目标点 t 之间
的最短图论路径距离。

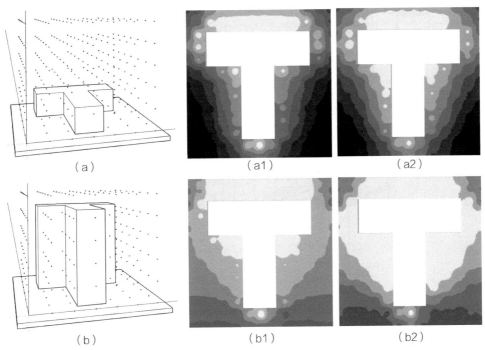

图 5-46 "T"形几何体的三维可视性图论分析

（a）"T"形几何体和被细分为网格点矩阵的立方空间。最低水平处的点被认为是可达点。
（a1）空间系统 A 中可达点的目标连接性指数（利用 ArcGIS 中反距离加权法技术对可达点之间的位置进行插值）。（a2）空间系统 A 中的可达点的目标整合度；（b）增加了"T"形几何体高度的空间系统。（b1）空间系统 B 中的可达点的目标连通性指数与空间系统 A 中的相比呈下降趋势。
（b2）空间系统 B 中的可达点的目标整合度也相比下降。图注：较深的颜色代表较高的数值

通用可视性图论和目标可视性图论相关但又有所区别。这两种方法考虑了人们只能占据可占据空间的原则。当可占据空间也是可视目标时，通用可视性图论则可被看作是目标可视性图论的特殊形式。因此，通用可视图强调了可占据空间的属性，而目标可视图则更为通用，可以应用于更广泛的研究场景。

（2）三维可视性图论分析案例

① "T"形几何体

这个案例用来演示三维可视性图论分析对几何体高度变化的分析效果。在图 5-46 中，实心的"T"形几何体位于空间的中央位置。剩余的空隙空间被细分成等距离的三维点阵；处于最低水平高度的点被看作是人可占据的空间，所有点都被看作是目标点。

计算结果显示对于具有相同平面的两个空间系统，目标连通性指数和目标整合度随着实体"T"形几何体高度的增加而减小。因此，该分析将特纳的方法扩展到三维空间，可以量化所有三维空间的视觉可达性。

② NA 住宅

日本建筑师藤本壮介（Sou Fujimoto）设计的 NA 住宅（House NA）基于在树上

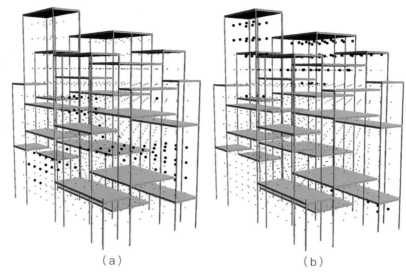

（a）　　　　　　　　　　（b）

图5-47　House NA 的通用可视性分析
（a）视觉最可达的空间，即整合度值排序前10%的点；
（b）视觉最不可达的空间，即整合度值排序后10%的点

生活的概念，由位于不同水平高度的21个独立平面构成，且其中大部分都是透明隔板。这些设计特征在为住宅业主——一对年轻夫妇提供私密性的同时，也使得住宅能够安置其他访客。此住宅旨在通过视觉和物理可达性促进社交互动。利用三维通用可视性图论来找出在系统中哪个空间与其他空间在视觉上最近或最远（图5-47）。分析结果表明，视觉最可达的点分布于建筑物的中下部，而视觉最不可达的点则大都分布于建筑物的顶部。建筑师将视觉最可达的空间功能分配为需要较低隐私的起居空间，而将视觉阻断空间安排为需要较高隐私的卧室空间。研究对比证实建筑师设计过程中有意或下意识地考虑到了可视性模式，而三维可视图分析模型则为这些空间特性提供了量化描述。

③购物中心

人们对空间位置的选择可以基于客观度量的三维可视性分析来预测。以购物中心为例，19位志愿者被要求在多层购物中心中找到一处拥有360°全景视角的空间、并可以同时看到最多店铺。这个六层购物中心拥有220家店铺，并以五个大型中庭为特色。实验结果表明，基于给定店铺规模和数量信息，大部分志愿者可以以惊人的准确度完成这项任务。逻辑回归模型显示，表示每个方位可见商铺数的商店目标连通性（图5-48、图5-49）与实验被试选择的有利位置正相关（卡方 = 31.96，p <0.001，df = 2）。实验结果验证了吉布森的功能可供性理论，他认为空间系统中的显著目标可以被人们认知识别。尽管实验案例显然简化了个体与建成环境之间的任何交互行为，但清楚地显示，简单的可视性分析模型可以预测人们对复杂三维空间环境的认知理解。

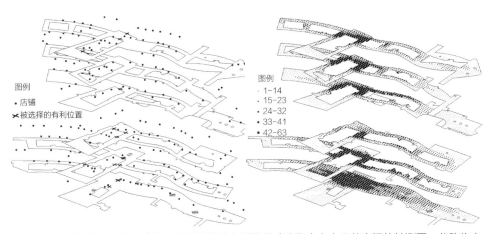

图例
• 店铺
✕ 被选择的有利位置

图例
• 1-14
• 15-23
• 24-32
• 33-41
• 42-63

图 5-48　购物中心内的商铺分布及被选择的有利位置（购物中心内公共空间的轴测图，此购物中心内拥有 220 间店铺和五个大型中庭，提供了楼层间充分的视觉可达性。实验被试被要求定位寻找到一处可以看到商场内的尽可能多的店铺（包括其他楼层的商店）的有利位置）（左）
图 5-49　各商铺的目标连通性（店铺的目标连通性与选定的有利位置正相关）（右）

5.4　走向数据化的建筑与城市设计

5.4.1　始于形态描述，但不止于形态描述

对大多数建筑和规划专业的研究生和本科生来说，空间句法的吸引力主要来自其对空间形态的量化描述能力。与风和日光等建筑物理空间环境模拟不同，空间句法算法和分析结果的含义指向的是空间对人行为的影响，而非对环境的影响。因此，如何正确地理解这些空间参数的算法与实证含义便是将其应用于方案设计的前提条件。然而，在近年来的课堂教学和科研论文中，我们发现大量的学生对空间句法的使用却仅仅局限在形态描述层面，即便对各参数的算法含义有一定的解释，也很少基于实证研究验证各参数的分析效果。

事实上，即便只在"器"的层面将空间句法视为一个分析可达性的软件，它所关注的可达性在目前也仍然是一个值得深入研究的问题，而空间句法软件也是一种研究型软件，并非为解决特定问题定制的工具型软件。我们并不能像使用天正等绘图工具那样说某个参数对应的就是某类流量或功能的分布，也不能像使用 Ecotect 等物理环境模拟软件那样，说某个参数对应的就是日照或声音条件的分析。从本书第三章的研究实例便可以看出，空间句法的参数对步行流量、商业功能分布的分析效果从 R^2 值不足 0.01 以下到 0.7，而在不了解这些参数的含义，没有合理处理数据的前提下盲目地直接使用空间参数，不仅造成了对空间句法理论和模型的曲解和误解，更容易导致错误荒谬的结论。

此外，就如同本书展示的，作为"术"的空间句法算法和空间参数自身也在不

[10] FENG C，ZHANG W. Algorithms for the parametric analysis of metric，directional，and intersection reach[J]. Enviroment and planning B：Urban Analytics and City Science，2019，46（8）：1422–1438.

[11] SCOPPA M，PEPONIS J. Distributed attraction：The effects of street network connectivity upon the distribution of retail frontage in the City of Buenos Aires[J]. Environment and Planning B：Planning and Design，2015，42（2）：354–378.

[12] 张灵珠，晴安蓝 . 三维空间网络分析在高密度城市中心区步行系统中的应用——以香港中环地区为例 [J]. 国际城市规划，2019，34（1）：46–53.

[13] 陆毅，徐蜀辰 . 基于图论的三维可视性分析及其应用 [J]. 时代建筑，2017（5）：44–49.